企业职业安全卫生规范汇编

本社　编

中国计划出版社

北　京

图书在版编目（CIP）数据

企业职业安全卫生规范汇编/中国计划出版社编. —北京：
中国计划出版社，2015.12
ISBN 978-7-5182-0330-7

Ⅰ. ①企… Ⅱ. ①中… Ⅲ. ①企业管理－安全管理－管理
规范②企业管理－卫生管理－管理规范 Ⅳ. ①X931②R13

中国版本图书馆 CIP 数据核字（2015）第 289917 号

企业职业安全卫生规范汇编
本社　编

中国计划出版社出版
网址：www.jhpress.com
地址：北京市西城区木樨地北里甲 11 号国宏大厦 C 座 3 层
邮政编码：100038　电话：（010）63906433（发行部）
新华书店北京发行所发行
北京京华虎彩印刷有限公司印刷

880mm×1230mm　1/16　11 印张　552 千字
2015 年 12 月第 1 版　2015 年 12 月第 1 次印刷
印数 1—1000 册

ISBN 978-7-5182-0330-7
定价：38.00 元

前　　言

　　安全是人类生存和发展最重要、最基本的要求，安全生产既是人们生命健康的保障，也是企业生存与发展的基础，更是社会稳定和经济发展的前提条件。在各个行业中，要保证各种职业从业人员的安全与卫生。

　　本书收录了企业职业安全卫生方面的 8 本规范，其中现行国家标准 6 本，现行行业标准 2 本，涉及纺织工业、电子工业、水泥工厂、橡胶工厂、水利水电工程、人造板工程、火力发电厂、化工企业等。为方便读者使用，本书同时收录了相应规范的条文说明。

　　本书具有较强的实用性，适用于相应企业从业人员的职业安全与卫生。

目　　录

中华人民共和国国家标准

纺织工业企业职业安全卫生设计规范

Code of design of occupational safety and health
for textile industry enterprises

GB 50477 - 2009

主编部门:中 国 纺 织 工 业 协 会
批准部门:中华人民共和国住房和城乡建设部
施行日期:2 0 0 9 年 1 1 月 1 日

中华人民共和国住房和城乡建设部公告

第 307 号

关于发布国家标准《纺织工业
企业职业安全卫生设计规范》的公告

现批准《纺织工业企业职业安全卫生设计规范》为国家标准，编号为 GB 50477—2009，自 2009 年 11 月 1 日起实施。其中，第 6.1.7、7.5.4、7.5.5、7.5.6 条为强制性条文，必须严格执行。

本规范由我部标准定额研究所组织中国计划出版社出版发行。

中华人民共和国住房和城乡建设部
二〇〇九年五月十三日

前　言

本规范是根据原建设部"关于印发《2005 年工程建设标准规范制定、修订计划（第二批）》的通知"（建标函〔2005〕124 号）的要求，由北京维拓时代建筑设计有限公司会同有关单位共同编制完成的。

本规范共分 8 章，主要内容包括：总则、术语、厂址选择、总图运输、车间布置及设备选型、职业安全、职业卫生、安全卫生机构设置等。

本规范是针对纺织行业存在的职业安全卫生的主要共性有害因素，规定工程设计或其结果的相关要求，以消除、限制或预防工作场所的有害因素，确保工程在建成投入使用后符合职业安全卫生要求。

本规范中以黑体字标志的条文为强制性条文，必须严格执行。

本规范由住房和城乡建设部负责管理和对强制性条文的解释，由中国纺织工业协会负责日常管理工作，由北京维拓时代建筑设计有限公司负责具体技术内容的解释。本规范在执行过程中，请各单位注意积累资料，总结经验，如发现需要补充和修改之处，请将意见和资料寄送至北京维拓时代建筑设计有限公司（地址：北京市朝阳区道家村 1 号，邮政编码：100025），以便今后修订时参考。

本规范主编单位、参编单位和主要起草人：

主 编 单 位：北京维拓时代建筑设计有限公司

参 编 单 位：中国纺织工业设计院

北京中丽制机化纤工程技术有限公司

黑龙江省纺织工业设计院

山东海龙工程设计有限责任公司

主要起草人：刘承彬　徐米甘　王芳春　徐峰东　耿德玉

罗伟国　沈　玮　姜　军　张福义　周　维

胡伟红　李保强

目　　次

1 总　则

1.0.1 为保障纺织工业企业劳动者在工作场所的安全和卫生,根据国家有关法律法规,制定本规范。

1.0.2 本规范适用于纺织工业企业的新建、改建、扩建及技术改造项目的职业安全卫生设计。

1.0.3 纺织工业企业工程建设项目的设计应贯彻"安全第一,预防为主"的安全生产方针和"预防为主,防治结合"的职业病防治原则,各项技术措施应做到技术先进、安全可靠、经济合理、协调一致,并应符合环保和节能的有关规定。

1.0.4 纺织工业企业职业安全与卫生设计,除应执行本规范外,尚应符合国家现行有关标准的规定。

2 术　语

2.0.1 有害因素 harmful factors

能影响人的身心健康、导致疾病(含职业病)或对物造成慢性损坏的因素。

2.0.2 工作场所 workplace

劳动者从事职业活动的地点和空间。

2.0.3 纺织厂 textile factory

棉、化纤纺织及印染精加工,毛纺织和染整精加工,麻纺织、丝绢纺织及精加工,针织品、编织品及其制品制造,非织造布等工业企业。

2.0.4 服装厂 apparel factory

纺织服装制造的工业企业。

2.0.5 化学纤维制造业的工业企业(化纤厂) industry enterprises of manufacture chemical fabre (chemical fibre factory)

包括纤维素原料及纤维制造,锦纶、涤纶、腈纶,其他合成纤维制造等工业企业。

2.0.6 纺织工业企业 textile industry enterprises

包括棉、化纤纺织及印染精加工,毛纺织和染整精加工,麻纺织、丝绢纺织及精加工,针织品、编织品及其制品制造,非织造布;纺织服装制造的工业企业;化学纤维制造业的工业企业和部分合成纤维原料制造业(聚合部分)等工业企业。

3 厂址选择

3.0.1 厂址选择应符合国家产业政策和当地的规划要求,并应取得有关部门的批准,宜选择现有设施齐全的地区。

3.0.2 厂址选择应预防洪水(山洪、泥石流)、暴雨、雷电、台风、地震等自然灾害因素。厂址标高的选择应高于洪水水位,不能满足时,应采取防洪、排涝措施。

3.0.3 建设工程应有充分可靠的设计依据和原始资料。凡涉及不良的工程地质、水文地质、气候条件和厂址的四邻情况,原、辅料中对人体有害的因素,应经核实后作为设计的依据。

3.0.4 居住区、饮用水水源、渣物堆(埋)用地和工业废水的排放点等设施的位置,应与厂址同时选择。取水点严禁设在污染源或地方病常发的地区。以地表水为水源时,取水点应设在城镇和工业企业的上游。

3.0.5 设计采用天然水源作为消防给水水源时,应保证常年有足够的水量。

3.0.6 产生有害、有毒气体和粉尘的项目,应布置在城镇的夏季最小频率风向被保护对象的上风侧。产生有害、有毒气体和粉尘的项目与居民点、文教区、水源保护区、名胜古迹、风景游览区和自然保护区,应保持足够宽度的卫生防护距离,可按国家有关工业企业设计卫生标准的相关规定执行。

3.0.7 不同卫生特征的工业企业布置在同一工业区域内时,应避免不同职业危险和有害因素产生交叉污染。

4 总图运输

4.0.1 建设项目的生产区、动力区、仓储区、居住区、废渣堆放场、饮水水源、工业废水及生活污水的排放点等,应统一规划、合理布局。各建筑物的防火间距应符合现行国家标准《建筑设计防火规范》GB 50016 和纺织工业企业有关防火标准的规定。

4.0.2 总图布置应有合理的分区,辅助设施宜靠近其服务的车间。有污染的生产设施宜远离居住区,并宜布置在厂区全年最小频率风向的上风侧。

4.0.3 厂区建筑物的平面与空间布置应有良好的自然采光和自然通风条件。

4.0.4 厂区运输道路和跨越道路的管线设计,除应满足工艺生产要求和消防车的畅通外,还应符合现行国家标准《工业企业厂区运输安全规程》GB 4387 的有关规定。宜避免运输的交叉与倒运,厂区的出入口不应少于两个,并应设在两个不同的方向,同时应做到人流、货流分开。

4.0.5 厂区内采用内燃机车辆运输时,在防爆区域内应采取必要的安全及防火措施。

4.0.6 改、扩建工程应解决厂区内建筑物的过分拥挤和易燃物品的堆放位置。原料、成品、化学品、包装材料库等宜做到分类集中布置。

4.0.7 总图布置宜将噪声较高的生产装置远离低噪声区。

4.0.8 生活设施及辅助用房应符合国家有关工业企业设计卫生标准的相关规定,相应的生产卫生用房、生活卫生用房及医疗卫生机构的设置可按国家现行标准《纺织工业企业厂区行政管理及生活设施建筑设计规定》FJJ 107 的有关规定执行。

4.0.9 生产、生活辅助用房的位置,应避免有害物质、病原体、噪声、高温、高湿等有害因素的影响。

4.0.10 厂区绿化设计应按《中华人民共和国环境保护法》和现行国家标准《工业企业总平面设计规范》GB 50187 的有关规定执行。

5.0.6 设计应采用不产生或少产生危险和有害因素的新技术、新工艺、新设备、新材料。

5.0.7 生产工艺设备(包括非标准设备)的选用和设计,应根据生产工艺的需要确定,并应符合现行国家标准《生产设备安全卫生设计总则》GB 5083 和《电气设备安全设计导则》GB 4064 的有关规定,同时应选用具有生产许可证的制造厂生产的设备。

5.0.8 企业自行设计、制造、安装的设备和利用原有设备,均应经有关部门进行安全技术检验或鉴定后采用。

5.0.9 引进技术和设备所配置的职业安全卫生措施,不应低于国家有关工业企业设计卫生标准和本规范的规定,达不到要求的,设计时应予以配套和完善。

5.0.10 使用液压或气压的生产设备,应采取泄压或其他安全防范的措施,并应与能源装置隔离。

5.0.11 运输吊轨的设计应符合现行国家标准《起重机设计规范》GB 3811 和《起重机械安全规程》GB 6067 的有关规定。

5 车间布置及设备选型

5.0.1 车间内原料、半成品、成品、废丝、废料应分类堆放,设计中应留有满足生产要求的场所,不得占用运输及人员疏散通道。

5.0.2 车间内凡产生有害气体、烟尘、噪声及使用易燃、易爆物料的设备宜相互分开,有害与无害作业应分开。

5.0.3 车间内有关生产、生活卫生辅房的设置应符合国家有关工业企业设计卫生标准的卫生特征分级规定,并应布置在其服务车间的周围。纺织工业企业生产车间的卫生特征分级应符合表5.0.3的规定。

表 5.0.3 生产车间的卫生特征分级

生产车间	卫生特征
毛纺织厂的选毛车间、洗毛车间(打土间)	1级
粘胶纤维厂原液、纺练、酸站和后处理车间,浆粕漂白工段,腈纶厂(除毛条车间外)	2级
棉纺织厂、印染厂、丝绸厂、亚麻、苎麻、黄麻纺织厂、针织厂、非织造布厂、锦纶厂、涤纶厂、丙纶厂、氨纶厂、聚酯厂的各车间,腈纶厂毛条车间,毛纺织厂纺、织、染整车间,粘胶纤维厂其他车间,浆粕厂其他车间	3级
服装厂各车间	4级

5.0.4 车间内门与通道的位置、数量、尺寸,应与设备布置、运输方式、操作路线相适应,并应满足操作、检修和安全的需要。设备之间和设备与建筑物之间的距离,应满足操作、检修和安全的要求。对有传动或高温的设备之间的距离,应适当加大。

5.0.5 车间内疏散通道、安全出入口、疏散梯的设计,应符合现行国家标准《建筑设计防火规范》GB 50016 和纺织工业企业有关防火标准的规定。

6 职业安全

6.1 防火、防爆

6.1.1 纺织工业企业工程的防火、防爆设计,应符合《中华人民共和国消防法》和现行国家标准《建筑设计防火规范》GB 50016、《爆炸和火灾危险环境电力装置设计规范》GB 50058 和纺织工业企业有关防火标准的规定。

6.1.2 纺织工业企业车间的火灾危险性分类应符合表 6.1.2 的规定。

表 6.1.2 纺织工业企业车间的火灾危险性分类

生产车间	火灾危险性类别
腈纶工厂单体储存、聚合、回收,甲醛厂房,浆粕开棉间,粘胶纤维工厂二硫化碳储存、黄化、回收,印染工厂存放危险品的仓房,丝绸厂存放危险品库等	甲类
麻纺织厂的滤尘室,腈纶工厂采用二甲基酰胺为溶剂的干法溶剂回收工段、二甲基乙酰胺法湿纺车间,湿法氨纶厂的聚合工段,化纤厂罐区、组件清洗,部分化学品库等	乙类
棉纺织厂前纺、后纺、整经、织布车间,印染工厂原布间、白布间、印花车间、整理干布、整修段,毛纺织厂干布车间,麻纺织厂干车间,丝绸厂原料、丝绵,印染工厂、成品库,非织造布工厂,针织厂(除染湿车间外)的车间,粘胶化纤厂除甲、戊类车间外的车间,锦纶工厂各车间,聚酯工厂各车间,涤纶、丙纶长丝工厂除乙类车间外的其他车间,氨纶工厂除乙类车间外的其他车间,服装工厂各车间等	丙类
印染工厂漂练、染色车间,毛纺织厂湿间,亚麻纺织厂湿纺车间,丝绸厂煮茧、缫丝印染车间,针织工厂染整车间等	丁类
棉纺织厂浆纱车间,棉浆粕厂蒸煮、漂打,粘胶纤维厂酸站、碱站等	戊类

6.1.3 厂区总平面布置应保证消防通道畅通、消防水管网的合理

布置和消防用水的水量、水压的要求。车间内外消火栓的设置、给水设施和固定灭火装置等设计，均应符合现行国家标准《建筑设计防火规范》GB 50016 和纺织工业企业有关防火标准的规定。

6.1.4 在易燃易爆的罐区、车间、作业区和储存库，应设置专用的灭火设施及室内外消火栓。

6.1.5 厂房面积或相邻两个车间的面积（包括仓库）超过现行国家标准《建筑设计防火规范》GB 50016 和纺织工业企业有关防火标准规定的防火分区最大允许面积时，应设防火墙。因生产需要不能设防火墙时，可采取防火分隔水幕、特级防火卷帘等其他措施。

6.1.6 原材料和生产成品应存放在堆场或仓库内。原料、成品仓库或堆场与烟囱、明火作业场所的距离不得小于 30m；烟囱高度超过 30m，其间距应按烟囱高度计算。

6.1.7 麻纺织工厂严禁设地下麻库。

6.1.8 易燃、易爆、有毒物品应贮存在危险品库内，危险品库应布置在厂区内人员稀少、偏僻的场所，危险品库的安全防护距离及房屋的设计应符合现行国家标准《建筑设计防火规范》GB 50016 的有关规定。

6.1.9 通风管道不宜穿过防火墙和非燃烧体楼板等防火分隔物，必须穿过时，应在穿过处设防火阀。穿过防火墙两侧各 2m 范围内的风管保温材料应采用非燃烧材料，穿过处的空隙应采用非燃烧材料填塞。

6.1.10 在有爆炸危险的厂房内，应采用防爆型设备通风，风道宜按楼层分别设置；不同火灾危险类别的生产厂房送排风设备不应设在同一机房内。

6.1.11 无窗厂房的防火设计应符合现行国家标准《建筑设计防火规范》GB 50016 和纺织工业企业有关防火标准的规定，厂房应设置排烟措施、应急照明和火灾报警系统。

6.1.12 排出容易引起火灾或爆炸危险的可燃气体、可燃粉尘的场所，应避免直接采用排风机排出，宜采用带有喷淋装置的通风设备。

6.1.13 车间的控制室宜布置在安全区，当必需布置在防爆区域内时，应通风良好，室内应保持正压，设备、管道应密封性良好，不应有泄漏。

6.1.14 滤尘系统的设计应符合下列规定：

　　1 滤尘室宜布置在独立建筑物内或有直接对外开门窗的附房内，不得设在地下室或半地下室。滤尘室上面不宜布置生产或辅助用房，相邻房间不宜设置变配电室。

　　2 滤尘室的建筑宜采用框架结构，严禁用木结构。滤尘室与相邻房间的隔离应为防火墙，滤尘室地面应采用不产生火花的地面。滤尘室应有足够的泄压面积，泄压比值应按现行国家标准《建筑设计防火规范》GB 50016 的有关规定执行。

　　3 生产车间的滤尘设备不得与送排风和空调装置布置在一个公用空间内，滤尘室应专用。不同车间的滤尘设备应分别设置。滤尘设备的安装位置与四周墙壁之间宜保持 1m 以上的距离（挂墙式纤维分离器除外）。一切无关的管线严禁穿过滤尘室。

　　4 室外空气进风口不应布置在有火花落入或产生火花的地方，并应布置在排风口的上风向。

　　5 设计应保证滤尘系统的密封性，系统的漏风量不应超过 5%。

　　6 工艺设备与所属滤尘系统应设电气联锁装置，应设置车间与滤尘室的相互报警装置。

　　7 系统应采用预除尘器等装置，并应防止火源进入滤尘系统。

　　8 吸尘装置应加设金属网或采取防止金属杂物进入滤尘系统的措施。

　　9 干式除尘器应布置在滤尘系统的负压段。

　　10 风道设施宜短捷，并应少用支管、弯管、渐缩管。滤尘系统设计应采用适当的风速。滤尘风管应设计成圆形，管道上应留有适量的检查口，风管宜架空明设。

　　11 滤尘系统的金属件均应防静电接地，被绝缘体相隔的金属件应用导线相连接地。

6.2 防雷、电气安全

6.2.1 纺织工业企业建（构）筑物的防雷设计，应符合现行国家标准《建筑物防雷设计规范》GB 50057 的有关规定。

6.2.2 纺织厂及化纤厂的原料、成品库应按库房规模及当地气象、地形、地质及周围环境等因素确定防雷设防类别，宜按第三类防雷设防。干法和湿法氨纶工厂的主车间，聚酯生产装置的建筑物应按第二类防雷设防。

6.2.3 纺织厂、服装厂的用电负荷宜为三级负荷。化纤厂的用电负荷宜为一级或二级用电负荷，宜采用两路电源供电。

6.2.4 工作接地、保护接地、防雷接地以及防静电的接地装置，其接地电阻值应符合现行国家标准《工业与民用电力装置的接地设计规范》GBJ 65 的有关规定。

6.2.5 纺织工业企业生产车间和辅助用房中的有火灾和爆炸危险场所的电气设备、装置和线路的设计，必须符合现行国家标准《爆炸和火灾危险环境电力装置设计规范》GB 50058 的有关规定。电气防爆、防火的安全技术措施应按爆炸和火灾危险场所的等级划分以及其危险程度及物质状态的不同确定。

6.3 压力容器、压力管道

6.3.1 压力容器的设计、制造、安装、使用和检修，应符合现行国家标准《钢制压力容器》GB 150 等的有关规定。

6.3.2 压力管道的设计、制造、安装、使用和检修，应符合现行国家标准《工业金属管道设计规范》GB 50316 和《工业金属管道施工及验收规范》GB 50235 等的有关规定。

6.4 防烫

6.4.1 高温设备和管道应隔热，保温后表面温度应小于 60℃。当工艺需裸露，表面温度高于 60℃时，在基准面上 2.1m 以内，距平台 0.75m 范围内应采取操作人员的防烫保护，并应按现行国家标准《安全标志》GB 2894 的有关规定设置警示标识。

6.4.2 熔融纺丝工艺宜使用真空清洗炉，吊装过程中应注意防烫伤，并应按现行国家标准《安全标志》GB 2894 的有关规定设置警示标识。

6.5 走道、梯子、平台、栏杆、地坑等防护

6.5.1 生产车间内应设安全走道，宽度应大于 1m，两侧宜用宽为 0.08m 黄色铅油线条标明。

6.5.2 架空走道与平台的净高，不宜低于 2.2m。架空走道应采取栏杆及防滑等防护措施。

6.5.3 钢梯、工作钢平台、防护栏杆的设计应符合现行国家标准《固定式钢直梯安全技术条件》GB 4053.1、《固定式钢斜梯安全技术条件》GB 4053.2、《固定式工业防护栏杆安全技术条件》GB 4053.3、《固定式工业钢平台》GB 4053.4 及各专业设计规范等的有关规定。

6.5.4 平台、楼梯、架空人行通道、坑池边、升降机口和安装孔等，应设置栏杆、围栏或盖板。

6.5.5 有上人要求的吊顶建筑物，吊顶内宜设置检修通道。通道和栏杆要求应与安全通道相同。检修通道高差变化处应采取保护措施，并应保证通道上部的净空高度。

6.5.6 在操作面设置的地沟或管沟，应设有牢固、平稳的盖板。

6.5.7 车间潮湿地面应采取防滑措施。

6.6 安全色、安全标志

6.6.1 易发生事故与危及安全的设备、管道及地点，均应按现行国家标准《安全色》GB 2893 和《安全标志及其使用导则》GB 2894 的有关规定涂安全色和设置安全标志。

6.6.2 严禁开启和关闭的阀门应加锁，并应挂以明显的标志牌。

6.6.3 各种管道的刷色和符号应按现行国家标准《工业管道的基本识别色、识别符号和安全标识》GB 7231 的有关规定执行。

6.6.4 传动设备除应设置防护罩外，尚应设置安全标志牌。

6.6.5 包装、卷装较大与较重的原材料、产成品，在搬运、储存、装卸过程中应设置警示标识。

7 职业卫生

7.1 防　尘

7.1.1 防尘设计应符合国家有关工业企业设计卫生标准的相关规定。工作场所粉尘浓度应达到国家有关工作场所有害因素职业接触限值的相关规定。

7.1.2 有防尘要求的车间地面、墙面，宜做成水磨石地面、树脂耐磨地面或油漆地面、墙裙。地面、建筑构件和设备等表面积尘的清扫，不应采用压缩空气吹扫，宜采用真空吸尘装置。

7.1.3 产生粉尘的作业场所，在工艺生产允许时应采取加湿降尘措施。当作业场所粉尘、烟尘或有害气体浓度较大且不易处理时，应设置单独操作室，并应设置机械通风。

7.1.4 滤尘系统应连续过滤、连续排杂、能处理长纤维分离，并应运行稳定可靠。采用间歇吸尘系统时，应防止尘杂瞬时浓度超限。

7.1.5 滤尘设备不宜直接放在车间内。

7.1.6 纺织工业企业应采用不产生或少产生粉尘的工艺和设备。产生粉尘的生产过程和设备宜机械化、自动化或密闭隔离操作，并应配有吸入、净化和排放装置。

7.2 防毒、防腐、防辐射

7.2.1 防毒设计应符合国家有关工业企业设计卫生标准的相关规定。工作场所空气中有毒物质浓度应符合国家有关工作场所有害因素职业接触限值的相关规定。

7.2.2 产生有害、有毒气体的车间设计应积极改革工艺流程，并应降低有害、有毒气体量，同时应保证车间有足够的换气次数。对散发有害、有毒气体的设备，应设局部排风，并应采取保持车间内的负压的措施。

7.2.3 生产排出的有害、有毒的废弃物，应采取妥善的处理措施，不得造成二次污染。

7.2.4 化验室内应设置通风柜，并应保证一定的通风量，凡有毒气产生的化验项目，应在通风柜中进行。

7.2.5 生产中使用酸、碱或产生腐蚀性的化学品液体、气体场所的建（构）筑物，应按现行国家标准《工业建筑防腐蚀设计规范》GB 50046 的有关规定进行防腐处理。

7.2.6 凡接触酸、碱等腐蚀性、危险性物品，或因事故发生化学性灼伤，以及经皮肤吸收引起急性中毒的工作场所，应配置现场急救用品，并应设置盥洗、冲洗眼睛、紧急事故淋浴设施，同时应设置不断水的供水设备、报警装置和应急通道。

7.2.7 放射性工作场所的设计应符合现行国家标准《放射卫生防护基本标准》GB 4792 的有关规定。对放射性源和盛放放射性废物的容器应设明显的标记，并应单独存放。与工作场所应有防护距离，并应采取屏蔽、遥控、除污保洁等措施。

7.2.8 产生非电离辐射的设备应有良好的屏蔽措施。工作场所的非电离辐射职业接触限值应符合国家有关工作场所有害因素职业接触限值的相关规定。

7.3 噪声防护、防振动

7.3.1 设计应选用低噪声设备，并应合理布置。

7.3.2 产生噪声的设备应采取消音减振、隔振吸声及综合控制措施。工作场所应采取各种降噪技术措施，噪声值应符合国家有关工作场所有害因素职业接触限值的相关规定。

7.3.3 对防振有要求的场所，应采取减振器、减振垫、防振沟或有柔性连接的防振措施。对震动设备的基础应进行合理设计。工作场所的振动强度应符合国家有关工业企业卫生设计标准的相关规定。

7.3.4 织机宜安装在厂房底层，织机布置在楼层时，厂房结构应采取防振措施。其他有强烈振动的设备不宜布置在楼板或平台上。工艺需要在楼板或平台上设置有振动的设备时，应采取减振措施。

7.3.5 振动较大的电气设备及部件应采取防振和减振措施。

7.4 防暑、防寒、防湿

7.4.1 防暑降温、防寒设计应符合国家有关工业企业设计卫生标准的相关规定。

7.4.2 不设空调的生产车间，应具有良好的自然通风条件，也可设局部送风。

7.4.3 有温湿度要求的车间空调设计应满足工艺和职业安全卫生的要求，建筑设计应符合当地相关的节能设计标准。

7.4.4 高温车间的热源应分布合理，并应易于热量发散。热源可布置在常年最小频率风向上风侧或单独的车间内。高温操作区应设置局部送风降温设施，并应加强通风换气。

7.4.5 凡具有敞口液面并产生大量水汽或异味气体的设备及产生大量水蒸气的间歇性生产设备，宜集中或相对集中排列，并应设排汽罩和机械排风装置。冬季应供暖风。

7.4.6 高温作业车间应设工间休息室，夏季休息室室内气温不应高于室外温度；设有空调的休息室室内气温应保持在 25℃ ～ 27℃。

7.4.7 车间空调室可适当利用回风，回风点应远离散发有害气体的设备，并应组织好气流。车间内如有散发有害气体的设备，应单独隔离、单独排风。

7.4.8 寒冷地区应设置防冻设施，气温出现过 0℃ 以下并持续一段时间的其他地区，应根据生产需要采取防冻措施。

7.4.9 冬季采暖室外计算温度为 －20℃ 及以下的地区，应根据具体情况设置门斗、外室或热风空气幕等。

7.5 采光、照明

7.5.1 厂房应综合工艺、建筑、空调、通风的要求进行采光设计，应充分利用自然采光，并应符合现行国家标准《建筑采光设计标准》GB/T 50033 的有关规定。

7.5.2 纺织厂、服装厂的天然采光应采取防止眩光或遮阳措施。

7.5.3 工厂的照明设计应符合现行国家标准《建筑照明设计标准》GB 50034 的有关规定，应采取对直接眩光、反射眩光产生的危害加以限制的措施。当大面积采用荧光灯照明时，还应采取抑制频闪效应的措施。

7.5.4 固定式照明灯具距地面或工作基准面为 2.4m 及以下时，灯具可接近的裸露部分必须可靠接地或接零，其供电线路应装设剩余电流动作保护，动作电流不应大于 30mA，在下列场所时，应采用不大于 50V 的安全电压供电：

　　1　特别潮湿的场所；

　　2　高温场所；

　　3　具有导电性粉尘的场所；

　　4　具有导电地面的场所。

7.5.5 手提式照明灯应采用不超过 24V 的安全电压供电。

7.5.6 纺织工业企业下列车间或场所应设置应急照明：

　　1　工作照明中断，由于误操作会引起爆炸、火灾的场所和引起人身伤亡事故的场所，应设置安全照明，其照度不应低于该场所一般照明照度的 5%。

　　2　自备电站、变电所、工艺控制室、消防控制室、消防泵间、电话机房、总值班室等场所，其照度不低于该场所一般照明照度的 10%。

　　3　在车间主要疏散通道处应设疏散照明，其照度不应低于 0.5 lx。当为高层厂房时，还应符合现行国家标准《高层民用建筑设计防火规范》GB 50045 的有关规定。

7.6 生活用水卫生

7.6.1 工厂生活饮用水水质必须符合现行国家标准《生活饮用水卫生标准》GB 5749 的有关规定。

7.6.2 当工厂自备生活饮用水系统需用城镇供水系统作为后备用水时，应采用补入清水池的方法进行补充。工厂自备生活饮用水系统严禁与城镇供水系统直接连接。

7.6.3 生活饮用水管道通过有毒物污染及有腐蚀性地区时，应采取防护措施；当与排水管道平行或交叉时，应符合现行国家标准《室外给水设计规范》GB 50013 和《室外排水设计规范》GB 50014 的有关规定。

7.6.4 生活饮用水管道不得与非饮用水管道连接。在特殊情况下，必须以生活饮用水作生产用水水源时，由城市给水管直接向生产设备供水的给水管上应设管道倒流防止器或其他防止污染的装置。

8　安全卫生机构设置

8.0.1 纺织工业企业应根据具体情况设置职业安全卫生专职机构及配备专职或兼职人员。

8.0.2 专职机构和人员应负责安全生产、教育、劳动保护、环境监测、消防救护、职业病防治、事故调查处理等工作。

8.0.3 中型以上规模的企业可适当配备广播、电视、录放设备。

8.0.4 小型测试仪器可由中心化验室配备，并应设专人管理，同时应由安全卫生机构（人员）委托测试。大型测试仪器可委托专业测试单位定期检测。

8.0.5 企业的医疗卫生机构应配置相关的急救设施和药品。

8.0.6 机构设施的设置应符合国家有关工业企业设计卫生标准的相关规定。

本规范用词说明

1　为便于在执行本规范条文时区别对待，对要求严格程度不同的用词说明如下：

　1)表示很严格，非这样做不可的用词：
　　　正面词采用"必须"，反面词采用"严禁"。

　2)表示严格，在正常情况下均应这样做的用词：
　　　正面词采用"应"，反面词采用"不应"或"不得"。

　3)表示允许稍有选择，在条件许可时首先应这样做的用词：
　　　正面词采用"宜"，反面词采用"不宜"。

　　　表示有选择，在一定条件下可以这样做的用词，采用"可"。

2　本规范中指明应按其他有关标准、规范执行的写法为"应符合……的规定"或"应按……执行"。

中华人民共和国国家标准

纺织工业企业职业安全卫生设计规范

GB 50477 - 2009

条 文 说 明

目　次

1 总 则

1.0.1 本规范适用的纺织工业企业的范围是依据国家标准《国民经济行业分类与代码》GB/T 4754—2002 的规定,即为 C 门类制造业中的 17 大类纺织业 171 中类的棉、化纤纺织及印染精加工,172 中类的毛纺织和染整精加工,173 中类的麻纺织,174 中类的丝绢纺织及精加工,175 中类的 1757 小类无纺布制造,176 中类的针织品、编织品及其制品制造;18 大类纺织服装、鞋、帽制造业中 181 中类的纺织服装制造,28 大类化学纤维制造业 281 中类纤维素纤维原料及纤维制造,282 中类合成纤维制造等。涵盖了现行的纺织工业绝大部分的工业企业类型,不包括维尼纶工厂、特种合成纤维制造工厂。

1.0.2 本规范根据纺织工业企业中的主要生产车间职业安全卫生的特征编制的。对建筑物(包括钢结构)、辅助生产车间(例如机械工艺的机修车间),配套的公用工程站房和除了原料、成品外的一般仓库、办公、生活设施等职业安全卫生的设计,应符合相关专业的规范规定。

1.0.3 劳动保护(职业安全卫生)与环境保护、节约资源一样是我国的一项基本国策。工程设计中劳动保护和环境保护、节约能源必须协调一致。本规范要求各专业采取技术先进、切合实际、经济合理;利于环保和节能的安全卫生措施,为工厂创造安全、文明生产的必要条件。同时纺织行业的市场依存度高,工程设计要为企业提高竞争能力创造条件。

3 厂 址 选 择

3.0.1 厂址选择是政策性很强和综合性要求很高的工作。要做到统筹兼顾、合理布局,为工厂职业安全卫生形成良好条件。厂址选择在现有设施齐全的地区,如在城镇或工业开发区内,有助于安全卫生设施的综合利用或与邻近企业进行协作。

3.0.4~3.0.7 参照国家有关工业企业设计卫生标准编写。

4 总 图 运 输

4.0.8 关于生活设施及辅助用房的设置,根据纺织、服装、化纤工厂工人数量多,女工比例高的特点,设置有全厂性的更衣室、浴室、厕所、职工食堂、冷饮制备间,卫生所和乳儿托儿所等,为职工创造良好的生活卫生环境。车间内的生产、生活卫生辅房的设置应按国家有关工业企业设计卫生标准中卫生特征分级要求执行。全厂性和各车间的生活卫生辅房应统筹规划,不要漏掉或重复。

5 车间布置及设备选型

5.0.3 车间内的生产、生活卫生辅房的设置应按国家有关工业企业设计卫生标准的卫生特征分级要求执行。全厂性的(参见本规范 4.0.8 条说明)和各车间的卫生设置应统筹规划,不要遗漏或重复。

表 5.0.3 并没有涵盖纺织工业的全部生产车间类型,各类工厂设计中生产卫生设置应按照各专业标准的规定执行。

5.0.8 企业自行设计、制造、安装的设备也要符合现行国家标准《生产设备安全卫生设计总则》GB 5083 和《电气设备安全设计导则》GB 4064 的规定。要慎重选用原有设备,其安全卫生性能应符合规定。上述两类设备的选用均应经有关部门进行安全技术检验或鉴定。

6 职业安全

6.1 防火、防爆

6.1.5 当设计中采用防火分隔水幕时,按现行国家标准《建筑设计防火规范》GB 50016 规定,不宜用于尺寸超过 15m(宽)×8m(高)的开口。

6.1.6 纺织工业企业的原料和成品基本是可燃材料,储存数量大、价值高。原料、成品仓库是防火的重点单位。防火设施必须符合现行国家标准《建筑设计防火规范》GB 50016 和相关规范的规定。《建筑设计防火规范》、《石油化工企业设计防火规范》和《纺织工业企业设计防火规范》等规范都同时在修订和编制。本条文根据原纺织工业部〔82〕纺生字第 052 号文中第十八条的规定。

6.1.7 麻库设在地下,无法解决泄爆问题。

6.1.14 纺织纤维加工厂存在火灾、火情、爆炸的危险。在棉、毛、麻纺织厂等程度较小的粉尘爆炸常有发生。重大的和最具影响的是 1987 年 3 月 15 日哈尔滨亚麻厂的粉尘爆炸,这次事故造成了巨大的损失:职工伤亡 235 人,其中死亡 58 人,重伤 65 人,轻伤 112 人,1.3 万平方米的厂房遭破坏,直接经济损失时值 881.9 万元。这次特大恶性事故给出的教训主要是,纺织厂不但要重视防火,还要重视防爆。粉尘的爆炸具有突发性,几秒钟的连续爆炸,可以导致严重后果。一般情况下,爆炸的火源是静电,首爆器是除尘器。因此,滤尘系统的设计规定是纺织工业企业安全措施的重点。

6.2 防雷、电气安全

6.2.2 纺织厂、化纤厂的仓库多为单层建筑物,但一般均应为 23 区火灾危险场所,按《建筑物防雷设计规范》GB 50057—94 的防雷分类标准,宜划为三类防雷建筑物。

6.2.3 化纤厂在生产过程中断电时,会造成重大的经济损失,而且恢复生产时间较长,所以化纤厂的用电负荷一般应为一级或二级负荷,且宜采用双回路电源供电。

6.4 防烫

6.4.1 防烫主要针对在聚酯工厂、熔融纺合成纤维工厂和印染厂等高温热源中的高温设备和高温介质输送管道,此类介质(如热媒温度为 260~330℃)应该采取隔热、防烫措施。

6.5 走道、梯子、平台、栏杆、地坑等防护

6.5.2 架空走道的栏杆的高度应符合现行国家标准《固定式工业防护栏杆安全技术条件》GB 4053.3 的规定。

6.5.3 在专业规范中,对操作平台宽度、护栏高度、出入口等另有详细规定时,应按照各专业规范执行。

6.5.4 在平台、楼梯、人行通道(指平台上人行通道)、坑池边、升降机口和安装孔等位置上,应设置栏杆、围栏和盖板。栏杆和围栏的设计按本规范第 6.5.3 条规定执行。

6.5.5 有上人要求的吊顶建筑物,既要保证便于安装和检修,又要保证安全。一般情况下,吊顶内走道不通行,当必须有人通行时,通行人数也很少。因此,走道和吊顶净空高度的设计可因地制宜。

7 职业卫生

7.1 防尘

7.1.5 本条文中的滤尘设备是指通排风系统中的滤尘设备,而一些工艺要求的随主机相连接的滤尘设备可放在车间内,如和毛机的滤尘设备。

7.2 防毒、防腐、防辐射

7.2.5 纺织、化纤工业企业常用的腐蚀介质参照表 1。

表 1 纺织工业中常用的腐蚀介质

序号	名称	化学式	用途及作用
1	硫酸	H_2SO_4	粘胶纤维凝固液、印染酸洗液、显色液及毛纺炭化液、苎麻脱胶浸酸液等
2	硝酸	HNO_3	腈纶溶剂、锦纶 66 氧化剂、腈纶组件及喷丝板的清洗剂、印染花筒腐蚀剂等
3	盐酸	HCl	涤纶长丝伸机导丝钩酸洗剂、冰染料、苯胺黑染料的调制剂等
4	磷酸	H_3PO_4	锦纶催化剂、废水处理剂
5	氢氰酸	HCN	腈纶生产副产物
6	铬酸	$HCrO_3$	锦纶催化剂、镀铬液等
7	甲酸	CH_2O_2	涤纶生产中的杂质、印染分散重氮黑后处理液
8	醋酸	$C_2H_4O_2$	涤纶溶剂、锦纶稳定剂、腈纶及印染 pH 值调节剂等
9	乙二酸	$C_2H_2O_4 \cdot 2H_2O$	印染漂白剂、除锈剂
10	己二酸	$C_6H_{10}O_4$	锦纶 66 原料、锦纶 6 稳定剂
11	间苯二酸	$C_8H_6O_2$	锦纶帘子布浸胶液

续表 1

序号	名称	化学式	用途及作用
12	氢氧化钠	$NaOH$	粘胶浸渍液、棉纺浆料、印染退浆、煮练、丝光液及还原染料、冰染料碱剂、苎麻煮练碱液等
13	氢氧化铵	NH_4OH	锦纶 6 帘子线用剂、酞菁染料调制剂
14	氢氧化钙	$Ca(OH)_2$	软水剂
15	硫酸铵	$(NH_4)_2SO_4$	锦纶 6 肟化剂、亚氯酸钠漂白工艺的湿润剂、羊毛洗涤液助剂
16	硫酸钠	$Na_2SO_4 \cdot 10H_2O$	粘胶凝固时生成物,以及凝固浴、印染还原、硫化、活性染料的促进剂
17	硝酸钠	$NaNO_3$	用于锦纶、涤纶、丙纶纺丝组件及计量泵的清洗盐浴
18	磷酸三钠	Na_3PO_4	软水剂、活性染料碱剂
19	碳酸钠	Na_2CO_3	软水剂、亚氯酸钠漂白工艺的脱氯剂、印染皂煮液碱剂、羊毛洗涤液助剂、散毛炭化中和剂
20	氯酸钠	$NaClO_3$	可溶剂还原染料印花后蒸化显色剂、苯胺黑染色氧化剂
21	亚氯酸钠	$NaClO_2$	棉及涤棉织物漂白剂
22	次氯酸钠	$NaClO$	棉及维棉织物漂白剂
23	氯化钠	$NaCl$	印染的还原、硫化、活性染料的促进剂,或由化纤生产时副产洗涤液带入
24	硫化钠	Na_2S	硫化染料染液
25	亚硫酸钠	$Na_2SO_3 \cdot 7H_2O$	锦纶 6 原料、给水除氧剂、印染色钛打底布上 X 型活性染料色浆还原剂
26	亚硝酸钠	$NaNO_2$	涤纶、丙纶等纺丝组件及计量泵的清洗盐浴,冰染料色基重氮化及可溶性还原染料显色剂等
27	碳酸氢钠	$NaHCO_3$	活性染料固色剂等
28	聚偏磷酸钠	$(NaPO_3)_x$	软水剂、色浆调制络合剂
29	硫氰酸钠	$NaSCN$	腈纶溶剂、凝固浴以及回收设备接触的介质
30	硅酸钠	Na_2SiO_3	煮练助剂、双氧水漂白稳定剂等

续表1

序号	名称	化学式	用途及作用
31	过硼酸钠	$NaBO_3 \cdot 4H_2O$	织物漂白剂、清净剂，还原染料氧化剂
32	醋酸钠	$C_2H_3NaO_2 \cdot 3H_2O$	媒染剂、冰染料色基液中和剂
33	甲醛合次硫酸氢钠	$CH_3NaO_3S \cdot 2H_2O$	还原染料拔白印花还原剂
34	碳酸钾	K_2CO_3	还原染料印花色浆碱剂
35	氯化钙	$CaCl_2 \cdot 6H_2O$	软水剂、上浆剂
36	次氯酸钙	$Ca(OCl)_2$	漂白剂
37	三氯化铁	$FeCl_3 \cdot 6H_2O$	印染花筒腐蚀剂
38	硫酸锌	$ZnSO_4$	粘胶凝固液、印染的媒染剂、色盐抗碱剂和浆料防腐剂等
39	氯化锌	$ZnCl_2$	防白印浆
40	硫酸铜	$CuSO_4 \cdot 5H_2O$	直接染料固定剂
41	氯	Cl_2	棉绒浆原料、次氯酸钠用剂
42	过氧化氢	H_2O_2	棉织物、涤纶漂白液
43	硫化氢	H_2S	粘胶纤维生产中的副产品
44	二硫化碳	CS_2	粘胶纤维黄化剂、羊毛去脂剂
45	氧化锌	ZnO	防染印花还原剂、粘胶凝固浴的硫酸锌代用品
46	甲醇	CH_4O	甲醇石墨混合涂料用于防止涤纶螺栓热焊合
47	丙三醇	$C_3H_8O_3$	配制化纤生产油剂
48	甲醛溶液	CH_2O	锦纶帘子线浸胶剂组成
49	苯	C_6H_5	涤纶、锦纶66原料
50	三氯乙烯	C_2HCl_3	锦纶6苯取液、熔融纺丝组件和计量泵清洗液
51	己内酰胺	$C_6H_{11}NO$	锦纶6原料
52	醋酸乙烯酯	$C_4H_6O_2$	用于非织造布生产
53	丙烯腈	C_3H_3N	腈纶原料
54	乙腈	C_2H_3N	腈纶生产副产物
55	联苯-联苯醚混合物	$C_{12}H_{10} - C_{12}H_{10}O$	涤纶、锦纶、丙纶等熔融法纺丝设备的保温热载体

7.3 噪声防护、防振动

7.3.2 纺织化纤工厂产生高噪声的设备种类较多，一般织机、高速卷绕头的噪声都比较高，有的超过85dB(A)。在自动化程度高的化纤厂，操作工可以在与高噪声设备隔离的控制室里。织布车间的操作工应使用防护用品。完全采用工程措施降噪，达到85dB(A)以下，存在着经济上不合理的问题。

7.3.4 各类织机工作时既有垂直振动，又有水平振动，若将织机安装在楼层时，必须保证厂房的安全性。

7.5 采光、照明

7.5.3 国家标准《建筑照明设计标准》GB 50034—2004，自2004年12月1日起实施。原《工业企业照明设计标准》GB 50034—92和《民用建筑照明设计标准》GBJ 133—90同时废止。新标准与两项老标准有三个大的变化。第一，照度水平有较大的提高。第二，照明质量标准有较大提高和改变，基本上是向国际标准靠拢。第三，增加了七类建筑（包括工业）108种常用房间或场所的最大允许照明功率密度值。工业建筑的照明功率密度限值属强制性条文，必须严格执行。新标准对一些主要房间或场所规定的一般照明照度标准值提高50%～200%，是现实需要的合理反映。

纺织工业企业的车间或机台的照度标准首先是工艺生产的要求，同时也是工作场所职业卫生的要求。如纺织厂的挡车工，印染厂的挡车工和服装厂的缝纫工，长时间用眼。照度设计不当将损害操作人员的视力。因此，在满足工艺操作条件下，参照原工艺设计的技术规定中的照度时应作适当的调整。如果各类工厂的工艺设计规范修订后，对照度有新的规定，应按新规范执行。如果原工艺设计规范近期内未修订，本规范建议应按国家标准《建筑设计照明标准》GB 50034—2004规定的原则执行。

7.5.4 本文既考虑了触电的可能性，也考虑了触电的危险性。人站立时伸臂一般高度可达2.4m，所以距地面或工作基准面2.4m以下的灯具易被触及，存在触电的可能性，所以要求固定安装的灯具高度低于2.4m时应采取相应的防护措施。人处在上述各种场所时，由于人身体电阻较小，或因地面电阻较小，触电时有更大的危险性，所以要求采用不大于50V的安全电压供电。

7.5.5 手提式照明灯常在地沟内或其他非正常工作场所内使用，触电的危险性较大。24V是国际电工委员会标准IEC 364—4规定的不需防直接电击的安全电压。

7.5.6 本条款参照国家标准《建筑照明设计标准》GB 50034—2004和现行国家标准《建筑设计防火规范》GB 50016制定。

7.6 生活用水卫生

7.6.1 工厂生活饮用水当采取自备系统时，必须符合现行国家标准《生活饮用水卫生标准》GB 5749的规定，其中检测项目达到106项。因各地水源地水质差别大，自备生活饮用水水质标准不能低于上述国家标准的规定。

中华人民共和国国家标准

电子工业职业安全卫生设计规范

Code for design of occupational safety
and hygiene in electronics industry

GB 50523-2010

主编部门：中华人民共和国工业和信息化部
批准部门：中华人民共和国住房和城乡建设部
施行日期：２０１０年１２月１日

中华人民共和国住房和城乡建设部公告

第 637 号

关于发布国家标准
《电子工业职业安全卫生设计规范》的公告

现批准《电子工业职业安全卫生设计规范》为国家标准,编号为 GB 50523—2010,自 2010 年 12 月 1 日起实施。其中,第 1.0.3、3.4.4、3.5.2(9)、3.5.7、4.3.3(1、2、5)、4.3.5、4.3.9(1、3)、5.1.4(1)、5.1.5(6)、5.1.10(1)、5.8.11 条(款)为强制性条文,必须严格执行。

本规范由我部标准定额研究所组织中国计划出版社出版发行。

中华人民共和国住房和城乡建设部
二〇一〇年五月三十一日

前　言

本规范是根据原建设部《关于印发〈2005 年工程建设标准规范制订、修改计划(第二批)〉的通知》(建标〔2005〕124 号)的要求,由中国电子工程设计院会同信息产业电子第十一设计研究院有限公司、上海电子工程设计研究院有限公司、中瑞电子系统工程设计院等单位共同制定。

本规范在编制过程中,编制组遵照国家有关基本建设的方针政策和"以人为本"、"安全第一、预防为主"的指导方针,在总结国内实践经验、吸收近年来的科研成果、借鉴国外符合我国国情的先进经验的基础上,广泛征求了国内有关设计、生产、研究等单位的意见,最后经审查定稿。

本规范共分 6 章,主要内容有:总则,术语,一般规定,职业安全,职业卫生,职业安全卫生配套设施。

本规范中以黑体字标志的条文为强制性条文,必须严格执行。

本规范由住房和城乡建设部负责管理和对强制性条文的解释,工业和信息化部负责日常管理,中国电子工程设计院负责具体技术内容的解释。本规范在执行过程中,请各单位注意总结经验,积累资料,如发现需要修改或补充之处,请将有关意见、建议和相关资料寄交中国电子工程设计院(地址:北京市海淀区万寿路 27 号北京 307 信箱,邮政编码:100840),以便今后修订时参考。

本规范主编单位、参编单位、主要起草人和主要审查人:

主 编 单 位:中国电子工程设计院

参 编 单 位:信息产业电子第十一设计研究院有限公司
　　　　　　　上海电子工程设计研究院有限公司
　　　　　　　中瑞电子系统工程设计院

主要起草人:穆京祥　余祖镛　温　玉　黄汉新　吴忠智
　　　　　　　蒋玉梅

主要审查人:王素英　朱贻玮　林素芬　叶　鸣　冯章汉
　　　　　　　胡　玢　张建志　吴维皑

目 次

Contents

2

1 总　则

1.0.1 为规范电子工业建设项目的工程设计,确保建设项目满足预防安全事故、预防职业危害及职业病防治等职业安全卫生要求,保障劳动者在职业活动中的安全与健康,避免造成人身伤害和财产损失,制定本规范。

1.0.2 本规范适用于电子工业新建、改建和扩建的职业安全卫生设计。

1.0.3 电子工业建设项目的工程设计,必须包括职业安全卫生技术措施和设施设计,并应与主体工程同时设计、同时施工、同时投入生产和使用。

1.0.4 设计单位应对职业安全卫生设施的设计负技术责任。应将职业安全卫生要求贯彻在各专业设计中,做到安全可靠、保障健康、技术先进、经济合理。其设计文件、建设成果应接受有关部门的评价、审查、鉴定、验收。

1.0.5 建设项目在进行立项论证时,应对建设项目的职业安全卫生状况同时做出论证、评价;在编制初步设计文件时,应严格遵守现行的职业安全卫生标准,并依据职业安全卫生预评价报告完善初步设计,同时编制《职业安全卫生专篇》;施工图设计时,应落实初步设计中的职业安全卫生内容和在初步设计审查中通过的职业安全卫生方面的审查意见。

1.0.6 职业安全卫生设计一经批准,不得随意改动。如需变动,应征得原负责审批的行政部门的同意。

1.0.7 电子工业职业安全卫生设计,除应符合本规范外,尚应符合国家现行有关标准的规定。

2 术　语

2.0.1 洁净室(区)　clean room(clean area)
空气悬浮粒子浓度受控的房间(限定空间)。它的建造和使用应减少室内诱入、产生、滞留粒子。室内其他有关参数,如温度、湿度、压力等按要求进行控制。

2.0.2 职业安全卫生　occupational safety and health
以保障职工在职业活动过程中的安全与健康为目的的工作领域及在法律、技术、设备、组织制度和教育等方面所采取的相应措施。

2.0.3 危险因素　hazardous factors
能对人造成伤亡或对物造成突发性损坏的因素。

2.0.4 有害因素　harmful factors
能影响人的身心健康,导致疾病(含职业病),或对物造成慢性损坏的因素。

2.0.5 有害物质　harmful substances
化学的、物理的、生物的等能危害职工健康的所有物质的总称。

2.0.6 有毒物质　toxic substances
作用于生物体,能使机体发生暂时或永久性病变,导致疾病甚至死亡的物质。

2.0.7 工作条件　working conditions
职工在工作中的设施条件、工作环境、劳动强度和工作时间的总和。

2.0.8 工作场所　workplace
职工从事职业活动的地点和空间。

2.0.9 工作环境　working environment
工作场所及周围空间的安全卫生状态和条件。

2.0.10 事故　accidents
职业活动过程中发生的意外的突发性事件总称,通常会使正常活动中断,造成人员伤亡或财产损失。

2.0.11 个人防护用品　personal protective devices
为使职工在职业活动过程中免遭或减轻事故和职业危害因素的伤害而提供的个人穿戴用品。

2.0.12 职业病　occupational diseases
指企业、事业单位和个体经济组织的劳动者在职业活动中,因接触粉尘、放射性物质和其他有毒、有害物质等因素而引起的疾病。

2.0.13 电子信息系统　electronic information system
由计算机、有/无线通信设备、处理设备、控制设备及其相应的配套设备、设施(含网络)等电子设备构成的,按照一定应用目的和规则对信息进行采集、加工、存储、传输、检索等处理的人机系统。

3 一般规定

3.1 一般原则

3.1.1 建设项目职业安全卫生设计,必须认真贯彻"以人为本"、"安全第一、预防为主"的指导方针。

3.1.2 建设项目职业安全卫生设计,应根据实际情况按下列原则对职业活动中的危险和有害因素采取治理或防护、防范措施:

1 消除——通过合理的设计,尽可能从根本上消除危险和有害因素。

2 预防——当消除危害源有困难时,可采取预防性技术措施。

3 减弱——在无法消除危害源和难以预防的情况下,可采取减少危害的措施。

4 隔离——在无法消除、预防、减弱的情况下,应将人员与危险和有害因素隔开。

5 联锁——当操作者失误或设备运行一旦达到危险状态时,通过联锁装置终止危险运行。

6 警告——易发生故障或危险性较大的地方,配置醒目的识别标志。必要时,采用声、光或声光组合的报警装置。

3.1.3 建设项目职业安全卫生设计所依据的原始资料必须充分、可靠,所采取的治理与防范措施应技术先进、经济合理、切实可行。

3.2 项目选址

3.2.1 建设项目应根据国家和地方城乡建设与国土资源用地规划、区域环境功能和自然环境状况、技术经济要求、建设配套条件、环境保护、职业安全卫生等因素,合理选择建设场址。
建设项目所选场址应确保自身符合职业安全卫生要求,并应防止或避免建设项目的危险或有害因素对周边人群居住或活动的环境造成污染及危害。

3.2.2 建设项目的场址应选择在工程地质、水文、气象条件符合安全卫生要求,且交通便利、外部配套条件良好、环境较为清洁,与区域规划相容的地区。

3.2.3 建设项目的场址不得选择在下列任一地区:

1 洪水、潮水或内涝威胁的地区,或决堤溃坝后可能淹没的地区。

2 发震断层和设防烈度高于九度的地震区。

3 有泥石流、滑坡、流沙、溶洞等直接危害的地段及采矿陷落(错动)区界限内。

4 爆破危险范围内。

5 放射性物质影响区、自然疫源区、地方病严重流行区。

6 经常发生飓风、雷暴、沙暴等气象危害的地区。

7 环境污染严重的地区。

8 国家规定的风景区及森林和自然保护区,以及历史文物古迹保护区。

9 对飞机起落、电台通信、电视转播、雷达导航和重要的天文、气象、地震观察以及军事设施等规定有影响的范围内。

3.2.4 建设项目的场址不宜选择在Ⅳ级自重湿陷性黄土、厚度大的新近堆积黄土、高压缩性的饱和黄土、欠固结土和Ⅲ级膨胀土等工程地质恶劣地区。

3.2.5 有较强电磁辐射的建设项目,所选场址与其周边人群居住、工作、生活地区之间的距离,应确保其受到的辐射强度不超过现行国家标准《环境电磁波卫生标准》GB 9175 的有关规定。

当建设项目作为被保护对象时,其场址与外界辐射源之间的距离亦应符合现行国家标准《环境电磁波卫生标准》GB 9175 的有关规定。

3.2.6 建设项目的场址应避开高压走廊。项目场址与高压输电线路之间的距离应确保项目场址内的工频超高压电场强度不超过国家现行有关工业企业设计卫生标准的规定。

有较强工频超高压电场辐射的建设项目,所选场址与人群居住、工作、生活地区之间的距离亦应符合国家现行有关工业企业设计卫生标准的规定。

3.2.7 向大气排放有害物质的建设项目应布置在当地夏季最小频率风向的被保护对象的上风侧;当建设项目作为被保护对象时,其场址则应位于当地夏季最小频率风向的外界污染源下风侧。

3.2.8 严重产生有毒有害气体、恶臭、粉尘、烟、雾等污染物的建设项目,不得在居住区、学校、医院和其他人口密集的被保护区域内及其边缘建设。其卫生防护距离应按现行国家标准《制定地方大气污染物排放标准的技术方法》GB/T 13201,或当地监管部门的要求设置。

3.2.9 建设项目所选场址与外部噪声源之间的距离,应确保其受到的外界噪声辐射不超过现行国家标准《声环境质量标准》GB 3096 中 3 类标准的有关规定,并宜位于外部主要噪声源的当地夏季最小频率风向的下风侧。

3.2.10 产生高噪声的建设项目,宜位于噪声敏感区域的当地夏季最小频率风向的上风侧,并应确保厂界噪声符合现行国家标准《工业企业厂界环境噪声排放标准》GB 12348 的有关规定。

3.2.11 建设项目与外界强振源之间的距离,应确保其所受到的振动强度不超过现行国家标准《城市区域环境振动标准》GB 10070 的有关规定。

3.2.12 无污染或轻污染的建设项目宜在环境空气质量功能区的二类区建设。

3.2.13 建设项目所在地的生活饮用水应符合现行国家标准《生活饮用水卫生标准》GB 5749 的有关规定。

3.2.14 建设项目所选场址应符合国家或地方有关水源保护地的规定。

3.3 总平面布置

3.3.1 建设项目的总平面布置设计在满足技术经济合理性的同时,应确保符合职业安全卫生要求。

3.3.2 建设项目各建(构)筑物在场区内的布局,应符合下列规定:

1 洁净厂房应位于环境清洁、污染物少、人流和物流不穿越或少穿越的地段;并应位于粉尘、有害气体等污染源的全年最小频率风向的下风侧。

2 向大气排放有毒、有害或腐蚀性气体、蒸汽、烟雾、粉尘及臭气的生产厂房、原材料或废料堆场,应布置在场区夏季最小频率风向的上风侧,且地势开阔、通风条件良好的地段。同时,应与厂前区、职工餐厅、要求环境较清洁的厂房以及人流密集的区域留有一定的防护距离。

其配套的室外净化装置宜靠近相关建(构)筑物布置。

3 建设项目的主要噪声源宜相对集中布置在场区内远离非噪声作业区、行政及生活区等要求安静的区域,其周围宜布置对噪声较不敏感、体形较高大、朝向有利于隔声的建(构)筑物。噪声源以外的其他非噪声工作地点以及场区边界的噪声强度,应分别符合国家现行有关工业企业设计卫生标准及现行国家标准《工业企业厂界环境噪声排放标准》GB 12348 的有关规定。

4 产生电磁辐射、电离辐射、工频超高压电场辐射的生产设施,其位置与其他建筑之间的距离应达到其他建筑内的人员所受到的辐射分别不超过现行国家标准《环境电磁波卫生标准》GB 9175、《电离辐射防护与辐射源安全基本标准》GB 18871、有关工业企业设计卫生标准对公众照射的有关规定。

5 仓库区的布置宜靠近生产区及货运出入口,并避开主要人流通道。同时,应留有足够的货物装卸和车辆回转场地。

6 汽(叉)车库宜布置在场区的边缘地带并避开人流密集处。有条件时,可设专用出入口或利用货运出入口。其总平面布置应符合现行国家标准《汽车库、修车库、停车场设计防火规范》GB 50067 的有关规定。

7 汽(叉)车加油站宜布置在场区全年最小频率风向的上风侧,并应位于远离火源、主要建(构)筑物和人员集中的场区边缘地段。其总平面布置应符合现行国家标准《汽车加油加气站设计与施工规范》GB 50156 的有关规定。

8 储存易燃、易爆、有毒物品的库房、储罐、堆场宜布置在场区全年最小频率风向的上风侧,并应远离火源、主要建(构)筑物和人员集中的地带。储存液态介质的储罐四周,应按现行国家标准《建筑设计防火规范》GB 50016 的有关规定设置防止事故泄漏的防火堤、防护墙或围堰。储罐区宜设置围墙和专用出入口。

使用槽车输送储存介质的储罐区,还应设置卸车泊位及储罐防撞安全设施。

9 氢气站、氧气站、燃气储配站、油库、锅炉房等火灾、爆炸危险性较大的动力站房,宜布置在场区全年最小频率风向的上风侧,并应远离明火、散发火花的地点、主要建(构)筑物和人员集中的地段。

各类气罐、气柜、气瓶库,应布置于场区全年最小频率风向的上风侧和锅炉烟囱的全年最小频率风向的下风侧。

10 配(变)电所宜布置在场区用电负荷中心,且高低压线路进出方便及远离人流密集的地方,不应设于存在火灾和爆炸危险、剧烈振动及高温的场所,亦不宜设在多尘或有腐蚀性气体的场所。对于大容量的总降压站、开闭所,尚应在其周围加设围墙。

11 废水处理建(构)筑物,其位置宜靠近相关污染源,且应远离水源构筑物及空调新风入口。

12 职工餐厅或食堂的位置应符合下列要求:

1)不得设在易受到污染的区域。

2)应距离污水池、垃圾场(站)等污染源 25m 以上,并应设置在粉尘、有害气体、放射性物质和其他扩散性污染源的影响范围之外。

3.3.3 场区内的建(构)筑物及露天的作业场、物料堆场、设备、贮罐等设施,彼此之间以及与场区内外的铁路、道路之间应设置必要的间距。间距应符合下列规定:

1 应满足建(构)筑物对通风和采光的要求。

2 应确保露天作业场所、设备具有安全作业、检修所需的必要空间。

3 应符合现行国家标准《建筑设计防火规范》GB 50016、《高层民用建筑设计防火规范》GB 50045 和《工业企业总平面设计规范》GB 50187 对防火间距所作的有关规定。

3.3.4 一般建筑的方位应利于室内有良好的通风和自然采光。主要建筑宜呈南北向布置。高温、热加工、有特殊要求和人员较多的建筑物宜避免西晒。

3.3.5 放散大量余热的车间和厂房,其纵轴应与当地夏季最大频率风向相垂直。当受条件限制时其角度不宜小于45°。

3.3.6 室外管线的布置设计应符合现行国家标准《工业企业总平面设计规范》GB 50187 的有关规定。

火灾危险性属于甲、乙、丙类的液体、液化石油气、可燃气体、毒性气体和液体以及腐蚀性介质等的管道布置设计,尚应符合国家现行标准的有关规定。

3.3.7 场区出入口的位置和数量,应根据企业的生产规模、总体规划、场区用地面积及总平面布置等因素综合确定,但其数量不宜少于2个,且主要人流出入口宜与主要物流出入口分开设置。

3.3.8 道路和铁路专线的设计应符合现行国家标准《工业企业标准轨距铁路设计规范》GBJ 12、《厂矿道路设计规范》GBJ 22 和《工业企业厂内铁路、道路运输安全规程》GB 4387 的有关规定。

道路和铁路专线在场区内的线路布局还应符合现行国家标准《建筑设计防火规范》GB 50016、《高层民用建筑设计防火规范》GB 50045、《工业企业总平面设计规范》GB 50187 对消防车道、交通安全所作的有关规定。同时,还应满足危险源发生事故时紧急救援和紧急疏散的需要。

3.3.9 跨越铁路、道路上空的管架(或管线)及建(构)筑物,距铁路轨面或道路路面的净空高度应符合现行国家标准《工业企业总平面设计规范》GB 50187 的有关规定。

3.3.10 建(构)筑物、设备、管线和绿化物不得侵入铁路线路和道路的建筑限界,不得影响行车视距。

3.3.11 铁路专用线不宜与人行主干道交叉。凡与道路平交的道口应按现行国家标准《工业企业铁路道口安全标准》GB 6389 的有关规定设置相应的安全设施、信号和标志。

3.3.12 场地竖向设计除应满足各项技术经济要求外,尚应满足场地排水及防洪排涝要求。

3.3.13 在严格控制场区绿化率的条件下,绿地的布置及植物种类的选择宜符合下列原则:

1 加强生产管理区、主要出入口等人员较集中、活动较频繁地段的观赏性及美化效果;维持洁净要求较高的生产车间、装置及建筑物所在区域的清洁卫生。

2 利于减弱事故爆炸的气浪及阻挡火灾的蔓延;利于热加工车间和西晒建筑的遮阳;利于对有害气体、粉尘及噪声的屏蔽。

3 不影响室外管线、装置、设备的生产和检修安全;不影响行车的视距;不影响易燃易爆重气体在空间的扩散。

3.4 建(构)筑物设计

3.4.1 改建、扩建项目拟利用的旧有建(构)筑物,应根据其现状和新的使用要求和新的火灾危险性特征合理使用。必要时应进行安全性复核,并采取相应的改造、加固措施。

3.4.2 建设项目的建(构)筑物设计所依据的岩土工程勘察报告切实、可靠,并应符合现行国家标准《岩土工程勘察规范》GB 50021 的有关规定。

3.4.3 建筑结构的设计使用年限、安全等级的确定,应符合现行国家标准《建筑结构可靠度设计统一标准》GB 50068 的有关规定。

3.4.4 建设项目的抗震设防烈度应按国家规定的权限审批、颁发的文件(图件)确定。凡抗震设防烈度为6度及以上地区的建(构)筑物,必须进行抗震设计。

3.4.5 建(构)筑物的设计应对生产过程中产生的振动、高温、高压、深冷、腐蚀、油浸等因素所造成的不利影响,采取相应的防范、防治措施。

3.4.6 使用、产生剧毒物质的工作场所,其墙壁、顶棚和地面等内部结构和表面,应采用不吸收、不吸附毒物的材料,必要时应加设保护层以便清洗。车间地面应平整、防滑、易于清扫。经常有积液的地面不应透水,并应坡向排水系统。

3.4.7 厂房(建筑)技术夹层的设计,应确保安装、检修的方便和安全,并采取必要的通风、采光和防火措施。

3.4.8 建设项目的办公建筑、科研建筑宜按国家现行标准《城市道路和建筑物无障碍设计规范》JGJ 50 的有关规定进行无障碍设计。

3.4.9 一般厂房、工作间或作业场所宜有良好的自然通风和自然采光。

3.4.10 热加工厂房宜采用单层建筑,四周不宜建披屋。确有必要时,披屋应避免建于夏季最大频率风向的迎风面。

3.4.11 工作场所的地面、墙面、顶棚应避免眩光。装修色彩宜淡雅柔和,并应利于对安全色和安全标志的识别。

3.4.12 建筑材料的选用应符合下列规定:

1 建筑材料和装修材料的选用和使用应符合现行国家标准《民用建筑工程室内环境污染控制规范》GB 50325 的有关规定。

2 建筑构件和建筑材料的燃烧性能和耐火极限应符合现行国家标准《建筑设计防火规范》GB 50016、《高层民用建筑设计防火规范》GB 50045 的有关规定。所使用的不燃、难燃材料必须选用依照产品质量法的规定确定的检验机构检验合格的产品。

3 建筑内部装修材料的选用应符合现行国家标准《建筑内部装修设计防火规范》GB 50222 的有关规定。

4 有静电防护要求的工作场所应选用不产生静电的装修材料。对于在洁净厂房内使用的防静电材料,尚应符合现行国家标准《电子工业洁净厂房设计规范》GB 50472 的有关规定。

3.5 工作场所的布置及工作环境的卫生要求

3.5.1 工作场所的布置设计应保证生产工艺的合理性、经济性和可实施性,同时还应满足职业安全卫生的要求。

3.5.2 工作场所布置设计应符合下列要求:

1 存在危险或有害因素的工序或工作间(区),宜按危害性质相同的原则相对集中,并与其他工序或工作间(区)隔离或隔开布置。

2 产生腐蚀性物质及尘、毒危害的工序或工作间(区),宜在厂房内靠近夏季最大频率风向下风侧的外墙布置。

3 具有火灾、爆炸危险的工序或工作间(区),宜布置在单层厂房内靠外墙侧或多层厂房内最上一层的靠外墙侧,其具体位置的确定应利于采取防火、防爆措施,且其防爆泄压面应避开下列场所:

1)人员集中的场所。

2)厂房(建筑)的出入口或其他工作间的出入口。

3)主要通道或人流集中的主要道路。

4)危险源。

4 无爆炸危险房间的可开启门、窗应避开爆炸危险区域。

5 产生噪声或振动的工序或工作间(区),宜布置在厂房内的偏僻处,且其近邻宜为非敏感的工作间(区)。必要时应将噪声源或振动源布置在单独工作间或单独建筑(或厂房)中。

6 有电磁辐射危害的工序或工作间(区)应与其他生产工序或工作间(区)隔开布置,并应避开人流密集的通道、出入口。

7 电离辐射照射室的布置设计应符合本规范第5.8.4条、

第5.8.5条及第5.8.7条第9款的规定。

8 产生高温和散发大量热量的工序或工作间,在不影响工艺流程或流水生产作业时,宜与其他工作间隔离或隔开布置。允许竖向自然通风工序或工作间的热源宜布置在天窗下方。可利用穿堂风进行自然通风工序或工作间的热源宜布置在厂房内当地夏季最大频率风向的下风侧。

对于多层厂房,放散热量和有害气体的生产场所宜布置在建筑物的上层。必须布置在下层时,应采取防止对上层造成不良影响的措施。

9 生产的火灾危险性为甲、乙类的生产场所,以及储存物品的火灾危险性为甲、乙类的仓库不应设置在地下室或半地下室内。

3.5.3 具有危险或有害因素的工序或工作间(区),因受条件限制难以采取防治措施或虽经治理但仍会对其邻近区域造成不良影响或构成安全性威胁时,宜分离布置在单独的一幢建筑中。

3.5.4 工作场所的布置设计应符合现行国家标准《建筑设计防火规范》GB 50016、《高层民用建筑设计规范》GB 50045 对防火分区的有关规定。

3.5.5 厂房(或建筑)出入口、楼梯、电梯和通道的布置,除应满足正常活动时人流、物流需要外,尚应符合现行国家标准《建筑设计防火规范》GB 50016、《高层民用建筑设计规范》GB 50045 对安全疏散所作的有关规定。

危险性作业场所应设置安全通道。出入口不应少于两个,门、窗应向外开启,且在应急时应能便捷打开。通道和出入口应保持畅通。

3.5.6 辅助用室位置的确定应符合本规范第5.11.3条的规定。

3.5.7 设有车间或仓库的建筑物内,不得设置员工集体宿舍。

3.5.8 设备的布置应在其周边留有确保职工正常活动时不受固定物、运动物和可能的飞出物伤害的安全间距和空间。

3.5.9 为职工设定的工作空间、工作场所、工作过程,宜符合现行国家标准《人类工效学 工作岗位尺寸设计原则及其数值》GB/T 14776、《工作系统设计的人类工效学原则》GB/T 16251 的有关规定。

3.5.10 工作场所除应按工艺要求布置设备外,还应根据生产活动和物流的要求,在合理的位置布置原材料、废料及成品的存放场地。

3.5.11 工作场所应符合下列要求:

1 工作场所的空气中所含化学物质、粉尘、生物因素的浓度不应超过国家现行有关工作场所有害因素职业接触限值化学有害因素所规定的容许值;所存在的物理有害因素不应超过国家现行有关工作场所有害因素职业接触限值物理因素所规定的容许值。

2 工作场所的温度、湿度、新鲜空气量应符合国家现行有关工业企业设计卫生标准的规定,洁净室的温度、湿度、新鲜空气量应符合现行国家标准《电子工业洁净厂房设计规范》GB 50472 的有关规定。

3.6 工艺及设备

3.6.1 建设项目应通过采取改进设计、使用清洁的能源和原料、采用先进的工艺技术与设备、改善管理、综合利用等措施,从源头将危险和有害因素减少至最低程度。

对生产过程中不可避免产生的危险和有害因素,必须采取防范、防治措施。

3.6.2 在保证产品质量的前提下,宜采用无毒无害或低毒低害的原材料,宜采用不产生或少产生危险和有害因素的新工艺、新技术、新设备、新材料。

3.6.3 建设项目中的电镀、喷漆、热处理、铸造、锻造,以及氢气、氧气、煤气、乙炔气、液化石油气生产等存在较严重的危险和有害因素而又难以治理的生产工艺或生产部门,宜委托外部专业化生产企业协作解决;必须自建时,宜适当集中。

3.6.4 对于可能产生严重危害的生产过程或生产设备,应根据具体情况提高机械化、自动化程度,或采取密闭、隔离措施。

3.6.5 对劳动强度较大的装卸运输作业,宜采取机械化、半机械化等措施。当需人工搬运时,其体力搬运的负荷不应超过现行国家标准《体力搬运重量限值》GB/T 12330 的有关规定。

3.6.6 建设项目应采用标准工时制度,劳动者每日工作应为8h,每周工作应为40h。

因工作性质或生产特点的限制不能实行标准工时制度时,可采用其他的工作和休息办法,但应保证职工每周工作时间不超过40h,每周至少休息1d;符合条件的也可按相关规定实行不定时工作制或综合计算工时工作制。

从事特别艰苦、繁重、有毒有害、过度紧张工作的劳动者,可在每周工作40h的基础上适当缩短工作时间。

3.6.7 建设项目所选用的设备应符合下列要求:

1 设备上的运动零部件、过冷或过热部位、可能飞甩或喷射出物体(固、液、气态)的部位应具有可靠的防护装置或相应的防护措施。

2 生产、使用、贮存或运输过程中存在易燃易爆气体、液体、蒸汽、粉尘的生产设备,应采取密闭(或严防跑、冒、滴、漏)、监测报警、防爆泄压、避免摩擦撞击、消除电火花和静电积聚等相应防范措施及应急处理装置。

3 使用或产生具有毒性、腐蚀性的液体、气体、蒸汽、粉尘的设备,应采取密闭(或严防跑、冒、滴、漏)、负压工况、自动加料、自动卸料等相应措施,并配备吸入、净化和排放装置及应急处理装置。

4 设备运行所产生的噪声或振动应符合相关产品标准的规定。高噪声设备宜配备隔声设施。

5 产生辐射的设备应具有有效的屏蔽、吸收措施,必要时应有监测、报警和联锁装置。宜远距离操控和自动化作业。

6 操作、调整、检查、维修时需要察看危险区域或人体局部需要伸进危险区域的生产设备,应具有防止误启动的装置或措施;需人员进入其内部检修的设备,应具有安全进出、防止误启动等安全技术措施。

7 所选用的各种设备,均应符合现行国家标准《生产设备安全卫生设计总则》GB 5083、《电气设备安全设计导则》GB 4064 以及相关产品标准的规定。

3.6.8 所选用的设备,其自身成套的安全卫生装置应配备齐全。

3.6.9 所选用的设备,应配有关于其在运输、贮存、安装、使用和维修等过程中有关安全、卫生要求的技术说明文件。

3.6.10 所选用设备的生产厂家应具有合格的生产资质及有效的证明文件。

4 职业安全

4.1 防机械性伤害

4.1.1 建设项目的工程设计应综合采取防止物体打击、机械伤害、车辆伤害、起重伤害、坠落和坍塌等机械性伤害事故发生的措施。

4.1.2 布置可能飞出、甩出或喷射出物体而本身又难以具备可靠防护装置的设备时,应使其飞出、甩出或喷射方向避开邻近工作岗位、通道和出入口。当不可避免时,应在飞出、甩出或喷射方向留有足够的安全距离或设置可靠的防护装置。

4.1.3 对人员可能触及范围内有明露的传动性机件或尖锐的棱、角、突起的设备时,应设置可靠的防护装置和安全标识。

4.1.4 工作场所的布置设计,应从确保生产过程合理、安全的角度对生产设备(装置)、原材料(或毛坯)、半成品、成品、废料、工具等物品进行统筹规划和布置。

4.1.5 设备之间或设备与建(构)筑物及其他固定设施之间,应留有供人员正常活动、操作或检修的安全间距。

机械加工设备的安全间距不宜小于表 4.1.5 的规定。

表 4.1.5　机械加工设备的安全间距(m)

距 离 范 围	小型设备	中型设备	大型设备
设备操作面间	1.1	1.3	1.5
设备操作面离墙柱	1.3	1.5	1.8
设备后面、侧面离墙柱	0.8	1.0	1.0

注:1　当设备后面、侧面有检修部位时,应按具体情况或设备说明书的要求设置足够的空间。

　　2　使用本表时,应避免设备基础与建筑的基础和其他设备的基础发生矛盾。

4.1.6 工作场所应设置运输通道,并宜标出明显的安全标线。室内通道宽度可按表 4.1.6 采用。

表 4.1.6　厂房内通道宽度(m)

运 输 方 式	通 道 宽 度
人工运输	≥1.0
电瓶车、叉车单向行驶	≥1.8
电瓶车、叉车双向行驶	≥3.0
汽车	≥3.5

在通道交叉处应有车辆安全转弯所需的足够宽度或转弯半径。

通道两侧不应存在易伤害通行人员、车辆的物件,亦不应存在易被通行车辆伤害的人员、物件。当不可避免时,应设隔离保护装置及警示标志。

4.1.7 凡易受车辆撞击的设备及门框、柱、墙等建筑部位,应设置醒目的标志。必要时应设置足够强度的护栏或采取其他保护措施。

4.1.8 工作场所内架空的输送装置、各种管道及电缆桥架等悬挂物的架设高度,应确保其下方的人员、车辆、起重设备的正常通行,并不应与设备干涉,不应影响正常作业的进行。

悬挂输送机或其他被运物品可能发生意外坠落的架空运输设备,在跨越工作地点、通道上方以及上下坡等区段的下方,应加设防护网或防护板。防护网或防护板下方的行人通道净空高度不得小于 1.9m。

4.1.9 工作场所的地面应平坦、防滑、易清扫,应避免设置不必要的台阶、斜面、突起、凹陷。

4.1.10 室内外所设的坑、壕、池、井、沟等构筑物应设围栏或盖板,必要时应加设安全警示标识。盖板及围栏应装设稳固,并根据现场人、物流情况设定足够的承载能力。

4.1.11 凡人员需要从生产线辊道、皮带运输机等运输设备上空跨越的地方,应设带栏杆的走桥。

4.1.12 高出地面的平台、走台、楼面以及其上洞口的敞开边缘处,应设防护栏杆。有物品滑落可能的防护栏杆下部,应加设挡板予以封闭。

4.1.13 架空平台、走台、钢梯、防护栏杆的设计,应方便操作和检修,并应符合现行国家标准《固定式钢梯及平台安全要求　第1部分:钢直梯》GB 4053.1、《固定式钢梯及平台安全要求　第2部分:钢斜梯》GB 4053.2 和《固定式钢梯及平台安全要求　第3部分:工业防护栏杆及钢平台》GB 4053.3 的有关规定。

4.1.14 起重机的工作级别应根据其实际工作状况,按现行国家标准《起重机设计规范》GB 3811 的有关规定确定。一般车间和仓库用起重机工作级别宜为 A3～A5;繁重工作车间和仓库用起重机工作级别宜为 A6～A7。

4.1.15 起重机的安全装置应符合现行国家标准《起重机械安全规程》GB 6067 的有关规定。

4.1.16 有起重设备的作业区,其布置设计应为起重设备设置吊运通道。被吊物品不应通过无关设备的上空及作业人员的上空。

4.1.17 桥式起重机的供电滑线宜选用导管式安全滑触线。当采用角钢或电缆滑线时,应涂上安全色和设置信号灯及防触电护板。供电滑线不应设在驾驶室的同侧。

4.1.18 在同一轨道上安装两台及以上的桥式起重机时,必须安装防撞设施。

4.1.19 垂直运输不应采用以卷扬机或电动葫芦为驱动装置的简易吊笼或简易电梯。

4.1.20 建设项目所选用的电梯,其性能、质量应符合现行国家标准《电梯技术条件》GB 10058 的有关规定;其安装以及井道和机房的设计,应符合现行国家标准《电梯的制造与安装安全规范》GB 7588 的有关规定。

4.1.21 根据工艺要求必须在多层厂房中设置的贯穿各层的垂直吊运口,其位置应避开公共通道、设备及各种管线。各层洞口及洞口正对的底层区域,应在被吊物品事故坠落时可能波及范围的周边设置防护栏或防护网,有条件时应砌筑井道。

4.1.22 物料或物品的储存、运输应满足下列要求:

1　散装物料堆积的坡面角不得大于其自然安息角。当散装物料靠墙堆放时,其墙面应具有足够的侧向抗压能力。

2　有包装的物品或裸装计件物品以堆垛方式储存时,其堆放高度不应超过地坪的承载能力和物品本身或包装物的耐压能力,并保证堆放的稳定性。

堆垛与照明灯具或建筑的墙、柱、顶应保持适当的安全距离。

3　料堆、堆垛、货架间应留有确保运输车辆安全装卸、行驶的通道,必要时应设置安全标识。

4.2 防烧、烫、灼、冻伤害

4.2.1 建设项目的工程设计应对引起烧、烫、灼、冻等人身伤害的危险因素,采取相应的安全防护措施。

4.2.2 工业炉窑、热工设备、高温液体容器(槽体)、输送热介质的管网等,凡人员可触及的部位,其表面温度超过 60℃时,应采取隔热措施或安全保护装置。

4.2.3 工业炉窑及其他热工设备可能喷射火焰或灼热气体、液体的部位,应隔离保护装置和相应的警示标志。

4.2.4 具有高温或赤热表面的在制品,应采用机械化、自动化设备进行加工、传输和检验;并应在人体可能受到烧、烫伤害的部位采取隔离或隔热措施。

4.2.5 生产过程中产生的高温或赤热废料、废品应设专门装置进行收集、传送。

4.2.6 存在高温液态物质的场所,应在其意外事故泄漏可能涉及的范围周围设置围栏或醒目的警示标志。该场所应设置紧急避让空间和便捷疏散通道。对可能受波及的建筑部位或设备(装置)应采取隔离或隔热等措施。

4.2.7 高温或赤热的在制品、成品、废料应设专门场地或设施存放,并应对其设置安全隔离装置和警示标志。

4.2.8 凡与人体直接接触的生产性或生活性热水,其供水设备应具有控制水温在安全范围的功能。

4.2.9 设备的过冷部位及输送过冷介质的管网,凡人员可触及的部位应采取隔冷措施或安全保护装置。

4.2.10 使用酸、碱及其他具有腐蚀性物质的工序,宜采用自动化程度较高、密闭性良好、具有防飞溅措施的设备。

4.2.11 当酸、碱及其他腐蚀性物质的使用量较大时,其储罐应与工作地点分开单独存放,并采用管道输送。输送系统应采用耐腐蚀管材,套管保护。系统阀箱内应设排气排液管道和泄漏报警装置。

4.2.12 架空敷设的酸碱液体输送管道,应避开经常有人员通行的场所。当不可避免时,应采取可靠的防护措施。

4.2.13 储存酸、碱或其他具有较强腐蚀性液体的设备、储罐,应采取防溢出、防渗漏等措施,并设置事故排放装置及报警装置。其所在场地应设置液体收集地沟及管道,其基础及周围地面应采取防腐处理。

4.2.14 储存、输送腐蚀性介质的设备、管道放空时,应设置相应装置加以收集、处理,不得任意排放。

4.2.15 使用酸、碱及其他腐蚀性物质的工作间(区)的设计,应设置事故泄漏或事故喷溅发生时人员有紧急避让空间和便捷的疏散通道。

4.2.16 腐蚀性物品的包装必须严密,不得泄漏。安全标识应齐全、醒目。腐蚀性物品贮存应符合现行国家标准《常用化学危险品贮存通则》GB 15603 和《腐蚀性商品储藏养护技术条件》GB 17915 的有关规定。

4.2.17 可能发生化学性灼伤的储存间、工作间,应在安全、便捷的地方设置紧急冲淋装置及洗眼器,并保证不间断供水。

4.3 防火、防爆

4.3.1 建设项目的防火、防爆设计,应符合现行国家标准《建筑设计防火规范》GB 50016 和《高层民用建筑设计防火规范》GB 50045 的有关规定。

4.3.2 生产或储存物品的火灾危险性分类、建筑物的耐火等级、最多允许层数及防火分区最大允许占地面积的确定,应符合下列规定:

1 厂房或仓库其生产或储存物品的火灾危险性分类、建筑的耐火等级、最多允许层数、防火分区最大允许建筑面积的确定,应符合现行国家标准《建筑设计防火规范》GB 50016 的有关规定。

2 教学楼、办公楼、科研楼、档案楼等公共建筑,建筑高度不超过 24m 时,其耐火等级、最多允许层数、防火分区最大允许建筑面积的确定,应符合现行国家标准《建筑设计防火规范》GB 50016 的有关规定;建筑高度超过 24m 时,其建筑类别的划分、建筑的耐火等级、防火分区最大允许建筑面积的确定,则应符合现行国家标准《高层民用建筑设计防火规范》GB 50045 的有关规定。

3 洁净厂房的火灾危险性分类、建筑的耐火等级、防火分区最大允许建筑面积的确定,应符合现行国家标准《电子工业洁净厂房设计规范》GB 50472 的有关规定。

洁净厂房如因生产工艺要求需扩大防火分区时,应在设置火灾自动报警系统、自动喷水灭火系统等防范设施的基础上,并经消防监管部门批准后再实施。

4 改建、扩建建设项目利用的原有建筑物,应根据新的使用要求和新的火灾危险性特征按本条第 1~3 款的规定执行。

4.3.3 使用、产生易燃易爆物质的建筑(或工作间),应采取下列防火、防爆措施:

1 所选用的工艺设备和公用工程设备应具有相应的防火、防爆性能。

2 应设置局部排风系统或全室排风系统。

3 应按现行国家标准《建筑设计防火规范》GB 50016、《高层民用建筑设计防火规范》GB 50045、《电子工业洁净厂房设计规范》GB 50472 的有关规定,设置防烟、排烟设施。

4 应设置火灾自动报警装置。

5 对可能突然放散大量有爆炸危险物质的建筑(或工作间),应设置事故报警装置及其与之联锁的事故通风系统。

6 应按现行国家标准《爆炸和火灾危险环境电力装置设计规范》GB 50058 的有关规定,划分爆炸危险分区及火灾危险分区,并进行电气工程设计。

7 工作间内的设备、管道以及易产生静电的其他设施应按现行国家标准《防止静电事故通用导则》GB 12158 的有关规定采取防静电措施。

8 应按现行国家标准《建筑设计防火规范》GB 50016、《高层民用建筑设计防火规范》GB 50045、《建筑内部装修设计防火规范》GB 50222 和《电子工业洁净厂房设计规范》GB 50472 的有关规定,在防火间距、安全疏散、建筑防爆、材料选用、防静电、防雷击、防火花等方面对建(构)筑物采取相应的防火、防爆措施。

4.3.4 储存易燃、易爆物品的房间、库房,除应符合本规范第 4.3.3 条的规定外,尚应符合下列规定:

1 易燃、易爆物品的储存条件、储存方式、储存安排、储存限量及混存禁忌,应符合现行国家标准《常用化学危险品贮存通则》GB 15603、《易燃易爆性商品储藏养护技术条件》GB 17914 的有关规定。

2 应按储存物品的危险性特征,分别或综合采取通风、调温、防晒、防潮、防水、防漏、防静电、防火花等措施。

4.3.5 储存易燃、易爆物品的露天储罐(或储罐区),应采取下列防范措施:

1 储罐之间,储罐与其配套设备之间,储罐与各类建(构)筑物、明火地点或散发火花地点之间,储罐与道路、铁路之间,应根据现行国家标准《建筑设计防火规范》GB 50016 的有关规定,设置足够的防火(安全)间距。

2 甲、乙、丙类液体储罐和液化石油气储罐,应按现行国家标准《建筑设计防火规范》GB 50016 的有关规定设置防火墙、防火堤及冷却水设施。

3 储罐区内的卸车泊位,应设置相应的收纳事故泄漏的设施。

4 储罐及储罐区应按现行国家标准《建筑物防雷设计规范》GB 50057、《防止静电事故通用导则》GB 12158 的有关规定采取防雷、防静电措施。

4.3.6 硼烷、磷烷、硅烷、砷烷、二氯二氢硅等易燃、易爆特种气体的储存、配送,应按现行国家标准《电子工业洁净厂房设计规范》GB 50472 的有关规定执行。

4.3.7 具有火灾、爆炸危险的动力站房,除符合本规范第 4.3.3 条外,尚应采取下列防范措施:

1 有爆炸危险的房间与无爆炸危险的房间之间应以防爆墙隔开。需连通时,其间应以具有密封双门的连廊或门斗相连。

2 有爆炸危险的房间其安全出入口不应少于两个。其中一个应直通室外或疏散楼梯的安全出口。不超过 100m² 的房间可设一个安全出口。单层锅炉间炉前走道总长度不大于 12m 且面积不大于 200m² 时,其安全出口可设置一个。

3 锅炉房的设计应符合现行国家标准《锅炉房设计规范》GB 50041 的有关规定。锅炉间的建筑外墙应采取泄压措施。锅炉排烟系统的烟道应装设防爆装置。

4 具有火灾、爆炸危险的常用气体、特种气体和燃料气体的供气管道,应在其适当部位装设放散管、取样口、吹扫口和阻火器,放散管应引至室外排放或接入专用设备处理后排放。

5 高压气体钢瓶灌瓶台或汇流排钢瓶组供气台,应设高度不低于 2m 的钢筋混凝土防护墙。

4.3.8 易燃、易爆危险化学品,在洁净厂房内的运输、储存、分配应符合现行国家标准《电子工业洁净厂房设计规范》GB 50472 的有关规定。

4.3.9 室内管道的布置设计应符合下列要求:

1 输送易燃、易爆、助燃介质的管道严禁穿越生活间、办公室、配电室、控制室。

2 输送易燃、易爆、助燃介质的管道不应穿越不使用该类介质的工作间(区),必须穿越时,应对这段管道加设套管。

3 输送易燃、易爆、助燃介质的管道、管件、阀门、泵等连接处应严密,管道系统应采取防静电接地措施。

4 输送易燃、易爆、助燃介质管道的竖井或管沟应为不燃烧体。在安全、防火、防爆等方面互有影响的管道不应敷设在同一竖井内或管沟内。

5 输水或可能产生水滴的管道不应布置在遇水将引起燃烧、爆炸或损坏的原料、产品及设备上空。

6 管道的保温及保冷应选用不燃或难燃材料。

7 金属管道的布置设计应符合现行国家标准《工业金属管道设计规范》GB 50316 对管道系统的安全所作的有关规定。

4.3.10 建设项目应设置消防设施和器材,其配置和设计应符合现行国家标准《建筑设计防火规范》GB 50016、《高层民用建筑设计防火》GB 50045、《电子工业洁净厂房设计规范》GB 50472、《建筑灭火器配置设计规范》GB 50140、《自动喷水灭火系统设计规范》GB 50084 和《火灾自动报警系统设计规范》GB 50116 的有关规定。

危险化学品的灭火方法、消防措施尚应符合现行国家标准《常用化学危险品贮存通则》GB 15603、《易燃易爆性商品储藏养护技术条件》GB 17914、《腐蚀性商品储藏养护技术条件》GB 17915 和《毒害性商品储藏养护技术条件》GB 17916 的有关规定。

4.3.11 消防设施其灭火剂的选择除应与火灾种类相适应外,还应避免灭火剂致使人员遭受窒息、毒害和贵重设备、物品遭受损坏、污染。

4.3.12 生产、使用、储存随消防水扩散将严重污染环境的物质的工作场所、仓库、储罐,应设置汇集、收纳消防废水的设施,或选用除水以外的其他灭火剂。

4.4 防 雷

4.4.1 建设项目所属的建(构)筑物,其防雷类别的确定及其相应的防雷设计,应符合现行国家标准《建筑物防雷设计规范》GB 50057 的有关规定。

4.4.2 建设项目所属的电子信息系统,其雷电防护等级的确定及其相应的防雷设计,应符合现行国家标准《建筑物电子信息系统防雷技术规范》GB 50343 的有关规定。

4.4.3 电气设备、装置的防雷及过电压保护应符合国家现行标准《交流电气装置的过电压保护和绝缘配合》DL/T 620 及《建筑物电气装置》GB 16895.16 的有关规定。

4.4.4 储存可燃气体、液化烃、可燃液体的钢罐应按现行国家标准《石油化工企业设计防火规范》GB 50160 的有关规定采取相应防雷措施。

4.4.5 各类防雷建筑物应采取防直接雷和防雷电波侵入的措施。生产、使用、储存爆炸物质的建筑物或具有爆炸危险环境的建筑物尚应采取防雷电感应的措施。

装有防雷装置的建筑物,在防雷装置与其他设施和建筑物内人员无法隔离的情况下,应采取等电位连接。

4.4.6 排放气体、蒸汽或粉尘的放散管、呼吸阀、排风管、自然通风管、烟囱等的防雷设计应符合现行国家标准《建筑物防雷设计规范》GB 50057 的有关规定。

4.4.7 微波天线、卫星接收天线、公共电视天线系统,其天线以及其杆塔应有防雷措施,天线杆顶应装接闪器。接闪器、天线的零位点、天线杆塔及接地装置在电气上应可靠地连接。

4.4.8 平行或交叉敷设的间距小于 100mm 金属管道、构架和电缆金属外皮等长金属物,应按现行国家标准《建筑物防雷设计规范》GB 50057 的有关规定采取防雷电感应的措施。

金属管道、电缆在进出建筑物处,应按现行国家标准《建筑物防雷设计规范》GB 50057 的有关规定采取防雷电波侵入的措施。

4.4.9 场区架空管道以及配变电装置和低压供电线路终端,应采取防雷电波侵入的防护措施。

4.4.10 微波站、卫星接收站的工作接地、保护接地和防雷接地宜合用一个接地系统,其接地电阻值不应大于 1Ω。当工作接地、保护接地与防雷接地分开时,应分设接地装置,两种接地装置的直线距离不宜小于 10m,工作接地、保护接地的电阻值不宜大于 4Ω,并应有 2 点与站房接地网连接。

4.5 防触电及用电安全

4.5.1 建设项目应根据其对供电可靠性要求以及供电中断在政治、经济、安全上所造成的损失、影响和危害的严重程度,按现行国家标准《供配电系统设计规范》GB 50052 的有关规定,确定其用电负荷等级。

消防电源的用电负荷等级应按现行国家标准《建筑设计防火规范》GB 50016 和《高层民用建筑设计防火规范》GB 50045 的有关规定确定。

4.5.2 建设项目配(变)电所位置的确定,应符合现行国家标准《10kV 及以下变电所设计规范》GB 50053 的有关规定。

4.5.3 建设项目不宜使用油浸作绝缘材料的电气设备。

在多层或高层主体建筑内的变电所,应选用节能型干式、气体绝缘或非可燃液体绝缘的变压器。当采用油浸变压器且其油量为 100kg 及以上时,应设置单独变压器室。

在多尘或有腐蚀性气体严重影响变压器安全运行的场所,应选用防尘型或防腐型变压器。

4.5.4 配(变)电所的设计应按现行国家标准《10kV 及以下变电所设计规范》GB 50053、《低压配电设计规范》GB 50054、《35～110kV 变电所设计规范》GB 50059 及《3～110kV 高压配电装置设计规范》GB 50060 的有关规定,在设备、电器、导体的选择及其布置设计中,以及在建筑、采暖通风等相关专业设计中,采取相应的防火、防爆及其他安全措施。

4.5.5 低压配电及线路设计应按现行国家标准《低压配电设计规范》GB 50054、《建筑设计防火规范》GB 50016 和《高层民用建筑设计防火规范》GB 50045 的有关规定,在导体及配电设备的选择、线路敷设和设备布置设计中,以及在建筑、采暖通风等相关专业设计中,采取相应的防火、防爆及其他安全措施。

4.5.6 设计应保证对电气设备检修操作的安全。应对自动与手动、就地与远距离以及其他转换操作设置相应的连锁装置。

4.5.7 电力装置、电气设备的继电保护及电气测量的设计,应符合现行国家标准《电力装置的继电保护和自动装置设计规范》GB 50062 和《电力装置的电气测量仪表装置设计规范》GB 50063 的有关规定。继电保护装置应满足可靠性、选择性、灵活性和速动性的要求。

4.5.8 手持式或移动式用电设备、室外工作场所的用电设备、环境特别恶劣或潮湿场所用电设备、由 TT 系统供电的用电设备的配电线路应设置剩余电流动作保护装置。

4.5.9 电气设备及线路应按现行国家标准《安全用电导则》GB/T 13869、《系统接地型式及安全技术要求》GB 14050 以及《建筑物电气装置》GB 16895.21 有关电击防护的规定接地。除工作用中性线外,必须设置保护人身安全的保护线。严禁在插头(座)

内将保护接地极与工作中性线连接在一起。

对正常不带电而发生事故时可能带电的电气装置均应设置可靠接地。

4.5.10 电动工具应按下列原则选用：

1 在一般作业场所，宜使用Ⅱ类工具。使用Ⅰ类工具时应采取剩余电流动作保护器、隔离变压器等保护措施。

2 在潮湿作业场所或金属构架等导电性能良好的作业场所，应使用Ⅱ类或Ⅲ类工具。

3 在锅炉、金属容器、管道内等作业场所，应使用Ⅲ类工具或装设剩余电流动作保护器的Ⅱ类工具。

4.6 防静电

4.6.1 建设项目防静电设计应符合现行国家标准《防止静电事故通用导则》GB 12158 的有关规定。

4.6.2 防静电设计应根据生产工艺特点及产生静电的状况，采取下列基本防护措施：

1 减少静电荷的产生：

1）对接触起电的物体或物料，宜选用在带电序列中位置较邻近的材料，或对产生正负电荷的物料加以适当的组合。

2）生产工艺的设计应使摩擦起静电的相关物料接触面积和接触压力尽量小、接触次数少、运动和分离速度慢。

3）生产设备应采用静电导体或静电亚导体制作，避免采用静电非导体。

4）在物料中添加少量适宜的防静电添加剂。

5）在生产工艺允许的情况下，局部环境的相对湿度宜大于50%。

2 采取防静电接地措施，其静电导体与大地间的总泄漏电阻值应符合表 4.6.2 的要求。

表 4.6.2 静电接地电阻取值（Ω）

适用范围	电阻
通常情况总泄漏电阻	≤10^6
每组专设的静电接地体的接地电阻	≤100
山区等土壤电阻率较高的地区的接地电阻	≤1000
需限制静电导体对地的放电电流的场合其泄漏电阻	≤10^9

3 对于高带电的物料，宜在排放口前的适当位置装设静电缓和器。

4 对静电非导体宜用高压电源式、感应式或放射源式等不同类型的静电消除器。

5 应将带电体进行局部或全部静电屏蔽，同时屏蔽体应可靠接地。

6 设备或装置宜避免存在静电放电条件。

4.6.3 场效应管、MOS 电路等半导体器件制造及应用的场所，应根据其对防静电要求的严格程度，分别或综合采用下列措施：

1 采用防静电活动地板或防静电地面以及防静电内装修材料，其表面电阻（或体积电阻）应符合现行国家标准《计算机机房用活动地板技术条件》GB 6650 和《电子工业洁净厂房设计规范》GB 50472 的有关规定。

2 工作间内的工作台台面、座椅、垫套应选用不易产生静电的材料制作，其表面电阻值应为 $1×10^6$ Ω～$1×10^9$ Ω。

3 工作人员应配备防静电服、防静电鞋、防静电手套。必要时，尚应配备防静电腕带等。

4 专用传递工、器具，应由表面电阻不大于 10^8 Ω 静电导体、静电亚导体材料制成。

5 应装设静电消除器。

4.6.4 防静电活动地板、防静电地面、工作台面和座椅垫套等，应进行静电接地。防静电腕带应通过 1MΩ 电阻接地，并应并联接

地，不得串联接地。

4.6.5 室外氢气、天然气等易燃、易爆气体输送管道，在进出建筑物处、不同爆炸危险环境的边界、管道分支处以及直线段每隔 80m～100m 处，均应采取静电接地措施。每处接地电阻不应大于100Ω。

4.6.6 除计算机、电子仪器外，下列情况下可不采取专用静电接地措施：

1 当金属导体已与防雷、电气保护接地、防杂散电流、电磁屏蔽等的接地系统有连接时。

2 当金属导体间有紧密的机械连接，并在任何情况下金属接触面间有足够的静电导通性时。

4.7 安全信息、信号及安全标志

4.7.1 在容易发生事故或危险性较大的场所，应根据现场具体状况设置安全标志或安全色。安全标志或安全色的设置应符合现行国家标准《安全标志》GB 2894、《安全色》GB 2893、《安全标志使用导则》GB 16179 和《安全色使用导则》GB 6527.2 的有关规定。

4.7.2 建设项目应按现行国家标准《消防安全标志设置要求》GB 15630 的有关规定，设置符合现行国家标准《消防安全标志》GB 13495 的消防安全标志。

4.7.3 场区（或厂区）道路及厂房（或建筑）内的主要通道，宜按现行国家标准《道路交通标志和标线》GB 5768 的有关规定，设置交通标志和标线。

4.7.4 对可能产生职业病危害的工作场所、设备、产品、物料堆场（或堆放地），应根据实际情况按国家现行有关工作场所职业病危害警示标识的规定设置警示标识。

4.7.5 建设项目的非地下埋设的气体和液体输送管道，应按现行国家标准《工业管道的基本识别色、识别符号和安全标识》GB 7231 的有关规定，涂刷基本识别色、识别符号、安全标识。

4.7.6 在可能发生险情，特别是在可能发生险情的高声级环境噪声工作场所，应根据现场状况、人员感知状况按现行国家标准《工作场所的险情信号 险情听觉信号》GB 1251.1、《人类工效学 险情视觉信号 一般要求 设计和检验》GB 1251.2 和《人类工效学 险情和非险情声光信号体系》GB 1251.3 的有关规定，设置传递险情的听觉（声）信号、视觉（光）信号或二者的组合。

4.7.7 生产过程中凡属条件恶劣，操作人员不易直接观察而又必须边观察边操作的生产部位，应设置生产过程监控电视系统。

4.7.8 建设项目应根据现行国家标准《火灾自动报警系统设计规范》GB 50116 的有关规定，结合建设项目具体情况，合理确定保护对象的级别，需设置火灾自动报警系统予以保护的区域（场所）或对象，并进行相应的报警系统设计。

洁净厂房火灾自动报警系统的设计尚应符合现行国家标准《电子工业洁净厂房设计规范》GB 50472 的有关规定。

4.7.9 建设项目应设置火灾应急广播系统，或兼有此功能的一般广播系统。

4.7.10 下列建设项目或建设项目中的下列场所（或部位），宜根据其具体情况分别或综合设置防盗报警、电视监控、门禁等安防系统：

1 生产贵重、危险产品。

2 使用贵重、稀缺、危险的材料、设备。

3 遭受破坏、盗窃将对企业、社会造成严重影响。

4 肩负重要生产活动的洁净厂房（室）。

5 职业卫生

5.1 防尘、防毒

5.1.1 电子工业中下列工艺过程应采取综合治理措施：

1 半导体（或集成电路）生产中的外延、氧化扩散、化学气相淀积、离子注入、腐蚀、清洗、刻蚀、溅射、塑封等工艺。

2 真空器件零件清洗、阴极热丝制备、涂屏、充汞等工艺。

3 陶瓷料、玻璃料、磁性材料、塑料等材料的破碎、配制、加工等工艺。

4 铸造、热处理、电火花加工、磨削加工、化学处理、电镀、喷砂、油漆等工艺。

5 铅蓄电池等含铅生产工艺。

6 电阻、电容等元件生产及印刷电路板生产工艺。

7 整机装联工艺中的焊接等工序。

5.1.2 建设项目应采取下列措施消除或减少尘、毒的产生：

1 应采用清洁生产工艺及设备，应采用不产生或少产生尘、毒的工艺和设备，应采用无毒或低毒原（辅）料替代高毒或剧毒原（辅）料。

2 在工艺允许的情况下，应采用湿料或颗粒料替代干粉料。

3 严重产生尘、毒的生产工艺，如条件允许宜委托外部专业化生产企业协作解决。

5.1.3 建设项目应采取下列措施，消除或减少尘、毒的散发和对人员的危害：

1 严重产生尘、毒的工作区（间），应与其他工作区（间）可靠地隔开。避免对周边工作区造成危害。

2 采用密闭（整体密封、局部密封或小室密封）或负压工况的生产工艺和设备。不能密闭时，应设置排风罩。

3 采用自动化设备，实现物料或在制品的自动装载、泄漏检测、联锁控制。

4 采用密闭性好的输送装置。

5 将生产线上的工艺设备与输送装置集成为密闭的工艺系统。

6 对存在剧毒且难以消除其危害的工艺过程，应通过采取全自动化生产或遥控操作等措施，实现人与物的隔离。

7 改进工艺，减少粉、粒料的中转环节和缩短输送距离。

8 减少散装粉、粒料转运点的落差高度，并对落料点采取密闭、负压等措施。

9 在尘、毒超标的作业场所或局部空间，应为工作人员设置送风式头盔或呼吸面具，并为其提供维持正常呼吸的供气点。

10 经常有人来往的通道（含地道、通廊），应有自然通风或机械通风，不得敷设有毒液体或有毒气体的管道。

5.1.4 建设项目应采取下列措施，将尘、毒从工作间（或工作区）排除：

1 **在生产中可能突然逸出大量有害气体或易造成急性中毒气体的作业场所，必须设置泄漏自动报警装置和与其联锁的事故通风装置及应急处理装置。**

2 凡有烟、尘逸出的设备、窑炉等的开口部位应设排风装置。

3 破碎设备应按其类型和进、卸料情况设排风装置，并应符合下列规定：

　1）颚式破碎机上部进料口应设密闭排风罩。当物料落差小于 1m 时，可只设不排风的密闭罩。当落差小于 1m 且上部有排风时，下部卸料口可只设不排风的密闭罩，否则应排风。

　2）双辊破碎机的进、卸料口均应密闭并排风。进料落差小于 1m 且密闭较好的小型设备，可只在下部排风。

　3）大型球磨机的旋转滚筒应设在全密闭罩内并排风。用带式输送机向球磨机给料时，进料口及球磨机本体密闭罩均应排风。

　4）轮辗机应设密闭围罩并排风。

4 筛选设备应根据具体情况在卸料点、筛孔落料处及其本体部分按设备类型设置并排风，并应符合下列规定：

　1）振动筛宜在筛子上设密闭排风罩。

　2）滚筒筛应设整体密闭排风罩。

　3）多段筛宜在筛箱侧面设窄缝侧吸罩。罩口风速控制在 5m/s 以内。筛箱顶部应设可开启盖板。

5 混料机应采用密闭排风围罩，或在进、出料口分别设置排风罩。

6 石英砂干燥设备卸料口应设全密闭罩并排风。

7 落砂机、混砂机、喷丸室（机）、抛丸室（机）、喷砂室（机）、清理滚筒等设备均应采取排风措施。

8 斗式提升机当其提升高度小于 10m 时，可只在下部排风。提升高度大于 10m 时，则上下部均应排风。

9 采用压送式气流输送系统的储存粉料的密闭料仓，应在其顶部设泄压除尘滤袋，或将袋式除尘机组直接坐落在料仓顶盖上。

10 袋装粉料的拆包、倒包应在有负压的专门装置中进行。

11 印制线路板生产中使用的锯床、数控钻（铣）床、开槽机、倒角机、贴膜机、蚀刻机、去膜机、显影机、凹蚀设备、电镀设备、曝光机、紫外光固化机等散发粉尘、酸碱蒸汽或臭氧等的设备，均应采取排风措施。

12 电镀槽、酸洗槽、除油槽、腐蚀槽及其他化学槽等应设槽边侧吸罩或吹吸式风罩。蓄电池极板化成槽应设上部排风罩或侧吸罩。

13 镀铬槽排风管路上应设置铬液回收装置。风管连接应严密。

14 批量生产的喷漆或喷涂作业，应在有排风的喷漆室、喷涂室或喷漆柜、喷涂柜内进行。大件生产的就地喷漆工作区应有良好通风。烘干箱（室）应单独设置排风系统。

15 热处理盐浴炉和淬火油槽应设围罩或侧吸罩。

16 产生大量油雾的设备应设排油雾装置；产生磨削粉尘的设备应设局部排风除尘装置。

17 生产设备的有毒尾气排放口应设置可靠的现场处理装置和局部排风装置。

18 电子产品生产过程中产生有机溶剂蒸汽的作业点均应设排风装置。

19 装联工艺中的回流焊、波峰焊、浸锡焊以及手工焊接等作业点，应设排风装置或烟雾净化装置。

20 电焊、气焊、等离子切割、熔铅锅等产生金属蒸汽的工作点，应设排风装置。

21 玻璃热加工、芯柱压制、高铅玻璃电真空器件的热加工、熔制铅玻璃池炉观察孔等处，应设置强排风。

22 使用滴汞电极极谱仪时，应采用专用的极谱工作台，工作间地坪为深色，工作台附近地面应设收集汞的凹坑，地坪应有坡向凹坑的坡度。

23 生产荧光灯、闸流管等产品所使用的充汞设备以及其他使用汞的工作间，其室内环境温度应尽可能低。并应设置全面通风和局部排风。工作间内应设汞清洗收集槽。地坪、顶棚、墙面材料应便于冲洗。地坪应有 3% 坡度，并应坡向汞清洗收集槽。

24 微波功率器件的氧化铍陶瓷配料、压制、焙烧、研磨、金属化等设备均应设排风装置。使用粉状氧化铍的工作间，室内管线应暗敷，室内装修材料应便于水冲洗，工作间附近应设淋浴间。

25 蓄电池生产的铅、镉、镍等有毒粉尘工作区，应有给排水设施，并应能用水冲洗。

其他粉尘工作区，在生产或实验许可条件下，地面宜保持湿润和能用水冲洗。

26 干电池生产中的熔化、和料、捏炼及磨切加工设备,均应设置排风罩。含汞粉料加工、成型设备应设密闭罩排风。

27 荧光粉生产中的硫化氢储罐室,应设置硫化氢气体泄漏报警装置,并与事故排风系统联锁。

硫化氢控制室应保持正压。

硫化锌制备反应釜应设置确保其搅拌机实现放料前关闭,加料后启动的联锁装置。

28 当设备的密闭性能和局部排风措施尚不能确保工作区(间)空间的尘、毒含量达到要求时,应加设全室排风措施,且室内空气不得循环使用。

5.1.5 对尘、毒物品的运输、储存、分配应采取下列防范措施:

1 在工作区内装卸散装的干砂、干石英砂、焦炭、煤粉、黏土等粉粒料,不宜使用抓斗吊车、翻斗车及卡车。允许洒水降尘的装卸区域,应设置洒水设施。

2 有毒物品应储存在专门的场所、库房中。其储存条件、储存方式、储存限量应符合现行国家标准《常用化学危险品贮存通则》GB 15603 和《毒害性商品储藏养护技术条件》GB 17916 的有关规定。

3 储存有毒气体的场所应设置有效的气体处理设施。相互抵触的液态物质应隔离开储存,并应分别设置防事故泄漏的围堰。

4 存放粉粒状或毒性材料的容器,应具有良好密闭性和耐蚀性。

5 磷烷、砷烷、硼烷、硅烷、三氯化硼、四氟甲烷等毒性特种气体的储存、配送,应符合现行国家标准《电子工业洁净厂房设计规范》GB 50472 的有关规定。

6 储存和使用氰化物、砷化物等剧毒物品的库房、工作间,其墙壁、顶棚和地面应采用不吸附毒物的材料,并应便于清洗和收集。分发有毒物质处应设置洗涤池和通风柜。

7 储存和使用氰化物、砷化物等剧毒物品的库房、工作间,室内管线应暗敷。

8 液氯罐储存间应设置氯气报警装置,并与事故排风机、废气处理装置联锁。排风吸口应靠近地面。储存间内应设置液氯罐泄漏应急装置。

液氯罐的装卸、运输,应采取确保其不受撞击、不会发生意外坠落的措施。

9 储存液态有毒物质的地上式、半地下式储罐,应设防泄漏围堰。围堰的容积不应小于最大单罐地上部分储量。从围堰引出的排水(排污)管(沟)应汇集到专用的污水池。

10 危险化学品在洁净厂房的运输、储存、分配,应符合现行国家标准《电子工业洁净厂房设计规范》GB 50472 的有关规定。

5.1.6 对于需要人员进入其内部进行检修作业的存在尘、毒的密闭空间,建设项目的工程设计应为检修作业时其管道和电源的安全隔绝、密闭空间的清洗和置换、密闭空间空气的良好流通、照明的安全、作业过程的监护等措施的实施提供必要的保障条件。

5.1.7 高毒作业场所应设置应急撤离通道和必要的泄险区。

5.1.8 排除毒性物质的排风系统应采取下列措施:

1 排风系统应设备用排风机。

2 排风机应设备用电源。

3 排风管道的材质应根据排放介质的危害特征合理选用;排风管道上应设观察、检修、清扫口;排风管道上不宜设防火阀。

5.1.9 储存或输送化学危险品或有毒介质的设备、储罐、管道及附属的仪表、器材等,应根据介质特性合理选用材料,并采取必要的防泄漏、防腐蚀等措施。设备、管道放空时,应加以收集或处理,不得任意排放。

5.1.10 输送有毒介质的管道应符合下列规定:

1 **严禁穿越生活间、办公室、配电室、控制室。**

2 不应穿越不使用该类介质的工作(区),必须穿越时,应

对这段管道加设套管。

5.1.11 散发有毒气体的生产废水,不得采用明沟排水。

5.1.12 从工作间(区)排出的含有尘、毒的废气、废水、废渣,必须按相关环保标准的要求进行处置。

5.1.13 防尘、防毒排风系统的设计应符合现行国家标准《采暖通风与空气调节设计规范》GB 50019 的有关规定。

5.2 防暑、防寒、防湿

5.2.1 电子工业生产中,电子元器件、电子材料、电子玻璃、电子陶瓷、磁性材料,以及铸造、锻造、热处理、动力站等工艺或部门所含的高温作业区,应采取防暑降温措施,并应使工作场所的WBGT指数符合国家现行有关工作场所有害因素职业接触限值物理因素所规定的卫生要求。

5.2.2 当采取降温措施后工作场所的热环境仍不能达到本规范第5.2.1条要求,或采取全面降温措施耗能太大或很不经济时,应在固定工作地点及休息地点设置局部送风。对于不需人员始终在设备旁操作的高温环境,则宜设置具有降温设施的监控室、观察室或休息室。

局部送风系统的设计应符合现行国家标准《采暖通风与空气调节设计规范》GB 50019 的有关规定。

5.2.3 作业场所热源的布置应符合下列原则:

1 热工件宜在车间外面存放。

2 以竖向散热为主的厂房,热源宜布置在天窗的下方。

3 以穿堂风散热为主的厂房,热源宜布置在夏季最大频率风向的下风侧。

4 便于对热源采取隔热措施。

5 便于对热作业点降温。

6 在工艺流程允许的情况下,发热设备或其他热源宜集中布置在单独的工作间或厂房(或建筑)中,并采取有效的排热措施。

5.2.4 采用自然通风为主的建筑,宜按夏季有利于通风的方位布置。主要进风侧不宜建有妨碍进风的辅助建筑物。

5.2.5 高温车间宜采用避风天窗,端部应予封闭。天窗与侧窗宜设开闭机构。

5.2.6 夏季自然通风的进风窗,其下沿距室内地面宜为 0.3m～1.2m。自然通风窗应有足够的开启面积。

5.2.7 高温车间的屋架下弦高度宜符合下列规定:

1 有桥式起重机者不宜低于 8m。

2 无桥式起重机者不宜低于 6m。

5.2.8 长时间直接受辐射热影响的工作地点,当辐射照度大于或等于 350W/m² 时,应采取隔热措施;受辐射热影响较大的工作室应采取隔热措施。

5.2.9 封口机、排气机、老练机、熔接机、烤管机、烧氢装置、高压釜、热处理炉、退火炉、烧结炉,以及半导体(或集成电路)生产用的氧化扩散炉、外延设备和钨钼丝生产的热加工区等,应采取通风排热措施。

采取通风排热措施仍不能达到卫生要求或采取大面积通风排热措施很不经济时,应采取局部送冷风降温措施。

5.2.10 布置有玻璃池炉、熔铅装置、覆铜箔板层压机、大型烘箱、耐火材料预热炉等设备的工作区,宜采用天窗或高侧窗排热。工作区应有良好的自然通风。热源区与非热源区宜采用隔热墙隔开。

5.2.11 中心实验室的热工间,宜采用全室通风,工作点宜采用风扇,散发热量的设备可采用排风罩排热。

5.2.12 热处理高频间除有局部排风外,尚应有全室通风。

5.2.13 高温作业车间或高温作业区应设工间休息室。休息室内的温度不应高于室外温度。设有空调的休息室,室内温度应保持在 24℃～28℃。

5.2.14 工作场所冬季的温度应符合国家现行有关工业企业设计

卫生标准的规定。必要时应采取相应的采暖防寒措施。

当工作场所面积很大而人员较少,采取全面采暖措施很不经济时,应在固定工作地点及休息地点设置局部采暖措施。当工作地点不固定时,应设置具有取暖设施的休息室。

5.2.15 低温作业车间(冷库)应附设工作服烘干室及淋浴室。

5.2.16 生产用水较多或产生大量湿气的车间,设计时应采取必要的排水防湿措施。

5.2.17 车间的维护结构应防止雨水渗漏。冬季需要采暖的车间,屋顶及围护结构内表面应防止凝结水汽的产生。

5.3 噪声控制

5.3.1 建设项目的工程设计应对所产生的噪声进行控制,确保工作地点和非工作地点的噪声声级符合国家现行有关工业企业设计卫生标准及工作场所有害因素职业接触限值的规定。

5.3.2 建设项目应采取下列措施从源头上消除或减轻噪声的产生及危害:

1 采用行之有效的低噪声新工艺、新技术、新设备。在满足生产要求的条件下,宜以焊代铆、以液压代冲压、以液压代气动、以机械成型代手工冷作成型等。

2 选用低噪声、振动小的设备或附有噪声控制装置的设备。

3 避免物料在输送中出现大高差翻落和直接撞击。

4 采用较少向空中排放高压气体的工艺。

5 合理选择输送介质在管道内的流速,并减小流体压力突变。

5.3.3 建设项目应根据具体情况对所产生的噪声分别或综合采取下列措施:

1 在满足工艺流程的前提下,高噪声设备宜相对集中,并与低噪声工作区隔离或隔开布置在厂房的一隅。必要时,可单独布置在另一厂房内。

2 选用高噪声设备时,宜同时配套采用噪声控制装置。

3 对产生高噪声的生产过程和设备,宜采用操作机械化、运行自动化。

4 动力站吸、放气口均应采取消声措施。

5 管道与强烈振动的设备连接时,宜采用柔性连接。必要时管道还应采用弹性支架。

6 对能够限制在局部空间内的噪声,应采取下列隔声措施:

1)对分散布置的高噪声设备,宜针对单台设备设置隔声罩。

2)对集中布置的多台高噪声设备,宜针对高噪声设备群设置隔声间。

3)对难以采用隔声罩或隔声间的某些高噪声设备,宜在声源附近或受声处设置隔声屏障。其设计降噪量可在10dB(A)~20dB(A)选取。

4)对传播噪声的管道应作阻尼、隔声处理,或设置在地下。

7 当混响声较强的车间、站房需要进行噪声控制而不宜采取隔声、消声措施或采取隔声、消声措施仍不能达到本规范第5.3.1条的有关规定时,可采取吸声措施。但以降低直达声为主的噪声,不宜采取吸声处理作为主要手段。

吸声设计宜按下列原则进行:

1)对声源较密、体形扁平的厂房,作吸声顶棚或悬挂空间吸声体。

2)对长、宽、高尺度相差不大的房间,宜对顶棚、墙面作吸声处理。

3)对显像管玻壳厂的屏锥压机等局部区域的声源,可在声源所在区域的顶棚、墙面作吸声处理或悬挂空间吸声体。

4)当室内采用空间吸声板吸声时,吸声板的面积宜大于房间顶棚面积的40%,对层高较高、墙面较大的房间宜大于室内总面积的15%。空间吸声板宜接近声源布置。

8 对于风机、空气压缩讯、发动机等设备传播的空气动力性噪声,应在进、排气管路上采取消声措施。

9 消声器和管道内气流速度的选择,应符合下列规定:

1)主管道内应小于或等于10m/s。

2)消声器内应小于10m/s。

3)鼓风机、压缩机进排气消声器内应小于或等于30m/s。

4)内燃机进排气消声器内应小于或等于50m/s。

5)对于空调系统,从主管道到使用房间的气流速度应逐步降低。

10 降低空气动力性噪声,应按下列原则选用消声器:

1)降低宽频带稳态气流噪声,应采用阻性或阻抗复合消声器。

2)降低中、低频为主的脉动气流噪声应采用抗性或以抗性为主的阻抗复合消声器或消声坑。

3)降低高温、高压、高速、潮湿条件下的气流噪声,或气流通道内不宜采用多孔吸声材料时,宜采用微穿孔板消声器。

4)降低高压、高速排气放空噪声,应采用小孔喷注消声器、节流降压消声器或两者复合的消声器。

11 工业管道的隔声和消声设计,应符合现行国家标准《工业金属管道设计规范》GB 50316的有关规定。

5.3.4 对于某些高噪声的车间、作业区、站房、试验室,当采用工程技术治理手段尚不能有效控制噪声时,应根据具体情况分别或综合采取下列措施:

1 应采取个人防护措施。

2 应缩短工作人员接触噪声的时间。

3 对于不需人员始终在设备旁操作的高噪声作业场所、动力站房,宜设置隔声的控制室、观察室或休息室。其设计降噪量可在20dB(A)~50dB(A)选取。

5.3.5 洁净厂房的噪声控制设计除执行本规范外,尚应符合现行国家标准《电子工业洁净厂房设计规范》GB 50472的有关规定。

5.4 振动防治

5.4.1 建设项目中下列设备和工具所产生的振动应予以控制:

1 锻锤、造型机、抛砂机、压力机等设备。

2 振动试验台等。

3 风动、电动等工具。

4 空气压缩机、冷冻机、气体压缩机、鼓风机、引风机、通风机、水泵、柴油发电机、锅炉房中的碎煤机及振动筛等动力机械设备。

5 其他产生强烈振动的设备。

5.4.2 通过对振动采取防治措施后,应使作业人员全身感受的振动强度,以及受振动影响的辅助用室的振动强度不超过国家现行有关工业企业设计卫生标准的规定。应使作业人员接触到的手传振动不超过国家现行有关工作场所有害因素职业接触限值物理因素的规定。

5.4.3 建设项目应采取下列措施消除或减轻振动的产生及危害:

1 改革工艺和设备,减少振源或降低振动强度。宜采用无冲击工艺代替有冲击工艺,热压法代替冷作业。

2 选用平衡良好、振动扰力小的设备或工具。

3 有强烈振动的设备,在满足工艺流程要求的前提下宜对集中布置,并与低振动或无振动工作区隔离或隔开布置在厂房的一隅。必要时应布置在单独的建筑中。

4 有强烈振动的设备不宜布置在楼板或钢平台上;当必须布置时,应提高该楼层结构的刚度或采取隔振措施。

5 有强烈振动设备的管线应采用软管与管网连接。

6 对周边地段影响较大的振动设备应对其底座或基础进行

隔振设计,增设隔振装置。

隔振装置及支承结构型式,应依据振动设备的类型、扰力、频率、振动持续时间以及建筑物和操作人员对振动的容许标准等因素通过计算确定。

5.4.4 采取现有的减振技术仍不能满足卫生限值时,应按国家现行有关工业企业设计卫生标准的规定,相应缩短作业时间或为操作者配备有效的个人防护用品。

5.5 电磁波辐射防护

5.5.1 建设项目中的大功率整机调试、雷达试验场测试、微波管热测,以及高频加热设备、介质加热设备和射频溅射设备等有强电磁波辐射的场所或设备,应进行电磁辐射防护设计。

5.5.2 电磁辐射防护设计应确保在辐射范围内长期居住、工作、生活的人群所受到的电磁辐射符合现行国家标准《环境电磁波卫生标准》GB 9175 的限值规定;同时应确保接触高频辐射、超高频辐射、微波辐射的作业人员所受到的电磁辐射符合国家现行有关工作场所有害因素职业接触限值物理因素的限值规定。

5.5.3 电磁辐射屏蔽防护,应根据需要设置局部屏蔽或全室屏蔽,并应符合下列规定:

1 射频和微波设备电磁辐射防护应采用局部屏蔽,并应符合下列规定:

1)应保证设备外壳电气连续。外壳金属板上的螺栓连接缝和孔洞宜设置导电衬垫条带和金属网条带增强屏蔽。

2)设备射频馈电系统的波导法兰盘连接缝,宜采用金属丝箔带增强屏蔽。

3)高频加热设备感应线圈等强辐射的开口部位,宜采用铝板或铜网局部屏蔽并接地。

4)微波器件热测台,宜采用铜网(或铜网加吸波材料)局部屏蔽。

5)必须保证屏蔽体与被屏蔽的部件(场源)之间有足够的间距。屏蔽体材料应采用铜、铝等非铁磁性材料。

6)设备应在匹配状态下运行。

2 射频和微波设备电磁辐射防护,在下列情况下应采用全室屏蔽:

1)局部屏蔽实施困难,并影响工作效率。

2)必须保证周围环境的电磁干扰噪声低电平。

5.5.4 全室屏蔽必须对工作间六面设置屏蔽体。遥控工作间屏蔽室应设屏蔽观察窗。

5.5.5 对有人操作的工作间,应在屏蔽室内壁敷设电波吸收材料或在室内设移动式电波吸收屏。工作时设备应连接假负载,工作人员应穿戴个人防护用具。

5.5.6 辐射器调试间应为具有屏蔽性能的电波暗室,并应在其邻近设操作人员的屏蔽室。无暗室的简易辐射器测试,可只设置操作人员的屏蔽笼。屏蔽笼不应设在主瓣方向。当辐射器副瓣可能照射到屏蔽笼外壁时,应设电波吸收屏遮挡。

5.5.7 试验场应采取下列辐射防护措施:

1 应定期测量工作人员活动区域的微波辐射电平。对功率密度接近卫生限值规定的区域(临界区域)应设置醒目的警告信号或标志。对超过卫生限值规定的区域(危险区域)应设置围障。

2 试验过程中宜采用仿真负载。当必须进行自由空间辐射时,天线应安置在使其波束远离或避开工作人员活动的区域。

3 试验场应设置测试实验工作用的屏蔽室。

5.5.8 电磁屏蔽室设计应符合下列要求:

1 防护电磁辐射用屏蔽应与降低环境电磁干扰噪声的屏蔽兼容。

2 屏蔽材料应选择反射率大或吸收损耗率大、耐电化腐蚀性好、便于施工和价格便宜的金属材料。

3 屏蔽室不得跨建筑伸缩缝。

4 应保证屏蔽壳体的电气连续,不得在屏蔽体上任意设置孔洞。

5 板式屏蔽室应设置通风或空调装置。在风管穿越屏蔽体处,应设置波导型电磁滤波器。滤波器四周应与屏蔽体连续满焊。滤波器与室外风管连接应通过一段非金属软管。其长度应为风管直径的 2 倍~3 倍。

6 引入屏蔽室的气体动力管道,应通过焊在屏蔽体上的气体电磁滤波器。滤波器与室外管道连接,应采用绝缘连接器。

7 引入屏蔽室的水管,应通过焊在屏蔽体上的液体电磁滤波器。滤波器与室外管道连接,应通过一段非金属管。对纯水,其长度应为 1m~3m;对一般水质的水,其长度应大于 10m。

8 屏蔽室内不宜设置汽、水采暖装置。

9 屏蔽门的设计应保证门的开、关轻便,并应保证门在关闭时所有弹簧片均处于最佳接触状态。必须保证手柄转动时均能与门扇保持良好电气连续。

10 电磁屏蔽室应按下列要求装设电源滤波器:

1)每根电源线(包括中性线)必须设置电源滤波器。

2)滤波器应装设在电源线引入屏蔽室处。对有源屏蔽室,滤波器应装设在屏蔽室内;对无源屏蔽室,滤波器应装设在屏蔽室外。

3)滤波器外壳应紧贴屏蔽体,并在该处接地线。

11 屏蔽室应按下列要求接地:

1)应采用单点接地。

2)接地引线应采用扁状导体,其长度,应控制在 1/4 波长以内。接地引线长度大于 1/4 波长时,应对接地线采取屏蔽措施。

3)应避免接地线与电力线平行敷设。

4)对有源屏蔽和无源屏蔽应分别设置接地引线,但可共接地极。

5)接地极应避免埋设在建筑防雷接地装置附近。接地极电阻宜在 4Ω 以下。对特殊要求的屏蔽室,接地极电阻宜 1Ω。

5.6 激光辐射防护

5.6.1 建设项目中的激光雕刻、激光打孔、激光切割、激光焊接、激光修值、激光定位、激光划片、激光退火等激光加工生产工序,以及激光信息传输、显示、参数测量、科学研究等场合,应按所使用激光设备的类别对其采取相应的安全防护措施。

5.6.2 激光防护设计应符合现行国家标准《激光产品的安全 第1部分:设备分类、要求和用户指南》GB 7247.1 的有关规定。接触激光人员的眼睛、皮肤受到的照射量不得超过国家现行有关工作场所有害因素职业接触限值物理因素的限值规定。

5.6.3 除 1 类设备外,其余各类激光设备应放置在专门房间或可靠的防护围封内。

5.6.4 激光作业间应当处于关闭状态。非操作人员不得进入激光作业间。室外应设安全警告牌及红色指示灯,室内应设置高压电源总开关。

5.6.5 建设项目所选用的激光设备应具备现行国家标准《激光产品的安全 第1部分:设备分类、要求和用户指南》GB 7247.1 规定的安全措施。

5.6.6 激光作业间内应有良好的通风和照明;墙面和天花板应涂刷浅色无光泽涂料;地面应铺深色不反光的橡皮或地板;窗户应采用毛玻璃并应有足够照度。

5.6.7 激光设备的安装应使其射束的传播途径高于或低于人眼高度的位置。

5.6.8 对 4 类激光设备宜采用遥控操作。

5.6.9 高能量激光设备射束靶上方应设排风装置。

5.6.10 易燃及易爆物品必须远离激光设备。

5.6.11 在室外使用2类以上的激光设备时,应根据激光束的发散角、输出能量、光束直径、大气衰减系数等因素确定激光危害区。在激光危害区内激光设备工作时,必须采取安全防护措施。

5.6.12 激光产品和激光作业场所,应按现行国家标准《激光安全标志》GB 18217的有关规定设置安全标志。

5.7 紫外线辐射防护

5.7.1 建设项目中利用紫外线所进行的光刻、固化、清洗、改质、消毒等工艺,以及电焊等工艺,应采取相应的安全、卫生防护措施,确保工作场所内的工作人员所受到的紫外线辐射不超过国家现行有关工作场所有害因素职业接触限值物理因素的限值规定。

5.7.2 建设项目应根据具体情况分别或综合采取下列措施,对紫外线的辐射进行防护、控制:

1 所选用的设备对紫外线应具有较好的屏蔽性;材料、工件出入口的开、闭,宜与设备内紫外线光源的亮、灭相联锁。

2 布置有较强紫外线辐射设备的工作间,其墙面应涂对紫外线有较好吸收性的涂料。

3 使用波长为200nm以下短波紫外线的设备,应根据设备、工作环境的具体情况设置局部或全室排风装置。

4 焊接作业点应设隔离屏障。其高度不应低于2m,且与地面应有50mm～100mm的间隙;焊接作业场所尚应设置通风装置。

5.8 电离辐射防护

5.8.1 对建设项目中产生电离辐射的场所或设备,应按现行国家标准《电离辐射防护与辐射源安全基本标准》GB 18871的要求进行电离辐射防护设计。

5.8.2 电离辐射防护设计,应确保工作人员所受到的电离辐射(职业照射)、公众人群所受到的电离辐射(公众照射)以及工作场所的放射性表面污染不超过现行国家标准《电离辐射防护与辐射源安全基本标准》GB 18871的限值规定。

5.8.3 电离辐射工作室的设置位置,必须充分注意对周围环境的辐射安全,并应符合下列原则:

1 应远离居住点、宿舍区等行人密集的滞留区。

2 应避开人流密集的车间主要出入口、主通道。

3 宜布置在人流较少、位置较偏僻的区域。

5.8.4 电离辐射照射室宜布置在厂房外部,并与厂房毗连;若为多层厂房,宜布置在底层或地下室。电离辐射控制室等辅助用房应布置在与照射室邻近的非主照射方向。

5.8.5 防护外照射,应根据具体情况单独地或综合地采取设置屏蔽、控制照射时间和确保人员与放射源之间有适当距离等防护措施。

5.8.6 电离辐射屏蔽防护的方式应根据放射源的强弱、工作场所对防护的要求、作业过程的工艺特点,以及对工作场所周边可能造成的危害等因素,确定设置全室屏蔽或局部屏蔽。

5.8.7 电离辐射照射室屏蔽防护设计应符合下列要求:

1 应采用全室屏蔽,对工作间六面(四周、顶和地面)均应设置屏蔽体。工作人员应通过铅玻璃观察。

2 屏蔽防护设计应同时满足当前和预期的电离辐射源的各种照射状况以及照射强度(活度)的要求。

3 屏蔽材料宜采用铅板、硫酸钡墙板或混凝土。

4 凡是一次射线能直接照射到的墙体,应按主照射屏蔽体的要求设计;其他部可按散、漏辐射防护要求设计。

5 屏蔽体上不得有直通孔洞或缝隙。

6 必须在设计图中标明辐射源在室内允许移动的范围。

7 屏蔽防护门宜设置在次照射屏蔽墙体上。防护铅门的设计应保证整体性,不得有缝隙。门的厚度以及门体与门洞之间的覆盖宽度和严密程度,应在屏蔽效能上与所在屏蔽墙体等效。防

护门与设备高压电源之间应设置安全联锁装置。

8 屏蔽防护室应设置单独接地系统,接地电阻应与辐照装置接地要求一致。

9 屏蔽防护室不得跨建筑伸缩缝。

10 屏蔽防护室外应设置醒目的指示灯和警戒信号;室内应设置预警信号装置。

5.8.8 对局部屏蔽,应设置铅玻璃防护罩或移动式铅屏。其工作间应采用重晶石粉复合板进行防护。工作人员应穿戴个人防护用具。

5.8.9 电离辐射照射室应设置良好的通风换气设施。排风系统宜采用下吸式。吸风口的高度宜距室内地坪0.5m。排风系统的布置应使室内排气均匀,并应避免有害气体积聚或气流短路。其换气速率、负压大小和气流组织应能防止污染的回流和扩散。排风口应采取防辐射泄漏的措施。

5.8.10 当需要加大放射源的活度或提高辐射剂量率或增加设备数量时,应对原有屏蔽防护设计进行复核,必要时,应采取补强措施。

5.8.11 废弃的放射源应按当地环境保护部门或放射卫生防护部门的规定处置。

5.9 工频电磁场防护

5.9.1 产生工频超高压电场的设备或线路,其安装位置应与生活区、工作区保持一定的距离,并确保居住区、学校、医院、幼儿园等生活、工作区的电场强度符合国家现行有关工业企业设计卫生标准的限制规定。

5.9.2 从事工频超高压电作业的场所,应对产生工频超高压电场的设备、线路采取屏蔽或设置安全间距等措施,确保作业场所的电场强度符合国家现行有关工作场所有害因素职业接触限值物理因素的有关规定。

5.9.3 工频超高压电气设备周边的非操作区,应采用屏蔽网、罩等设施将其遮挡。

5.10 采光及照明

5.10.1 建设项目工作场所的采光、照明设计,应符合国家现行标准《建筑采光设计标准》GB/T 50033、《建筑照明设计标准》GB 50034和《电子工业人工照明设计标准》SJJ 21的有关规定。

洁净厂房(室)的照明设计尚应符合现行国家标准《电子工业洁净厂房设计规范》GB 50472的有关规定。

5.10.2 建筑物的光照设计,在无特殊要求的情况下宜充分利用天然光采光。

5.10.3 当利用天然光采光时,建筑物的构造、朝向以及工作场地的布置设计应为其创造有利条件。

各类建筑物的采光系数标准值宜符合的有关规定。当受条件限制不能达到现行国家标准《建筑采光设计标准》GB/T 50033的规定时,宜补充相应的人工照明。

5.10.4 当利用天然光时,其采光质量应符合现行国家标准《建筑采光设计标准》GB/T 50033的有关规定。

5.10.5 工作场所、公共场所、动力站等照明的照度标准值,应符合国家现行标准《建筑照明设计标准》GB 50034、《电子工业人工照明设计标准》SJJ 21的有关规定。

5.10.6 采用单色光照明的场所,其照度可根据工艺特点和人员操作的需要,在标准值的基础上作适当调整。

5.10.7 工作场所的照明质量应符合国家现行标准《建筑照明设计标准》GB 50034和《电子工业人工照明设计标准》SJJ 21的有关规定。

5.10.8 照明方式、照明种类的选择、确定,应符合现行国家标准《建筑照明设计标准》GB 50034的有关规定。

5.10.9 建设项目中需设置消防应急照明和消防疏散指示标志的

场合,其设置要求应符合现行国家标准《建筑设计防火规范》GB 50016、《高层民用建筑设计防火规范》GB 50045 和《电子工业洁净厂房设计规范》GB 50472 的有关规定。

5.10.10 因光源频闪效应影响视觉效果和可能出现安全事故的工作场所宜采用白炽灯。当采用气体放电灯时,应采取下列措施之一:

1 采用高频电子镇流器。

2 相邻灯具分接在不同的相序上。

5.10.11 照明光源的显色指数应能保证对安全色、安全标志的辨认、识别。

5.10.12 应急照明应选用能快速点亮的光源。

5.10.13 照明灯具的机械、电气、防火等性能应符合现行国家标准《灯具一般安全要求和试验》GB 7000.1 和《灯具外壳防护等级分类》GB 7001 的有关规定。

5.10.14 对潮湿、高温、有振动、有腐蚀性气体和蒸汽、有尘埃、有爆炸和火灾危险等环境条件较特殊的工作场所,其灯具应符合现行国家标准《建筑照明设计标准》GB 50034 的有关规定。

5.10.15 应急照明的电源,应根据应急照明类别、场所使用要求和该建筑电源条件,采用下列方式之一:

1 接自电力网有效独立于正常照明电源的线路。

2 蓄电池组,包括灯内自带蓄电池、集中设置或分区集中设置的蓄电池装置。

3 应急发电机组。

4 以上任意两种方式的组合。

5.10.16 疏散照明的出口标志灯和指向标志灯宜用蓄电池电源。安全照明的电源应和该场所的电力线分别接自不同的变压器或不同馈电干线。备用照明电源宜采用本规范第 5.10.15 条第 1 或 3 款方式。

5.10.17 移动式和手提式灯具应采用Ⅲ类灯具,其供电电压值及供电方式,应符合国家现行标准《建筑照明设计标准》GB 50034 和《电子工业人工照明设计标准》SJJ 21 的有关规定。

5.10.18 电缆隧道内应有照明,照明电压不应超过 36V;当照明电压大于或等于 36V 时,应采取安全措施。

5.11 辅助用室

5.11.1 建设项目应按其生产特点、人员编制、实际需要和使用方便的原则,根据国家现行有关工业企业设计卫生标准的要求,设置工作场所办公室、生产卫生室、生活室、妇女卫生室等辅助用室。

从事使用高毒物品作业的建设项目尚应设置清洗、存放或者处理其工作服、工作鞋帽等物品的专用房间。

洁净厂房(或车间)辅助用室的组成及设计,应符合现行国家标准《电子工业洁净厂房设计规范》GB 50472 的有关规定。

5.11.2 生产卫生室、生活室的设计规模应按最大班人员总数计算。但其中部分辅助用室的设计规模宜按下列原则确定:

1 存衣室应按在册人员总数计算。

2 浴室应按符合洗浴条件的最大人员总数计算。

3 最大班女工在 100 人以上的工业企业,应设妇女卫生室,且不得与其他用室合并设置。

4 洁净厂房内人员净化用室和生活室的建筑面积,宜按洁净室(区)内设计人数平均每人 $2m^2 \sim 4m^2$ 计算。

5.11.3 辅助用室的设计应符合下列要求:

1 辅助用室设置的位置应符合下列要求:

1)宜靠近服务对象相对集中的地方,并应避开有害物质、病原体、高温等有害因素的影响。

2)当需要在厂房内或仓库内设置辅助用室时,应按现行国家标准《建筑设计防火规范》GB 50016 的有关规定执行。

2 职工餐厅、浴室应符合相应的卫生标准要求。

3 生活卫生用室应有良好的自然通风和采光。

4 办公室、休息室除应有良好的自然通风和采光外,尚应满足隔声要求。

6 职业安全卫生配套设施

6.1 职业安全卫生管理机构

6.1.1 建设项目应根据其建设规模、安全卫生特征、企业的经营管理模式等具体情况,设置职业安全卫生管理机构或配备专职、兼职管理人员。

6.1.2 职业安全卫生管理人员的数量宜按建设项目的规模、安全卫生特征及经营管理模式等因素确定。

6.1.3 凡需建立职业安全卫生管理机构或者配备专职职业安全卫生管理人员的建设项目,在工程设计中应将相关人员纳入编制指标,并应配置相应的办公场地及工作条件。

6.1.4 职业安全卫生管理机构宜与本建设项目的环境保护管理机构合并或合署办公。

6.2 救援、医疗机构

6.2.1 生产、使用或贮存剧毒物质的高风险建设项目,应根据国家有关工业企业设计卫生标准的规定,在工作地点附近设置紧急救援站或有毒气体防护站。

6.2.2 建设项目可根据其生产性质、建设规模、安全卫生特征、管理模式等因素,结合建设项目周边地区社会医疗机构的布局情况,酌情设置医务室、卫生所等小型医疗卫生机构。

6.2.3 从事使用高毒物品作业的建设项目,应配备专职的或者兼职的职业卫生医师和护士。不具备配备专职的或者兼职的职业卫生医师和护士条件的建设项目,应与依法取得资质认证的职业卫生技术服务机构签订合同,由其提供职业卫生服务。

6.3 消防机构

6.3.1 下列建设项目应与当地公安消防部门商洽建立专职消防队,并承担本单位的火灾扑救工作:

1 生产、储存易燃易爆危险物品的大型建设项目。

2 储备可燃的重要物资的重要仓库、基地。

3 本条第1、2款规定以外的火灾危险性较大、距离当地公安消防队较远的其他大型企业。

6.3.2 除本规范第6.3.1条规定以外的其他建设项目,可不设专职消防队。

本规范用词说明

1 为便于在执行本规范条文时区别对待,对要求严格程度不同的用词说明如下:

1)表示很严格,非这样做不可的:

正面词采用"必须",反面词采用"严禁";

2)表示严格,在正常情况下均应这样做的:

正面词采用"应",反面词采用"不应"或"不得";

3)表示允许稍有选择,在条件许可时首先应这样做的:

正面词采用"宜",反面词采用"不宜";

4)表示有选择,在一定条件下可以这样做的,采用"可"。

2 条文中指明应按其他有关标准执行的写法为:"应符合……的规定"或"应按……执行"。

引用标准名录

《工业企业标准轨距铁路设计规范》GBJ 12

《厂矿道路设计规范》GBJ 22

《工业企业噪声控制设计规范》GBJ 87

《建筑设计防火规范》GB 50016

《采暖通风与空气调节设计规范》GB 50019

《岩土工程勘察规范》GB 50021

《建筑采光设计标准》GB/T 50033

《建筑照明设计标准》GB 50034

《锅炉房设计规范》GB 50041

《高层民用建筑设计防火规范》GB 50045

《供配电系统设计规范》GB 50052

《10kV及以下变电所设计规范》GB 50053

《低压配电设计规范》GB 50054

《建筑物防雷设计规范》GB 50057

《爆炸和火灾危险环境电力装置设计规范》GB 50058

《35～110kV变电所设计规范》GB 50059

《3～110kV高压配电装置设计规范》GB 50060

《电力装置的继电保护和自动装置设计规范》GB 50062

《电力装置的电气测量仪表装置设计规范》GB 50063

《汽车库、修车库、停车场设计防火规范》GB 50067

《建筑结构可靠度设计统一标准》GB 50068

《自动喷水灭火系统设计规范》GB 50084

《火灾自动报警系统设计规范》GB 50116

《建筑灭火器配置设计规范》GB 50140

《汽车加油加气站设计与施工规范》GB 50156

《石油化工企业设计防火规范》GB 50160

《工业企业总平面设计规范》GB 50187

《建筑内部装修设计防火规范》GB 50222

《工业金属管道设计规范》GB 50316

《民用建筑工程室内环境污染控制规范》GB 50325

《建筑物电子信息系统防雷技术规范》GB 50343

《电子工业洁净厂房设计规范》GB 50472

《工作场所的险情信号 险情听觉信号》GB 1251.1

《人类工效学 险情视觉信号 一般要求 设计和检验》GB 1251.2

《人类工效学 险情和非险情声光信号体系》GB 1251.3

《安全色》GB 2893

《安全标志》GB 2894

《声环境质量标准》GB 3096

《起重机设计规范》GB 3811

《固定式钢梯及平台安全要求 第1部分:钢直梯》GB 4053.1

《固定式钢梯及平台安全要求 第2部分:钢斜梯》GB 4053.2

《固定式钢梯及平台安全要求 第3部分:工业防护栏杆及钢平台》GB 4053.3

《电气设备安全设计导则》GB 4064

《工业企业厂内铁路、道路运输安全规程》GB 4387

《生产设备安全卫生设计总则》GB 5083

《生活饮用水卫生标准》GB 5749

《道路交通标志和标线》GB 5768

《起重机械安全规程》GB 6067

《工业企业铁路道口安全标准》GB 6389

《安全色使用导则》GB 6527.2

《计算机机房用活动地板技术条件》GB 6650

《灯具一般安全要求和试验》GB 7000.1

《灯具外壳防护等级分类》GB 7001

《工业管道的基本识别色、识别符号和安全标识》GB 7231

《激光产品的安全 第1部分：设备分类、要求和用户指南》GB 7247.1

《电梯的制造与安装安全规范》GB 7588

《环境电磁波卫生标准》GB 9175

《电梯技术条件》GB 10058

《城市区域环境振动标准》GB 10070

《防止静电事故通用导则》GB 12158

《体力搬运重量限值》GB/T 12330

《工业企业厂界环境噪声排放标准》GB 12348

《制定地方大气污染物排放标准的技术方法》GB/T 13201

《消防安全标志》GB 13495

《安全用电导则》GB/T 13869

《系统接地型式及安全技术要求》GB 14050

《人类工效学 工作岗位尺寸设计原则及其数值》GB/T 14776

《常用化学危险品贮存通则》GB 15603

《消防安全标志设置要求》GB 15630

《安全标志使用导则》GB 16179

《工作系统设计的人类工效学原则》GB/T 16251

《建筑物电气装置》GB 16895.16

《建筑物电气装置》GB 16895.21

《易燃易爆性商品储藏养护技术条件》GB 17914

《腐蚀性商品储藏养护技术条件》GB 17915

《毒害性商品储藏养护技术条件》GB 17916

《激光安全标志》GB 18217

《电离辐射防护与辐射源安全基本标准》GB 18871

《城市道路和建筑物无障碍设计规范》JGJ 50

《交流电气装置的过电压保护和绝缘配合》DL/T 620

《电子工业人工照明设计标准》SJJ 21

中华人民共和国国家标准

电子工业职业安全卫生设计规范

GB 50523 - 2010

条 文 说 明

制 定 说 明

本规范按照实用性、先进性、合理性、科学性、防范措施层次化、协调性、规范化原则制定。

本规范制定过程分为准备阶段、征求意见阶段、送审阶段和报批阶段，编制组在各阶段开展的主要编制工作如下：

准备阶段：起草规范的开题报告，重点分析规范的主要内容和框架结构、研究的重点问题和方法，制订总体编制工作进度安排和分工合作等。

征求意见阶段：编制组根据审定的编制大纲要求，由专人起草所负责章节的内容。各编制人员在前期收集资料的基础上分析国内外相关法规、标准、规范和电子工业的安全卫生状况及防范措施，然后起草规范讨论稿，并经过汇总、调整形成规范征求意见稿初稿。

在完成征求意见稿初稿后，编写组组织了多次会议分别就重点问题进行研讨，并进一步了解国内外有关问题的现状以及管理、实施情况，在此基础上对征求意见稿初稿进行了多次修改完善，形成了征求意见稿和条文说明，并由原信息产业部电子工程标准定额站组织向全国各有关单位发出"关于征求《电子工业职业安全卫生设计规范》意见的函"。在截止时间内，共有 4 个单位返回 17 条有效意见和建议，编制组对意见逐条进行研究，于 2008 年 3 月份完成了规范的送审稿编制。

送审阶段：2008 年 5 月 27 日，由原信息产业部综合规划司在北京组织召开了《电子工业职业安全卫生设计规范》(送审稿)专家审查会，通过了审查。审查专家组认为，本规范认真贯彻了国家有关方针政策，较好地处理了与我国现行相关规范的关系；体现了电子工业建设项目职业安全卫生的工程设计要求。本规范的实施将对我国电子工业建设项目职业安全卫生设计水平的提高发挥积极作用，同时在规范设计市场方面也将起到重要作用。

报批阶段：根据审查会专家意见，编制组认真进行了修改、完善，形成报批稿。

本规范制定过程中，编制组进行了深入调查研究，总结了我国电子行业的实践经验，同时参考了国外先进技术法规，广泛征求了国内有关设计、生产、研究等单位的意见，最后制定出本规范。

为便于广大设计、施工、科研、学校等单位有关人员在使用本规范时能正确理解和执行条文规定，《电子工业职业安全卫生设计规范》编制组按章、节、条顺序编制了本标准的条文说明，对条文规定的目的、依据以及执行中需要注意的有关事项进行了说明。但是，本条文说明不具备与标准正文同等的法律效力，仅供使用者作为理解和把握标准规定的参考。

目　　次

1 总　则

1.0.1　电子工业通常被人们视为是"最干净"、"最安全"的工业。其实，电子工业的生产危险性和对职工的危害程度虽不及冶金、石油、化工等部门严重，但由于其生产、试制及科研过程涉及玻璃、陶瓷、粉末冶金、化工材料、电子材料、电子元件、半导体集成电路、电子部件、整机等产品制造及各种生产工艺，广泛采用复杂的专用设备，大量使用多种工业或特种气体及化学危险品，致使生产过程中存在的危险和有害因素种类繁多、危害面广，且对生产环境的污染危害也较大。加之，电子工业发展异常迅速，新产品、新工艺、新设备、新材料层出不穷，还将进一步导致新的危险和有害因素不断产生。因此对电子工业而言，应对建设项目的职业安全卫生问题予以充分的重视。

建设项目在建成后的运营期，其职业安全卫生状况的好坏不仅与实时的防范、治理、监督、管理有关，而且与建设项目的基本建设阶段，特别是其中的工程设计环节有着十分密切的关系。因为只有在工程设计环节对生产过程中存在的危险和有害因素采取了必要的防范、治理措施，建设项目在运营期间的职业安全卫生状况才能得到基本保证。因此，就职业安全卫生问题对工程设计的活动及其结果提出相应的规定、准则，以确保建设项目的职业安全卫生状况得到先天性的保证将是十分必要的。

参考现行国家标准《企业职工伤亡事故分类标准》GB 6441—86、《职业病目录》（卫生部、劳动和社会保障部 2002 年颁布），结合电子工业职业活动特点，电子工业职业活动中存在的危险因素和有害因素见表 1。

表 1　危险因素和有害因素归类

因素类别	危险因素		危害性质
危险因素	机械性伤害	物体打击	安全性危害
		车辆伤害	
		机械伤害	
		起重伤害	
		坍塌	
		坠落	
	化学性伤害	化学灼伤	
		烧、烫、冻伤	
		中毒、窒息	
	电伤害	雷击	
		电击	
		静电	
	火灾、爆炸		
有害因素	辐射	电磁辐射	健康性危害
		电离辐射	
		激光	
		紫外线	
		工频电磁场	
	不良工作气象环境	暑、寒、湿等	
	尘、毒		
	噪声		
	振动		
	不良采光、照明		

本规范的基本架构即是参照表 1 形成的。其中只有"中毒、窒息"（属表 1 中的"危险因素"）与"尘、毒"（属表 1 中的"有害因素"），因其具有一定的关联性、类似性而予以合并。

1.0.3　本条系根据《建设项目（工程）劳动安全卫生监察规定》第三条制订。该条明确规定"建设项目中的劳动安全卫生设施必须符合国家规定的标准，必须与主体工程同时设计、同时施工、同时投入生产和使用。"

1.0.4　本条系根据《建设项目（工程）劳动安全卫生监察规定》第十二条制订。该条明确规定"建设项目的可行性研究报告编制单位、工程设计单位应对建设项目劳动安全卫生设施的设计负技术责任"。

根据《建设项目（工程）劳动安全卫生监察规定》相关规定，建设项目的设计文件、建设成果应接受有关部门的评价、审查、鉴定、验收。

1.0.5、1.0.6　本条文规定的依据是《建设项目（工程）劳动安全卫生监察规定》。

1.0.7　本规范涉及面虽然较广，但仍难以将工程设计中关于职业安全卫生方面的所有问题全部包括，特别是其中专业性很强的问题。因此在工程设计实践中，除应执行本规范外尚应符合相关行业的国家现行标准和规范。

3　一般规定

3.1　一般原则

3.1.1　为防止和减少安全事故的发生，必须认真贯彻"安全第一，预防为主"的方针。这是《中华人民共和国安全生产法》明文规定的要求。同时，职业安全卫生所涉及的主要对象是人，因此职业安全卫生设计应贯彻"以人为本"的方针。

3.1.2　本条内容参考现行国家标准《标准化工作导则 职业安全卫生标准编写规定》GB 1.8—89 制定。

3.1.3　设计依据和必要的设计原始资料是设计工作的基础和前提，必须准确、可靠，才可能做出正确的设计。否则，不仅可能在经济上造成重大的损失，而且可能造成严重的安全事故。

3.2　项目选址

3.2.1　建设工程的场址选择是一项涉及面广、政策性强的综合性技术经济工作。所选场址必须符合国家和地方城乡建设与国土资源规划和区域环境功能等要求。同时，场址的选择还关系到建设项目在建设期和运营期中的社会、经济效益，并与企业资源的充分利用和从业职工的安全和健康亦有着紧密的关系。因此本条文强调，选择建设项目场址时除应考虑政策、技术、经济等方面的要求外，职业安全卫生方面要求也不容忽视。

建设项目场址的选择不仅要考虑项目自身的安全卫生问题，同时还应考虑建设项目对其周边地区在安全卫生方面的不良影响。即所选场址不仅应确保建设项目自身符合安全卫生要求，同时还应避免项目周边地区的人群及环境受到污染和危害。这是《工业企业设计卫生标准》GBZ 1—2010、《工业企业建设项目卫生预评价规范》

（1994年6月30日卫生部发布）等国家标准、规范所要求的。

3.2.2～3.2.4 电子工业建设项目的场址，一般对具体地点的关联性较弱，而不像采掘、水电等项目对具体地点具有较强依附性。因此，从确保建设项目符合职业安全卫生要求的角度出发，有必要也有可能将建设场地选择在技术、经济、安全、卫生条件较好的地区，而不得将场址选在本规范第3.2.3条所提出的地区，亦不宜选择在本规范第3.2.4条所列的地质条件恶劣而需花费过多投资对其进行可靠处理的地区。主动回避自然和社会等方面存在的危险和有害因素，并避免对具有保护意义的对象造成不良影响。

故这三条从确保建设项目本身及其周围地区安全卫生的角度出发，对适于作为建设场地的地区提出建议，对不能或不宜作为建设场地的地区做出规定。

其中第3.2.3条是参考现行国家标准《工业企业总平面设计规范》GB 50187—93制定的。

3.2.5～3.2.11 对电子工业而言，能够跨越一定距离（或空间）在建设项目与项目周边被保护对象之间，或外界危害源与建设项目之间造成危害的危险和有害因素主要有辐射、有害气体及粉尘、噪声、振动等。

制定这7条条文的目的正在于：在建设项目场址选择时，应在对上述危险和有害因素予以充分评价的基础上，分别或综合采取设置足够的缓冲距离、合理利用风向等措施，使建设项目对周边被保护对象所造成的危害，或当建设项目作为被保护对象时受到外界的危害能被控制在相关标准、规范所规定的允许范围内。

当前，在电子工业中尚无相关的卫生防护距离标准可以借鉴。故本规范第3.2.8条建议，卫生防护距离的确定，以被保护对象所受到的危害应符合现行相关标准、规范的限值规定为原则来确定，或参考现行国家标准《制定地方大气污染物排放标准的技术方法》GB/T 13201，或按照其他有关标准、规范的要求，或按当地相关监管部门的要求来确定。

合理利用风向的基本做法是，将被保护对象布置在夏季最小频率风向的下风侧，此为最安全、合理的布局。夏季最小风频的概念与以往的按全年主导风向或盛行风向布局污染源和被保护对象相比，更具有科学性。这是由于我国幅员辽阔、气候各异，气象要素中的风向频率分布差别很大。有些地区风玫瑰图中不同方位出现多个主导风向，如按全年主导风向或盛行风向安置被保护对象，有被污染的可能。将被保护对象布置在夏季最小风频的下风侧，则能保证被保护对象受污染的机会最少。特指夏季是由于夏季开窗为最不利因素。故本规范第3.2.7、3.2.9、3.2.10条作出了相应的规定。

当前对电磁辐射的容许值做出规定的国家标准有两个，即现行国家标准《环境电磁波卫生标准》GB 9175—88和《电磁辐射防护规定》GB 8702—88。前者对人群经常居住和活动场所的环境电磁辐射所规定的容许值，总体上严于后者。从"以人为本"的原则出发，本规范第3.2.5条建议按前者执行。现行国家标准《环境电磁波卫生标准》GB 9175—88的容许值规定分为两级。当建设项目场址周边有长期居住、生活的人群（即居民覆盖区）时，应按一级标准执行；当建设项目场址周边仅有工厂、机关，而无居民覆盖区时，应按二级标准执行。为便于采用，将现行国家标准《环境电磁波卫生标准》GB 9175—88的具体容许值列示于表2。

表2 环境电磁波容许辐射强度分级标准

波　长	频　率	单　位	容许场强	
			一级	二级
长、中、短波	100kHz～30MHz	V/m	<10	<25
超短波	30MHz～300MHz	V/m	<5	<12
微波	300MHz～300GHz	MW/cm²	<10	<40
混合		V/m	按主要波段场强；若各波段场强分散，则按复合场强加权确定	

当建设项目作为被保护对象时，应按二级标准执行。

根据《中华人民共和国城市规划法》第三十五条"任何单位和个人不得占用道路、广场、绿地、高压供电走廊和压占地下管线进行建设"和《中华人民共和国电力法》第十一条"……任何单位和个人不得非法占用变电设施用地、输电线路走廊和电缆通道"的规定，本规范第3.2.6条规定：建设项目的场址应避开高压走廊（高压架空线路走廊）。同时，鉴于电子工业一般的建设项目并非"从事工频高压电作业场所"，而属于被保护对象，故建议执行现行国家标准《工业企业设计卫生标准》GBZ 1相应的限值规定。GBZ 1—2010中该限值为：4kV/m。

当建设项目有较强工频超高压电场辐射时，所选场址与人群居住、工作、生活地区之间的距离亦应按上述标准执行。

为保障建设项目职工的声环境质量，本规范第3.2.9条规定建设项目所在地的环境噪声限值不应超过现行国家标准《声环境质量标准》GB 3096第3类标准值（即工业区的标准值）。在GB 3096中第3类标准值为昼间65dB，夜间55dB。

某些电子工业建设项目虽然可能存在较强振源（如中、小型锻压设备，某些动力设备等），但采取相应隔振、减振等治理措施后一般不会对外界构成不良影响。因此在场址选择时，主要考虑外界的振动对建设项目职工可能构成的不良影响。为此，本规范第3.2.11条规定建设项目所在地的铅垂向Z振级不应超过现行国家标准《城市区域环境振动标准》GB 10070对"工业集中区"所作的限值规定，该限值为昼间75dB，夜间72dB。

3.2.12、3.2.13 制定这两条的出发点在于，力争将自身无污染或轻污染的建设项目选址于环境空气质量较好的地区，以及饮用水符合国家相关标准的地区，为职工谋求较好的卫生环境，以利职工的身心健康。

现行国家标准《环境空气质量标准》GB 3095—1996规定，环境空气质量功能区划分为三个区：

1　一类区为自然保护区、风景名胜区和其他需要特殊保护的地区；

2　二类区为城镇规划中确定的居住区、商业交通居民混合区、文化区、一般工业区和农村地区；

3　三类区为特定工业区。

据此，电子工业建设项目一般只能在二、三类地区建设。由于二类区的各项污染物的浓度限值严于三类区，即二类区的环境卫生条件优于三类区。故无污染或轻污染的建设项目应争取建于二类区内，为职工谋求较好的工作、生活条件。这里所谓的"无污染"或"轻污染"是指该建设项目的污染物排放能满足现行国家标准《大气污染物综合排放标准》GB 16297的二级标准要求。

3.2.14 为避免建设项目对水源保护地造成污染，其建设场址的选择应符合国家或地方有关水源保护地的规定。

3.3　总平面布置

3.3.1 建设项目的总平面布置设计是一项政策性强、涉及面广的综合性技术经济工作。本条强调在进行这项工作时，无论是新建或改、扩建项目都应将技术经济合理性和职业安全卫生两大因素放在同等重要的位置看待。为此，本规范将对场区内各布置要素（如建筑物、构筑物、露天堆场、露天设备等）的基本布置要求、布置要素的相对位置关系、布置要素间的安全间距、主要建筑的布置方位、管网布置、场区交通安全、场区竖向布置、场区绿化等诸多布置问题从职业安全卫生的角度提出要求和规定。

3.3.2 本条主要是对场区布置设计中的各布置要素的位置确定及相对关系，从职业安全卫生的角度提出要求。这些要求的总原则是通过合理利用风向、设置合理间距、合理组织人流和物流、避开事故触发因素（如火源等）等措施来避免、弱化危险或有害因素的相互影响。

合理利用风向的原则是：

对于与职工健康相关的危害因素，因夏季开窗为最不利的季节，故产生危害因素的危害源宜位于场区夏季最小频率风向的被保护对象的上风侧；对于具有火灾危险的危险源，则因火灾的发生无明显的季节因素，故火灾危险源宜位于场区全年最小频率风向的被保护对象或易导致火灾蔓延对象的上风侧，以此尽可能减小火灾蔓延和烟尘影响的危险性。

设置合理间距的原则是被保护地点所受到的危害程度应符合现行相关标准、规范的限值规定。

动力站门类较多，且其布置设计常常会牵连到相关的输送管网、储罐及配套设施。加之，不同站房因技术特点及危险程度不同，对布置设计的要求也不尽相同。故本规范强调在对这类建（构）筑物进行布置设计时，应在执行本规范的同时尚应符合现行相关的专业性规范、标准中对职业安全卫生方面所作的规定。

鉴于本条对各布置要素的合理布置要求多是针对单个布置要素提出的，故在总平面布置设计时这些布置要求可能会因相互矛盾、彼此冲突而不一定都能同时得到贯彻。因此，本条款在执行时应在综合分析、比较的基础上统筹兼顾、综合权衡，解决主要矛盾。

1 电子工厂的洁净厂房往往是建设项目中最重要也是最主要的组成部分。从职业安全卫生的角度看，它一般不会对建设项目内的其他区域构成严重危害。相反，其他区域则有可能在洁净、微振以及新风遭受污染等方面对其构成影响。故在进行总平面布置设计时对各布置要素相对位置关系的综合权衡中，应使洁净厂房位于清洁、安静的环境中。

3 现行的《工业企业设计卫生标准》GBZ 1—2010 中对非噪声工作地点的噪声限值规定如表3：

表3 非噪声工作点噪声限值

序 号	地 点 类 别	卫生限值 dB(A)	工效限值 dB(A)
1	噪声车间观察（值班）	≤75	≤55
2	非噪声车间办公室、会议室	≤60	
3	主控室、精密加工室	≤70	

对于表3所列之外的其他非噪声工作点，可比照表3执行。

4 本款规定的基点，是将本项目内与产生辐射无关的其他区域的人群视为"公众人群"。当前控制电磁辐射公众照射的标准有二，即现行国家标准《环境电磁波卫生标准》GB 9175—88 和《电磁辐射防护规定》GB 8702—88。鉴于前者的限值规定相对更严格，从"以人位本"的原则出发，本标准建议执行《环境电磁波卫生标准》GB 9175—88 中二级标准的限值规定。

与本款所指的与三种辐射相关的现行标准对辐射限值所作的规定见表4。

表4 辐射限值

辐射种类		限 值	备 注	限值来源
电磁辐射	长、中、短波	<25 V/m	二级（中间区）限值	《环境电磁波卫生标准》GB 9175—88
	超短波	<12 V/m		
	微波	<40 μW/m²		
	混合	按主要波段场强，若各部波段场强分散，则按复合场强加权确定		
电离辐射	年有效剂量	≤1mSv	如果5个连续年的年平均剂量不超过1mSv，则某一单一年份的有效剂量可提高到5mSv	《电离辐射防护与辐射源安全基本标准》GB 18871—2002
	眼晶体的年当量剂量	≤15mSv		
	皮肤的年当量剂量	≤50mSv	—	
工频超高压电场辐射		≤4kV/m		《工业企业设计卫生标准》GBZ 1—2010

6、7 汽（叉）车库、汽（叉）车加油站，相对于其他建（构）筑物有其特殊性。故总平面设计尚应执行相关的专业标准、规范的规定。

8 防火堤、防护墙或围堰的设置，在现行国家标准《建筑设计防火规范》GB 50016—2006 第4.1.3条、第4.2.4～4.2.6条中有明确的规定，设计中应严格执行。

12 职工餐厅的卫生问题十分重要。本款规定是根据卫生部于2005年5月27日颁发的《餐饮业和集体用餐配送单位卫生规范》制定的。

3.3.3 场区内各布置要素之间所设置的间距，不仅应满足通风、采光、安全疏散、灾害控制、紧急救援等职业安全卫生要求，而且从消防的角度出发，建（构）物之间的间距还应满足现行国家标准《建筑设计防火规范》GB 50016、《高层民用建筑设计防火规范》GB 50045 等规范的相关规定。

对于部分存在较为严重的危险、有害因素的布置要素，如部分动力站房、汽车库、加油站、危险或有毒气体、液体储罐等，它们与其他布置要素之间的安全间距都有相应的专业性规范、标准予以规定。故本条款要求对于这类布置要素的间距设置尚应符合相关专业标准、规范的规定。

3.3.4、3.3.5 这两条是根据现行国家标准《工业企业设计卫生标准》GBZ 1—2010 的相关规定制定的。

3.3.6 室外管网的总平面布置设计应合理解决管线的走向、架设方式、安全间距等问题。由于输送毒性、易燃、易爆介质的管道具有较大的危险性，对这类管道的布置设计除应遵守现行国家标准《工业企业总平面设计规范》GB 50187 的相关规定外，还应执行相关的专业规范、标准的规定。例如，在现行国家标准《氢气站设计规范》GB 50177—2005 中，对氢气管道在场区内的架空敷设、埋地敷设或明沟敷设都做了详细的规定。从安全考虑，这些规定都应予以认真执行。

3.3.7～3.3.11 这5条主要是对建设项目场区的出入口、道路、铁路的布置提出要求，以满足消防车道、交通安全、紧急疏散的需要。

架空管线、管架跨越铁路、道路的最小垂直间距在现行国家标准《工业企业总平面设计规范》GB 50187—93 中作了明确规定。具体数值见表5：

表5 架空管线、管架跨越铁路、道路的最小垂直间距(m)

跨越对象		最小垂直间距（净空）	备 注
铁路（从轨顶算起）	火灾危害性属于甲、乙、丙类的液体、可燃气体与液化石油气管道	6.0	—
	其他一般管道	5.5	架空管线、管架跨越电气化铁路的最小垂直间距，应符合有关规范规定
道路（从路拱算起）		5.0	有大件运输要求或在检修期间有大型起吊设备通过的道路，应根据需要确定。困难时，在保证安全的前提下可减至4.5m
人行道（从路面算起）		2.2/2.5	街区内人行道为2.2m，街区外人行道为2.5m

铁路线路的建筑限界应执行现行国家标准《标准轨距铁路建筑限界》GB 146.2 的相关规定；道路的建筑限界应执行现行国家标准《厂矿道路设计规范》GBJ 22 的相关规定。

3.3.12 为避免场区被洪水冲淹、积水造成生产停顿、人员伤亡及财产遭受损失，将本条作为竖向设计必须遵守的规定，特别是沿江、河、湖、海建设的建设项目更应对此要求予以充分的重视。

3.3.13 根据国土资源部于2008年1月31日发布的《工业项目建设用地控制指标》，本规范强调无论是工业项目或非工业项目在进行总平面布置设计时不宜单纯追求扩大绿地面积，而应通过对建设场地内的有限绿地予以合理、优化的配置，充分发挥绿化的有效作用，以避免或弱化危害因素对场区的不良影响、创建优美绿化景观，为职工创造良好、卫生、安全的生产、生活环境。

易燃易爆重气体是指其比重大于空气而会自然下沉集聚的易燃易爆气体。

3.4 建(构)筑物设计

3.4.1 拟利用的旧有建(构)筑物,必要时应予以安全性复核。其主要原因是:

1 旧有建(构)筑物的强度、负载能力有可能不适应新的使用要求。

2 旧有建(构)筑物有可能不适应新的火灾危险性特征。

3 旧有建(构)筑物可能不同程度存在一定的安全隐患。

因此,应该本着充分利用原有建(构)筑物以节约建设资金,但又要保证使用的安全以避免更大损失的原则,对这类建(构)筑物进行合理使用。只有符合相关规范、标准要求或通过改造、加固后符合相关规范、标准要求者才能继续使用。

3.4.2 建(构)筑物的基础是确保建(构)筑物整体安全性的关键部位之一,但它往往又是埋设于地下的隐蔽工程,如存在问题,一般难于发现、修复、加固。因此,制定本条的目的在于要求作为其设计主要依据之一的岩土工程勘察报告应规范、切实、可靠,为设计的正确性提供基本保证。

3.4.3 为使建筑结构设计符合技术先进、经济合理、安全适用、确保质量等要求特制定本条文。

3.4.4 本条为强制性条文,根据现行国家标准《建筑抗震设计规范》GB 50011—2008制定。

3.4.5 生产过程中所产生的较强振动、高温、深冷、腐蚀、油浸等因素可能会对建(构)筑物造成不利影响。在设计时应考虑采取相应的防治、防范措施。例如,处于深冷状态的液氧储罐的混凝土基础,其与罐体接触的部位必须采取有效的隔热措施,以确保混凝土基础能处于正常工作温度范围。

3.4.6 本条参考现行国家标准《生产过程安全卫生要求总则》GB 12801—91制定。

3.4.7 电子工业一些生产厂房、研究实验楼,各种管线较多,布置比较密集。为保证生产环境洁净卫生,常需设置技术夹层。技术夹层是指建筑或厂房内以水平构件分隔构成的用于安装辅助设备、公用动力设施及管线的空间。技术夹层需考虑检修人员进出维修方便,需考虑有一定的空间和承载能力,需考虑通风良好以防易燃易爆气体积聚。

3.4.8 现行国家标准《城市道路和建筑物无障碍设计规范》JBJ 50—2001明确规定"企事业办公建筑"、"各类科研建筑"属无障碍设计范围。为确保内部残疾职工和外部残疾人员办事的活动安全,建设项目应对相应建筑按上述规范的要求进行无障碍设计。

3.4.9 一般厂房在无特殊要求或特殊限制的情况下,宜采取良好的自然通风和自然采光。这不仅有助于节能,也可为职工创造良好的工作环境。

3.4.10 本条规定主要是为了有利于厂房散热,保证有良好的通风条件。

3.4.11 眩光影响视觉功效,并刺激眼睛造成不适、疲劳,从而可能导致生产力损失和安全事故发生。为此,要求地面、墙面、顶棚避免眩光是必要的。工作场所经常使用安全色或安全标志发出警告、警示信号。为便于对其识别,室内所采用的装修色彩应淡雅柔和,以避免对安全色或安全标志产生混淆、干扰作用。

3.4.12 本条主要是从安全、卫生的角度出发,根据现行国家标准《建筑设计防火规范》GB 50016—2006、《高层民用建筑设计防火规范》GB 50045—95和《中华人民共和国消防法》的相关规定,对建筑和室内装修所使用的材料、构件提出相应的要求和规定。建筑、装修材料的选用应符合现行国家标准《建筑内部装修设计防火规范》GB 50222、《民用建筑工程室内环境污染控制规范》GB50325的规定,避免或减轻对室内环境的污染、预防火灾的产生及蔓延。

对于室内、外装饰、装修,应做到妥善处理装修效果和使用安全的

矛盾,积极采用不燃材料和难燃材料,尽量避免采用在燃烧时产生大量浓烟或有毒气体的材料,做到技术先进、经济合理、适用安全。

3.5 工作场所的布置及工作环境的卫生要求

3.5.1 工作场所的平面及竖向布置,不仅对产品质量和劳动生产率有着重大影响,而且与职业安全卫生的关系也十分密切。如布置不当,不仅不能消除或减弱危害因素的影响,反而产生新的危害因素或发生交叉危害影响,从而导致治理、防护投资的增加。故本条强调进行工作场所的布置设计时应同时兼顾技术、经济要求和职业安全卫生要求。

3.5.2 本条对存在危险或有害因素(如腐蚀性物质、尘、毒、辐射、噪声、振动、高温、火灾、爆炸等)的工作场所与其他工作场所同在一幢厂房或建筑内进行布置设计的情况,提出一系列防范、防治措施。

1 制定该款的目的是尽量避免发生交叉污染、危害。集中布置利于采取防范、治理措施。

2 制定该款的目的是利于将弥散在工作间(区)的腐蚀性物质及尘、毒排出室外。

3 对具有火灾、爆炸危险的工序或工作间(区)所采取的防爆措施主要是设置足够的泄压面。将这类工作间在单层厂房内靠外墙侧或多层厂房内最上一层靠外墙侧布置,是为了易于利用外墙或屋面设置泄压面,以避免发生爆炸时损伤建筑的主体结构。而泄压面位置的确定应考虑爆炸时喷射出的固态、气态物质不至于对附近的人员造成伤害,不至于引起次生灾害的发生。

9 本款为强制性条款。生产的火灾危险性为甲、乙类的生产场所,以及储存物品的火灾危险性为甲、乙类的仓库发生火灾、爆炸的危险性较大。如布置在地下室,一方面设置防爆泄压面较困难,同时在发生事故时也不利于人员的安全疏散。故规定这类工作间或仓库不应设置在地下室或半地下室内。

本条中的"隔离",是将布置对象在同一房间或同一厂房(或建筑)内彼此分开一定的距离;"隔开"是指将布置对象在同一厂房(或建筑)内彼此用隔板或隔墙将其分开;"分离"是将布置对象彼此分开布置在不同的厂房(或建筑)或远离厂房(或建筑)的外部区域(此注释适用于以后各条款)。

3.5.3 本条所谓"造成不良影响或构成安全性威胁"是指邻近区域受到的污染或危害超过相关的安全、卫生标准的规定。

3.5.4 防火分区之间必须由防火墙或由相关规范、标准所允许的其他防火设施分隔。在进行工作场所的布置设计时应尊重、迁就按规范所划分的防火分区。不能将布置设计建立在违反防火分区相关规定的前提下。

3.5.5 本条对危险性作业场所安全疏散要求的规定是根据现行国家标准《生产过程安全卫生要求总则》GB 12801—91制定的。

3.5.6 辅助用室包括:工作场所办公室、生产卫生室(含浴室、存衣室、盥洗室、洗衣室等)、生活室(含:休息室、食堂、厕所等)、妇女卫生室等。

3.5.7 本条为强制性条文。根据《中华人民共和国安全生产法》第三十四条规定:"生产、经营、储存、使用危险物品的车间、商店、仓库不得与员工宿舍在同一座建筑物内,并应当与员工宿舍保持安全距离"。《中华人民共和国消防法》第十五条规定"在设有车间或者仓库的建筑物内,不得设置员工集体宿舍"。

3.5.9 在《中国企业管理百科》中,对人类工效学所下的定义为:"研究人和机器、环境的相互作用及其合理结合,使设计的机器和环境系统适合人的生理、心理等特点,达到在生产中提高效率、安全、健康和舒适的目的"。可见为职工设定的工作空间、工作环境、工作过程如符合人类工效学原则,将有利于职工在职业活动中的安全与健康。

3.5.10 制定本条的目的是确保人流、物流的安全、畅通。

3.5.11 为确保职业活动中人员的身心健康,避免职业病的发生,本规范规定从业人员所在的工作场所的环境应符合《工业企业设

计卫生标准》GBZ 1、《工作场所有害因素职业接触限值 化学有害因素》GBZ 2.1、《工作场所有害因素职业接触限值 物理因素》GBZ 2.2及《电子工业洁净厂房设计规范》GB 50472等规范的相关的卫生要求。

2 现行国家标准《工业企业设计卫生标准》GBZ 1—2010、《工作场所有害因素职业接触限值 第 2 部分:物理因素》GBZ 2.2—2007 以及《电子工业洁净厂房设计规范》GB 50472 对工作场所的气温、湿度、新鲜空气量的规定见表 6～表 10:

表 6 工作场所不同体力劳动强度 WBGT 限值(℃)

接触时间	体力劳动强度			
	Ⅰ	Ⅱ	Ⅲ	Ⅳ
100%	30	28	26	25
75%	31	29	28	26
50%	32	30	29	28
25%	33	32	31	30

注:体力劳动强度分级按 GBZ 2.2—2007 第 11 章执行.实际工作品可参考 GBZ 2.2—2007 附录 B。

表 7 冬季工作地点的采暖温度(干球温度)

体力劳动强度分级	采暖温度(℃)
Ⅰ	≥18
Ⅱ	≥16
Ⅲ	≥14
Ⅳ	≥12

注:1 体力劳动强度分级见 GBZ 2.2,其中Ⅰ级代表轻劳动,Ⅱ级代表中等劳动,Ⅲ级代表重劳动,Ⅳ级代表极重劳动。

2 当作业地点劳动者人均占用大面积(50m²～100m²)、劳动强度Ⅰ级时,其冬季工作地点采暖温度可低至 10℃、Ⅱ级时可低至 7℃、Ⅲ级时可低至 5℃。

3 当室内散热量小于 23W/m³ 时,风速不宜大于 0.3m/s;当室内散热量大于或等于 23W/m³ 时,风速不宜大于 0.5m/s。

表 8 辅助用室的冬季温度(℃)

辅助用室名称	气温
办公室、休息室、就餐场所	≥18
浴室、更衣室、妇女卫生室	≥25
厕所、盥洗室	≥14

注:工业企业辅助建筑,风速不宜大于 0.3m/s。

表 9 洁净室的温湿度表

房间类别	温度(℃)		相对湿度(%)	
	冬季	夏季	冬季	夏季
生产工艺有要求的洁净室	按具体生产工艺要求确定			
生产工艺无要求的洁净室	≤22	～24	30～50	40～70
人员净化及生活用室	～18	～28	无要求	无要求

表 10 工作场所的新鲜空气量

工作场所类别	人均占用工作容间容积(m³)	人均新风量(m³/h)
一般工作场所	<20	≥30
	≥20	≥20
空气调节工作场所	—	≥30
洁净工作间(区)	—	≥40

3.6 工艺及设备

3.6.1、3.6.2 从源头上采取措施消除或减少危险及有害因素,此为最有效、最彻底的防治策略。因此,在工程设计中应优先考虑通过采取适当的技术、组织措施达到此种目的。

如生产过程产生危险和有害因素将不可避免,则必须采取相应的有效的防范、防治措施。

3.6.3 对于一般的建设项目,本条所列出的工艺或部门其规模都不大,但却存在较严重的危险和有害因素,且对其治理所付出的代价既较大,其效果和经济性也较差。故宜采取外协的方式解决,以

使建设项目能从源头上消除这些危险和有害因素。

而对于提供外部协作的专业化生产企业,一般对危险和有害因素的治理都有其规模化的优势,故其治理的技术水平、投入代价和治理效果都将优于非专业企业的个别行为。因此,无论从具体建设项目和整个社会来说,这一做法都是合理的。

如必须自建,则宜适当集中,以利于采取治理措施。

3.6.5 控制职工在职业活动中体力搬运的负荷,是维护职工安全、健康的必要措施之一。考虑到现行国家标准《体力搬运重量限值》GB/T 12330 中对人体搬运重量所提出的限值规定,比现行国家标准《工作场所有害因素职业接触限值 物理因素》GBZ 2.2—2007 中所规定的体力作业时心率和能量消耗的生理限值规定更为直接并便于管理,故本条建议采用前者作为控制职工在职业活动中体力搬运负荷的标准。但不排除采用后者为衡量标准。

3.6.6 合理安排职工的工作和休息时间,是维护职工休息权利和身心健康的有力措施。在建设项目工程设计中应根据国家相关规定合理制定建设项目的工作制度及劳动定员。

制定本条文的依据是《国务院关于修改〈国务院关于职工工作时间的规定〉的决定》(中华人民共和国国务院令第 174 号)、劳动部《〈国务院关于职工工作时间的规定〉问题解答》(劳动部 劳部发〔1995〕187 号)和《劳动部贯彻〈国务院关于职工工作时间的规定〉的实施办法》(劳动部 1995 年 3 月 26 日发布)。

3.6.7 建设项目工程设计中的一项重要工作内容是选用设备。为预防安全事故和职业危害的发生,为确保所选用设备符合职业安全卫生要求,所选用的设备应符合相关标准、规范、条例的规定,并配备或采取预防安全事故和职业危害发生的相应装置或措施。

4 职业安全

4.1 防机械性伤害

4.1.1 在职业活动中,机械性伤害所占的比重较大。1990 年 9 月美国职业安全杂志有一篇文章提到:在美国 10%～14% 的职业伤害是机械伤害。原机械工业部曾对重点企业死亡事故所进行统计分析数据也说明机械性伤害所占的比重不容忽视。详见表 11。

表 11 物质原因死亡分析

	事故分类	占物质原因死亡百分比(%)	
机械性伤害	物体打击	11.88	
	车辆伤害	8.11	
	机器工具伤害	10.85	
	起重伤害	12.31	62.41
	刺割	0.26	
	高处坠落	13.21	
	倒塌	5.79	
其他(非机械性伤害)		37.59	

尽管电子工业尚无有关的统计数据,但由于电子工业中的许多工艺过程与机械行业类似,故机械性伤害也将是电子工业值得充分关注的危害因素,故应综合采取有效的防范措施。

4.1.2 布置这类设备或装置(如高速运动的机件或工件、高速旋转砂轮破裂时的碎片、切屑,压力液体或气体、冷却润滑液、高温或深冷物质等)时,总的原则是通过控制飞甩或喷射的方向或

距离,避免伤及周边的人员、设备,必要时应加设可靠的防护装置。

4.1.3 虽然现行国家标准《生产设备安全卫生设计总则》GB 5083 要求机械设备外露的传动部件(如齿轮、皮带及皮带轮、联轴节、飞轮、转轴等)应附有防护装置,其设备外表无尖锐的棱、角和突起部分,但由于受各种条件的限制,有些设备尚难达到这一要求。对于这种设备,在工程设计时应补充采取相应的防护措施或设置安全标识等。

4.1.4 本条文规定在进行工作场所布置设计时,应根据安全、质量、效率、效益和物品自身的特殊要求,综合考虑生产设备(装置)及其原材料(毛坯)、半成品、成品、废品(料)、工具等物品的合理布置,从而优化物流系统,改善现场管理,建立起现场的文明生产秩序,达到安全生产的目的。

4.1.5 为确保人员正常活动、操作或检修设备的安全,在设备之间或设备与(建)构筑物的柱、梁、墙、壁及其他固定设施(如管道、电缆桥架等)之间设置合理的安全间距是十分必要的。

表 4.1.5 的数据引自现行国家标准《机械工业职业安全卫生设计规范》JBJ 18—2000。鉴于制定所有类型设备的安全间距统一指标的复杂性,目前尚无相应的标准。本条文仅列出机械加工设备(主要指机床)安全间距的建议值。在设计实践时,可作为设置其他类型设备安全距离的参考,但在相关规范或设备使用说明书中有专门规定或有特殊操作、检修要求者除外。

设置安全距离时应充分考虑到设备的活动部件对设备实体以外的空间占用。因此,本条文所指的安全间距,其起算点不应仅仅是设备的实体轮廓,而应是由实体轮廓和活动部件占用空间共同形成的包络轮廓。即安全间距应从设备活动机件的终极位置起算的净距离。

4.1.6 本条文对运输通道设置的宽度以及安全标线、安全标志和隔离防护装置的设置等做出相应规定和要求。

车间的通道宽度的具体数据,本规范参考了现行行业标准《电子工业职业安全卫生设计规定》SJ 30002—92 的相关条款。

叉车、电瓶车(即蓄电池搬运车)的宽度随载重量和制造厂家的不同而异,如载重量为 1t~5t 的叉车,其车宽在 1.0m~1.5m 范围;如载重量为 1t~5t 的电瓶车,其车宽在 1.2m~1.6m 范围。因此合理的通道宽度与所选车型有关。人流、物流量的大小对通道宽度的要求也不一样。如人流、物流量小,车与车、人与车相错的概率就小,因而错车时可通过尽量降低车速而减小对通道宽度的要求;相反,如人流、物流量大,车与车、人与车相错的概率就大,采取降低车速而减小通道宽度的要求将大大损失物流效率。在这种情况下则宜适当增加通道宽度,保持人流、物流的快捷、畅通。因此设计时,通道宽度应在表 4.1.6 所推荐的数据的基础上根据设计项目所使用的车型及人流、物流量的具体情况作适当调整。

通道转弯处的安全宽度或转弯半径往往被疏忽。如有必要可适当调整通道的宽度或交叉角度来保证安全运行。

4.1.7 易受车辆撞击的部位,主要是指驾驶员稍有疏忽即易发生冲、撞、刮、蹭事故的地点。故应对厂房内这些区域的门框、柱、墙等建筑部位及生产设备按规定设置醒目的安全标识,并在必需部位设置足够强度的护栏或采取其他防护措施,如在柱的四角埋设角钢等。

4.1.8 工作场所内架空悬挂物的架设高度,除满足作业场所车辆、起重设备和有关人员正常通行和运行,以及生产设备正常作业、维护和在岗人员正常作业外,还应满足相关规范、标准对悬挂物的最低净空高度要求。如现行国家标准《悬挂输送机安全规程》GB 11341 规定,在人行通道上空其最低高度不得小于 1.9m。

架空输送设备在运行中存在意外坠落被运物品的可能性。除本条文提出的跨越工作地点、通道上方以及上、下坡等运行区段,应在其下方增设防护网或防护板外,在设计实践中还应根据各种

输送设备的具体情况在其他可能出现意外坠落被运物品的地点增设防护网或防护板。

4.1.9 本条文对工作场所地面(地坪)的铺设和台阶、斜面(斜坡)的设置,提出相应的要求,预防人员摔伤、跌伤。

4.1.10 室内外的坑、壕、池、井、沟等构筑物应合理布置,并设置围栏、盖板等防护设施和必要的安全标识,以预防人员摔伤、跌伤和淹溺。有人、物流通过的围栏、盖板应装设稳固,并具有足够强度,以免人、物流通过时遭受损坏,造成人身伤害或财产损失。

4.1.11 如人员随意跨越而意外坠入生产线的辊道、皮带传输机等传送设备时将导致伤亡后果。故应在与人流交叉的地段布置附有安全防护栏杆的走桥。

4.1.12 对工作场所高出地面的平台、走台、楼面及其上附设的洞口,本条文规定在其敞开的周边应设置符合要求的防护栏杆,以防坠落致伤;对存在可能滑落物品的防护栏区(段)应加设挡板封闭,以防止物品滑落致伤。

4.1.14 在设计实践中选用起重机时,设计人员往往特别着重对起重量的考虑,而容易疏忽对工作级别的合理确定。

工作级别是表征起重机工作特性的一个重要概念。工作级别的划分原则是在荷载不同、作用频次不同的情况下,将具有相同寿命的起重机分在同一级别。划分工作级别的目的是为起重机的设计、制造和选用提供合理、统一的技术基础和参考标准。如果在选用起重机时,确定工作级别失误,将出现"以大代小"而浪费资金,或"以小代大"而埋下安全事故隐患。故本规定强调在设计时应合理确定工作级别,并将其作为选择起重机的重要依据之一。

4.1.19 以卷扬机或电动葫芦为驱动装置的简易吊笼(或简易电梯)不能保证运行的安全,故禁止使用。

4.1.21 某些建设项目,因生产工艺要求需在多层厂房内设置贯通各层的垂直吊运口。对于一些因工艺要求而不能砌筑密闭井道的吊运口,为避免被吊物品意外坠落而造成人身伤害或损害其他设施,以及避免人员从洞口意外坠落,特制本条文。本条所谓的公共通道,是指非吊运口专用的通道。

4.1.22 工程设计时,需对仓库或堆场的运输、存取、贮存容量等功能以及仓库的建筑进行规划和设计。为保证仓库的合理容量、避免仓储在整个物流过程中的物品损坏、人身伤害(如货垛坍塌伤人等)及建筑安全,本条文对物料、物品的存放方式、存取及运输过程提出相关的规定和要求。

为避免火灾发生以及确保建筑安全,堆垛与照明灯及建筑的墙、柱、顶之间应保持适当距离。一般地,墙距为 0.1m~0.5m,柱距为 0.1m~0.3m,顶距为 0.5m~0.9m,灯距不少于 0.5m。

自然安息角是指散装物料自然堆放稳定后,其坡面与地面形成的夹角。

4.2 防烧、烫、灼、冻伤害

4.2.1 本条文所称的烧伤是指生产设备或生产过程中产生的火焰或灼热烟气对人体肌肤的伤害;烫伤是指在作业过程中触及发热体、过热部件和热介质而引起对人体肌肤的伤害;灼伤是指由化学因素引起的对人体肌肤的伤害;冻伤是指人员触及设备的过冷部位、输送过冷介质的管道和过冷介质而造成肢体致冻的伤害。在进行建设项目的工程设计时应对引起这些伤害的危险因素采取相应的安全防护措施。

4.2.2 建设项目所选用与配置的工业炉窑、热工设备、高温液体容器(槽体)及输送热介质的管网等发热设备与介质管道,在工程设计时应对其超过 60℃ 且人员可触及的部位采取隔热措施或安全保护装置。本条中的 60℃ 限值,是参照现行国家标准《设备与管道保温技术通则》GB 4272—92 确定的。

4.2.4 本条的目的是避免人体受到烧、烫等伤害。

4.2.11 当酸、碱及其他腐蚀性物质的使用量较大时,应将腐蚀

性物质存放在与工作地点分开的单独场地,以避免万一泄漏对生产现场造成大范围人员伤害。采用管道输送为的是避免人员频繁搬运、倾注时发生事故伤害。

4.2.15 酸碱等腐蚀性化学品使用场所(化学清洗间、清洗工艺线等)的布置设计,应充分考虑生产工艺的合理性、化学危险性以及突发泄漏或喷射事故的应急处理等因素。合理的平面与空间布置应具有便捷的紧急避让空间和通畅的疏散通道。

4.3 防火、防爆

4.3.1 本条文阐明了建设项目防火、防爆设计时应执行的主要法规、规范和标准。

4.3.2 生产或储存物品的火灾危险性分类、建筑物的耐火等级、最多允许层数及防火分区最大允许占地面积等因素是确定建筑物的火灾危险性、制定消防措施、减少火灾损失的重要依据,故准确执行相关规范,正确确定这些因素的具体参数具有重要意义。为此,本条文明确划定了各类建筑在确定这些因素的具体参数时应依据的相关规范,以避免出现差错。

4.3.3 本条第1、2、5款为强制性条款。为预防火灾或爆炸的发生,以及一旦发生火灾或爆炸事故时能尽量减少人员、财产损失,本条提出一系列防火、防爆措施。设计时应根据危险物质的危险特性、生产工艺、生产设备以及建筑物等因素的实际状况,综合采取本条所列的防范措施。

4.3.4 储存易燃、易爆物品的房间、库房,本身就是一幢建筑物,且内部存有易燃、易爆物品。因此,除应根据其具体情况执行本规范第4.3.3条的相关规定外,还应针对性地按本条规定补充采取相应的防范措施。

4.3.5 本条为强制性条文。储存易燃易爆物品的露天储罐(或储罐区)是一种不容忽视的危险源。本条规定了从设置安全间距、防止火灾蔓延扩散、避免出现引火源等方面采取有效的防范措施。

4.3.6 半导体、集成电路等生产中的化学气相淀积、外延、离子注入、刻蚀等工艺,所使用的特种气体多数具有易燃易爆特性,其中硼烷、磷烷、硅烷、砷烷、二氯二氢硅具有如表12所示的很宽范围的爆炸极限。

表12 部分特种气体爆炸极限

特种气体名称	分子式	爆炸极限
二硼烷	B_2H_6	0.9%~88.0%
磷烷	PH_3	1.3%~98.0%
硅烷	SiH_1	0.8%~98.0%
砷烷	ASH_3	5.8%~64.0%
二氯二氢硅	SiH_2Cl_2	4.1%~98.8%

加之使用这类物质的生产部门其设备、建筑往往极其贵重。一旦发生险情将带来巨大的人员伤害和财产损失。故应采取有效而可靠的防范措施。这些防范措施在现行国家标准《电子工业洁净厂房设计规范》GB 50472的"特种气体系统"章节中已作了详细规定。本规范要求按上述规范执行。

4.3.7 这类动力站房(如氢气站、氧气站、燃气储配站等)属生产、配送易燃易爆物质的建筑(或工作间),故首先应执行本规范第4.3.3条的规定。本条文是在此基础上针对动力站房的一些特点制定的补充规定。

由于动力站房的种类较多危险性相对较大,部分站房根据其自身特点已制定了相应的专业标准或规范。因此本条文不拟再作重复性规定,而要求在设计时在执行本规范的同时还应符合相关专业标准、规范的规定。

4.3.8 半导体材料、器件、集成电路、光掩膜版以及平板显示器(屏)等行业,在洁净环境中将使用具有易燃、易爆性的常用或特种

化学品。其运输、贮存和分配,在现行国家标准《电子工业洁净厂房设计规范》GB 50472中已作相应的规定,本规范要求按此规范执行,不再作重复规定。

4.3.9 本条第1~3款为强制性条款。本条文对输送易燃、易爆、助燃介质的室内管道及其管件、阀门(阀箱)、泵等的连接,以及管道保温、隔热材料的选用和管道系统的布置设计,提出相应的规定和要求。

输送易燃、易爆介质的管道在正常情况下均不应穿越不使用该类介质的工作间(区)。但当使用易燃、易爆介质的工作间被不使用该类介质的工作间(区)包围的特殊情况下,输送易燃、易爆介质的管道就不得不穿越不使用该类介质的工作间(区)。在这种情况下应对这段管道加设套管,其目的是尽量避免泄漏到不使用该类介质的工作间(区)。

4.3.10 根据《中华人民共和国消防法》第十六条第(二)款规定,机关、团体、企业、事业单位应当"按照国家有关规定配置消防设施和器材,设置消防安全标志,并定期组织检验、维修,确保消防设施和器材完好、有效",建设项目应设置消防设施和消防器材。

消防设施包括消防车和消防道路、消防给水系统及消防水泵房、消防器材与灭火设备、防火墙与防火门窗、防烟排烟系统、消防电梯、安全疏散系统、火灾报警装置与消防通信设备、消防集中监控设备、消防控制室与值班室、消防供配电设备及事故照明系统等。建设项目消防设施的配置应综合场区平面布置、建(构)筑物使用功能、建筑防火分区及其火灾危险性特征等消防安全因素,按现行国家标准《建筑设计防火规范》GB 50016、《高层民用建筑设计防火规范》GB 50045和《电子工业洁净厂房设计规范》以及其他相关专业性设计规范、标准和消防审批文件等要求,结合建设项目具体情况合理配置与布置消防设施。

危险化学物品(包括易燃易爆物品、腐蚀性物品、毒害性物品等)种类繁多、特性各异。要达到最佳的灭火效果,应根据现行国家标准《常用化学危险品贮存通则》GB 15603、《易燃易爆性商品储藏养护技术条件》GB 17914、《腐蚀性商品储藏养护技术条件》GB 17915和《毒害性商品储藏养护技术条件》GB 17916等的规定,针对性地选择消防方法和灭火剂种类。

4.4 防 雷

4.4.1 对不同防雷类别的建筑物所采取的防雷措施是不同的。因此,根据建筑物的重要性、使用性质、发生雷电事故的可能性和后果,按现行国家标准《建筑物防雷设计规范》GB 50057的规定准确确定建筑物的防雷类别是正确进行防雷设计的前提条件。

具有火灾、爆炸危险的动力站房,如氢气站、煤气站等,其防雷设计在相关的专业规范中还有更具针对性的规定。设计时也应遵照执行。

4.4.2 随着技术、经济的高速发展,电子信息系统(设备)的应用已深入到国民经济、国防建设、人民生活的各个领域。由于雷电高电压和电磁脉冲侵入所产生的电磁效应、热效应都会对这些系统和设备造成干扰或永久性损坏,故对其采取经济而有效的防雷措施是十分必要的。根据现行国家标准《建筑物电子信息系统防雷技术规范》GB 50343的规定,准确地确定电子信息系统(设备)的雷电防护等级是雷电防护工程设计的主要依据。

4.4.3 电气设备、电气装置是任何一项建设项目的必要组成部分,如遭雷击破坏将带来严重的经济损失和人身安全事故,故应按照相关规范、标准的规定采取防雷及过电压保护措施。

4.4.5 本条文参照现行国家标准《建筑物防雷设计规范》GB 50057制定。

4.4.6 放散管、呼吸阀、排风管、自然通风管、烟囱等按是否有管帽可分为两类,按所排放的气体、蒸汽或粉尘是否具有爆炸危险性

又可分为两类。在进行防雷设计时必须对其划分清楚、准确，并据此执行《建筑物防雷设计规范》GB 50057 的相关规定。

4.4.7 天线是雷击的目标。为保护天线不被雷击损坏，天线杆顶部应安装接闪器。接闪器、天线的零位点与天线杆塔在电气上应可靠地连成一体，共用同一组接地装置。

4.4.8 由于雷电感应所造成的电位差只能将几厘米的空隙击穿，故只需对间距小于 100mm 金属管道、构架和金属外皮的电缆采取防雷电感的措施。

4.4.10 大多数直流供电的微波设备、卫星接收设备的外壳兼做电源的正极。设备的工作接地、保护接地和防雷接地都与设备外壳相连。三种接地系统不能分开，因此本规范优先推荐工作接地、保护接地和防雷接地合用一个接地系统的接地方案。因为这种方案不但经济上合算，在技术上也是合理的。如工作接地、保护接地与防雷接地分设接地装置，为避免相互干扰，则两接地系统之间应有一定的要求。

本条所采用数据的来源为现行行业标准《民用建筑电气设计规范》JGJ 16—2008 第 12.7.1 条。

4.5 防触电及用电安全

4.5.1 要达到用电安全的目的，首先应根据建设项目用电负荷对供电的可靠性要求按照现行国家标准《供配电系统设计规范》GB 50052 的规定，正确、合理地确定其用电负荷等级，使电源安全可靠。

建设项目所要求的供电可靠性不一定与消防设备所要求的供电可靠性相同。因此，消防电源的用电负荷等级应独立地按照现行国家标准《建筑设计防火规范》GB 50016 和《高层民用建筑设计防火规范》GB 50045 的规定确定。

4.5.2 为确保变电所自身的安全运行，以及变电所一旦发生火灾、爆炸等事故时能尽量减小对所在建筑的破坏和人员的伤亡，变电所位置的确定应符合一系列选址要求。这些要求在现行国家标准《10kV 及以下变电所设计规范》GB 50053—94 中已作了明确的规定。在建设项目的工程设计中应按此执行。

4.5.3 随着科学技术的发展，不用油作介质的电气设备已很普遍。在工程设计中应尽量避免采用具有燃烧、爆炸危险的电气设备。

4.5.4、4.5.5 配电所、配电线路设计需要解决一系列安全问题，以维持电气系统的安全运行，保障相关设施、相关人群的安全。为此，在各专业设计时应严格执行本条所列的相关规范、标准中对防火、防爆及其他安全性问题所作的规定。

4.5.6 为防止触电，必须设置各种操作的连锁装置，特别是自动控制电气设备的操作、检修必须实现连锁。

4.5.7 电力装置、电气设备的继电保护是防触电及用电安全的有效措施，设计时应符合有关规范。

4.5.8 为防止触电，对于一些特定情况下的用电设备必须设置剩余电流动作保护装置。

4.5.9 接地是用电安全、防止触电的重要举措，必须按照现行国家标准《安全用电导则》GB/T 13869、《系统接地型式及安全技术要求》GB 14050 以及《建筑物电气装置》GB 16895.21 有关电击防护的规定执行。

4.5.10 现行国家标准《手持式电动工具的管理、使用检查和维修安全技术规程》GB 3787—93 将手持式电动工具按触电保护措施的不同分为三类：

Ⅰ类工具：靠基本绝缘外加保护接零（地）来防止触电；

Ⅱ类工具：采用双重绝缘或加强绝缘来防止触电；

Ⅲ类工具：采用安全特低电压供电且在工具内部不会产生比安全特低电压高的电压来防止触电。

为保证使用人员的安全，本条规定了电动工具分类使用的原则。

4.6 防静电

4.6.1 电子工业防静电设计涉及对象多，专业面广。为此，设计时应根据建设项目的工艺特点、防静电要求及产生静电的状况，全面制定防静电措施。对防静电设计的总要求是应符合现行国家标准《防止静电事故通用导则》GB 12158 的相关规定和要求。

4.6.2 本条内容主要引自现行国家标准《防止静电事故通用导则》GB 12158—90。

4.6.3 半导体器件的品种、类别较多。场效应管、MOS 电路等半导体器件，在前工序制造过程中，静电危害主要是由于物体带静电后，吸附尘粒造成污染，使产品不能保证质量。对于后工序制造过程应用上述器件的工序操作以及整机运行的场所，静电危害主要是由于物体或人体带静电，造成静电放电，使场效应管形成硬击穿或软击穿，损坏 MOS 电路或使整机运行出现故障。因此，应根据产品要求、生产环境、产生静电的具体情况，采取不同的局部或综合防护措施。

4.6.4 静电接地是静电防护系统的主要组成部分。凡有静电危害且与人体接触的有关设施，均需采取静电接地。为了工作人员的安全，防静电腕带须串联一个 1MΩ 限流电阻接地。

4.6.5 本条为常用静电防护措施。使管道所产生的静电泄入大地，避免造成事故。

4.6.6 本条引自现行行业标准《化工企业静电接地设计规程》HG/T 20675—1990。可不采取专用静电接地措施的理由：

1 金属导体与防雷、电气保护、防杂散电流、电磁屏蔽等接地系统连接时，无论从接地回路的载流量或其接地电阻值来看，均已满足了静电接地的要求。

2 金属导体间如有紧密的机械连接，其接触面的电阻甚小，在静电接地系统中，以总泄漏电阻值小于 $10^6\Omega$ 为良好的前提下，作为静电接地连接回路中的单个串联接点，其电阻值即使达到 $10^8\Omega$ 也视为允许。况且接地连接中，尚有不少并联回路在起导电作用。

4.7 安全信息、信号及安全标志

4.7.1 在容易发生事故或危险性较大的场所中所设置的安全标志或安全色应符合本条所列的各标准、规范的要求，目的是确保其标准化、规范化，从而能充分发挥其警示作用。

这里"场所"包括工作场所、工作地点、设备、产品、仓库、物料堆场等。

4.7.2 消防标志的设置内容、设置要求应符合现行国家标准《消防安全标志设置要求》GB 15630 的规定和《消防安全标志》GB 13495 的要求，以确保消防标志设置的标准化、规范化，从而能充分发挥其警示效果。

4.7.3 对道路设置交通标志和标线是保障交通安全的有力措施。对于运输量大、交通繁忙、人流和物流复杂的建设项目，本规范建议可以根据具体情况对厂区道路或室内主要通道，参照现行国家标准《道路交通标志和标线》GB 5768 的规定，针对性地设置必要的交通标志和标线。

4.7.4 为使劳动者对职业病危害产生警觉，并采取相应防护措施，应在相应场所设置图形标识、警示线、警示语句和文字等警示标志。

可能产生职业病危害的场所包括：

1 使用有毒物品的作业场所；

2 产生粉尘的作业场所；

3 可能产生职业性灼伤和腐蚀的作业场所；

4 产生噪声的作业场所；

5 高温作业场所；

6 可引起电光性眼炎的作业场所；

7 存在放射性同位素和使用放射性装置的作业场所；

8 贮存可能产生职业病危害的化学品、放射性同位素和含放射性物质材料的场所。

4.7.5 为了便于对工业管道内的物质识别,以保障管道架设、使用、维护等作业环节的安全,建设项目的非地下埋设的气体和液体输送管道,应按现行国家标准《工业管道的基本识别色、识别符号和安全标识》GB 7231 规定涂刷基本识别色、识别符号、安全标识。

4.7.6 在可能发生险情,特别是在可能发生险情的高声级环境噪声作业场所,应有相应的预警措施,使现场人员能及时警觉并采取回避、撤离等措施,以保障现场人员的生命安全。这些特殊场所应根据现场环境与人员等具体情况,设置传递险情的声(听觉)信号、光(视觉)信号或声光组合信号,并应符合相应的规范和标准。凡属高噪声环境的作业场所应设置光、声信号报警装置。

4.7.7 本条文引自现行国家标准《工业电视系统工程设计规范》GBJ 115—87。该规范对生产过程中涉及高温、高粉尘、高噪声、强放射性辐射等工作环境条件恶劣的工序、设备及作业部位,提出设置生产过程电视监控系统的要求。对于其他对人员安全、健康存在危害的工作环境也可参照执行。

4.7.8 正确确定建设项目中保护对象的级别,哪些建筑物以及建筑物中的哪些部位应划定为保护对象(或范围)而需设置火灾自动报警系统予以保护,是及早发现、有效控制火情的关键。也是设计火灾自动报警系统的前提。为此,应按照现行国家标准《火灾自动报警系统设计规范》GB 50116 的规定,准确划分火灾自动报警系统保护对象的级别以及火灾探测器设置的部位。

鉴于洁净厂房所具有的特殊性,其火灾自动报警系统的设计尚应符合现行国家标准《电子工业洁净厂房设计规范》GB 50472 的规定。

4.7.9 本条文提出建设项目火灾应急广播系统配置要求,可单独设计系统或与一般广播系统兼容设置,并符合公安消防部门审批文件的规定和相关的设计规范。

4.7.10 合理设置安防系统是保障人身、财产安全,维护正常生产秩序的有效措施。本条文提出四类安全防范要素,设计时应根据场区总平面布置、建筑物使用功能分区、安全防范要素分布部位等具体情况,按需选配并合理布置防盗报警、电视监控、门禁系统或设置综合安防系统。

5 职业卫生

5.1 防尘、防毒

5.1.1 电子工业生产及实验过程中,半导体及集成电路的材料制备、外延扩散、氧化、化学气相淀积、离子注入、腐蚀、清洗、刻蚀、溅射、塑封,真空器件零件清洗、阴极热丝制备、涂屏、充汞,塑料、陶瓷料、玻璃料、磁性材料等的破碎、配制、加工,以及铸造、热处理、电火花加工、磨削加工、化学处理、电镀、喷砂、油漆、铅蓄电池生产中的铅尘作业等工作区,会散发粉尘或有毒有害气体,危及人员的身体健康。故应对其采取综合治理措施,防止尘、毒害。

由于电子工业的发展异常迅速,新产品、新工艺、新设备、新材料层出不穷。凡本条文尚未列出的其他产生尘、毒危害的场合都应对其采取综合治理措施,防止尘、毒危害。

5.1.2 从源头上消除或减少尘、毒的产生,是最根本、最彻底、最有效的防尘、防毒措施,所以也是建设项目工程设计时应作为首选的治理措施。

1 为控制和消除作业场所职业病危害因素,建设项目应尽可能少用或不用高毒或剧毒物品。高毒或剧毒物品的鉴别可查对《高毒物品目录》(2003 年版)和《剧毒化学品目录》(2002 年版)。

2 为了减少尘、毒危害,目前常采用的措施之一是将粉料颗粒化。如将氧化铅由粉料先做成颗粒料。

湿法就是对某些粉料先进行湿化再进行配制、输送。地面和空间都宜保持潮湿。地面的设计应便于水冲洗,这样可大大减少粉尘料的飞扬和便于收集。

3 对于一般的建设项目,严重产生尘、毒的工艺部门其规模都不大,但却存在较严重的危害,且对其治理所付出的代价较大,其效果和经济性也欠差。故宜采取外协的方式解决,从源头上消除这些危险和有害因素。

而对于提供外协的单位,其治理措施一般都具有规模化的优势,所以其治理的技术水平、投入代价和治理效果都将优于非专业企业的个别行为。因此,从具体建设项目和整个社会来说,这一做法都是合理的。

5.1.3 对本条部分条款规定说明如下:

1 本款规定的目的主要是防止交叉污染。

2 尘、毒一般以扩散的方式或其他因素(如热源、高气压)产生正气压而弥散在空间。因此采取密封、负压工况等措施都是有效的。

4 密闭性好的输送装置,包括气力输送、斗式提升机、螺旋输送机、溜管、溜槽等。

9 因治理困难或因操作人员少、操作时间短暂而不值得采取治理措施而导致尘、毒超标的作业场所或局部空间,可采取操作人员带送风式头盔或呼吸面具的做法。此时应设置为送风式头盔供新鲜空气的供气点。

10 本款根据现行国家标准《工业企业设计卫生标准》GBZ 1—2010 制定。

5.1.4 散发并滞留在工作间(区)内的尘、毒,必须采取措施及时排除。确保工作间(区)内的有毒有害物质的浓度符合现行国家标准《工作场所有害因素职业接触限值 化学有害因素》GBZ 2.1 的限值规定。所排出的尘、毒如符合相关的环保排放标准,则可直接排放。否则需对其治理至符合相关环保排放标准后再排放。

1 本款为强制性条款。泄漏自动报警装置和事故通风对于可能突然逸出大量有害气体或易造成急性中毒气体的作业场所来说,是保证生产安全和保障人身安全、健康的一项必要措施。

例如:在半导体、集成电路生产的部分工序中所使用的磷烷、砷烷、硼烷、硅烷、三氯化硼等特种气体的毒性大、危害性高,对使用这类气体的作业场所应设置泄漏自动报警装置并应与事故排风系统、工艺设备、操作阀等相互联锁，事故通风装置除能手动控制其启、停外，必须与泄漏自动报警装置相联锁，才能及早发现并及时处理突发事件。有毒气源瓶或柜应设置应急处理装置。

2 电子工业生产中凡有烟、尘逸出的设备、窑炉等的开口部位应设排风装置，以便将其直接排除，避免散佚、滞留在工作场所。

9 采用压送系统向密闭料仓送料时，将使仓内产生一定的余压。为防止泄漏空气时带出粉尘，需装设泄压除尘袋。如将袋式除尘机组直接坐落在仓顶上，则效果更好。

12 对排除比重大于空气的有害气体，如对于电镀槽、腐蚀槽以及其他化学槽，宜采用侧抽风；对排除比重小于空气的挥发性气体和氢气等，如对于蓄电池铅极板的化成、彩色显像管及荧光灯的配料等，宜采用顶部排风。

13 镀铬槽排风时，逸出的氢气易将热的镀铬液一道带出。遇冷，铬液会在风管内凝结。故排风管上应装一铬液回收装置。一方面可以回收价格昂贵的铬液，另一方面也可防止在风管出口处形成铬雾。风管连接处应严密，防止铬液滴落而灼人。

16 产生大量油雾的设备，有螺纹磨床、齿轮磨床、硅片及陶瓷片切片机、油真空泵等；产生磨削粉尘的设备，有工具磨床、砂轮机等。

17 某些电子产品生产工艺中（如半导体、集成电路生产的部分工序）因使用的磷烷、砷烷、硼烷、硅烷、三氯化硼等特种气体毒性大、危害性高，生产设备排出的含有这类物质的尾气中含毒物质浓度较高，应采用现场处理设备将其处理为较安全的形态，再通过局部排风系统将其安全地排出。

18 电子产品生产过程（如半导体器件制造中的光刻、荧光粉的配置和涂覆、元器件的灌封等）将散发出有机溶剂。人员长时间吸入有机溶剂会导致头晕、恶心甚至丧失嗅觉等症状。因此应在工作点（区）设置强制排风。

19 通常，将两个或两个以上的原材料、元器件、零部件组合起来，达到可靠的电气及机械连接的一系列工艺技术统称为装联工艺技术。在装联工艺中的焊接工序（包括回流焊、波峰焊、浸锡焊以及手工焊接等工序）将产生有害烟雾，即使采用无铅焊接工艺，也会因其需要更高的焊接温度和更多的助焊剂，而仍然产生有害烟雾。因此应采用排风装置及时将有害烟雾排出工作区或采取净化装置对有害烟雾进行现场净化处理。

21 这类加工点均产生毒性很强的铅烟、氟烟，因此应设置强排风设施。

23 汞在常温下能蒸发为剧毒的水银蒸汽。据报道，在0℃时空气中汞蒸汽到饱和浓度（2.18mg/m³）时已超过车间空气卫生标准0.02mg/m³（按金属汞，PC-TWA）的10多倍。并且气温越高蒸发越快越多。每增加10℃蒸发速度约增加1.2倍～1.5倍，空气流动时蒸发更多。故工作间的环境温度应尽可能低，以减少汞的蒸发。

汞蒸汽能在缝穴处积存为半固体状态而形成长期污染。为此，荧光灯的滴汞点、闸流管的充汞间以及其他使用汞的工作间的顶棚、墙壁、地坪均应光滑无缝穴，易冲洗。地坪应有3%的坡度，并在一侧设汞清洗收集槽（有漫水孔的水沟），对汞进行定期收集处理。室内应全面通风和局部排风，及时排出汞蒸汽，以免对人身构成巨大的危害。

24 微波功率器件常使用介质系数小、散热性能好、具有足够机械强度的氧化铍陶瓷作为输出窗和集电极等。粉末状氧化铍如吸入人体或接触皮肤会引起鼻炎、气管炎、皮炎、皮肤溃疡、急慢性铍肺。因此，对氧化铍陶瓷的配料、压制、焙烧、研磨、金属化等设备和加工场所，均应有严格的防护措施和排风系统。

27 硫化氢气体有恶臭和毒性。当浓度达到0.28 g/m³～0.42g/m³时，人会感到强烈臭味，而且眼、鼻、喉还会感到剧烈疼痛。当浓度达到0.7 g/m³～0.98g/m³时，则会导致中毒，甚至会有生命危险。故硫化氢气体一旦泄漏，应立即予以排除。

硫化锌是在硫酸锌溶液中通入硫化氢气体制成的。硫化氢气体又是易燃易爆气体，在空气中的爆炸极限为4.3%～46%。为避免搅拌机的叶片碰撞反应釜的罐壁产生火花造成爆炸危险，故反应釜搅拌机应防止空转。

5.1.5 对本条部分条款规定说明如下：

5 磷烷、砷烷、硼烷、硅烷、三氯化硼、四氟甲烷等毒性特种气体对人具有毒害作用，甚至致人死亡，且又易燃易爆，若有微量泄漏即易发生事故。因此，应对这类气体的储存、配送采取一系列的防范措施。其具体防范措施应按现行国家标准《电子工业洁净厂房设计规范》GB 50472的相关规定执行，本规范不再重复作规定。

6 本款为强制性条款。储存剧毒物品的库间、工作间，为防止毒物聚集在室内表面，需经常用水冲洗。故其墙壁、顶棚和地面应采用不吸附毒物的材料，并应便于清洗和收集。为防止操作人员吸入有毒物质，分发有毒物质的操作过程应在通风柜内进行。

8 氯气有毒，吸入少量会引起喉、鼻黏膜发炎，吸入大量会使人剧烈窒息。一般操作场所空气中含氯量不得超过0.001mg/L。故一旦氯气泄漏，应及时排除。氯气的密度比空气重（氯气的密度为3.214g/L，空气的密度为1.293g/L），故排风吸口应靠近地面。

为防止液氯罐（瓶），特别是其上的阀门因意外事故破损而泄漏，在装卸和运输时应采取措施避免其受到撞击或坠落。

5.1.6 本条文参考现行行业标准《厂区设备内作业安全规程》HG 23012—1999制定。本条文所指的密闭空间，包括生产区域内的各类塔、球、釜、槽、罐、炉膛、锅筒、管道、容器以及地下室、阴井、地坑、下水道或其他相对封闭的场所。

5.1.7 本条文根据中华人民共和国国务院令第352号《使用有毒物品作业场所劳动保护条例》制定。

5.1.10 对本条说明如下：

1 本款为强制性条款。为确保逗留、活动、工作在生活间、办公室、配电室、控制室的人员安全，严禁输送有毒物质的管道穿越其间。此外，配电室、控制室因存在电气、电子设备，一旦被毒物污染很难清除，故严禁输送有毒物质的管道穿越其间。

2 输送有毒介质的管道在正常情况下均不应穿越不使用该类介质的工作间（区）。但当使用有毒介质的工作间被不使用该类介质的工作间（区）包围的特殊情况下，输送有毒介质的管道就不得不穿越不使用该类介质的工作间（区）。在这种情况下应对这段管道加设套管，其目的是尽量避免泄漏到不使用该类介质的工作间（区）。

5.2 防暑、防寒、防湿

5.2.1 根据现行国家标准《工作场所有害因素职业接触限值 物理因素》GBZ 2.2—2007的定义，高温作业是指在生产劳动过程中，工作地点平均WBGT指数大于或等于25℃的作业。

湿球黑球温度（WBGT）指数，是综合评价人体接触作业环境热负荷的一个基本参量，单位为摄氏度（℃）。用以评价人体的平均热负荷。WBGT指数根据自然湿球温度（℃）、黑球温度（℃）和露天情况下加测的空气干球温度（℃），按下列两式计算求得：

室内外无太阳辐射：WBGT＝自然湿球温度×0.7＋黑球温度×0.3

室外有太阳辐射：WBGT＝自然湿球温度×0.7＋黑球温度×0.2＋干球温度×0.1

现行国家标准《工作场所有害因素职业接触限值 物理因素》GBZ 2.2—2007对WBGT的限值规定见表13：

表13 工作场所不同体力劳动强度WBGT限值（℃）

接触时间率（%）	体力劳动强度			
	Ⅰ	Ⅱ	Ⅲ	Ⅳ
100	30	28	26	25
75	31	29	28	26
50	32	30	29	28
25	33	32	31	30

现行国家标准《工作场所有害因素职业接触限值 物理因素》GBZ 2.2—2007对体力劳动强度分级见表14。

表14 常见职业体力劳动强度分级

体力劳动强度分级	职业描述
Ⅰ（轻劳动）	坐姿：手工作业或腿的轻度活动（正常情况下，如打字、缝纫、脚踏开关等）； 立姿：操作仪器，控制、查看设备，上臂用力为主的装配工作
Ⅱ（中等劳动）	手和臂持续动作（如锯木头等）；臂和腿的工作（如卡车、拖拉机或建筑设备等非运输操作）；臂和躯干的工作（如锻造、风动工具操作、粉刷、间断搬运中等重物、除草、锄田、摘水果和蔬菜等）
Ⅲ（重劳动）	臂和躯干负荷工作（如搬重物、铲、锤锻、锯刨或凿硬木、割草、挖掘等）
Ⅳ（极重劳动）	大强度地挖掘、搬运，快到极限节律的极强活动

本条仅列出电子工业中具有代表性的高温作业。在设计实践中，对其他高温作业区亦应采取相应的防暑、降温措施。确保其符合现行国家标准《工作场所有害因素职业接触限值 物理因素》GBZ 2.2所规定的卫生要求。

5.2.2 本条中"耗能太大或很不经济"，是指全面降温措施相对于局部送风措施而言的。由高温工作场所采取全面的降温措施或采取局部送风措施，其能耗和经济性将随着工作区容积的大小、工作人员的多少及发热量的大小的不同而异。因此，究竟采取全面降温措施还是采取局部送风措施，应在工艺允许的情况下通过比较二者的能耗和经济性来确定。

对于不需人员始终在设备旁操作的高温环境，可设置具有降温设施的监控室、观察室或休息室而不必对整个工作场所采取全面降温措施。人员只在短暂/断续巡视、调试设备时才接触高温环境，大部分时间都能处于温度适中的监控室、观察室或休息室中。

5.2.3～5.2.6 参考现行国家标准《工业企业设计卫生标准》GBZ 1—2010等制定。

5.2.7 本条根据现行国家标准《机械工业职业安全卫生设计规范》JBJ 18—2000制定。

5.2.9 本条根据现行国家标准《采暖通风与空气调节设计规范》GB 50019—2003制定。

5.2.13 本条根据现行国家标准《工业企业设计卫生标准》GBZ 1—2010制定。

5.2.14 为保障工作人员的身体健康，工作场所冬季气温应控制在现行国家标准《工业企业设计卫生标准》GBZ 1所规定的范围内。

现行国家标准《工业企业设计卫生标准》GBZ 1—2010规定的工作场所冬季气温见表15：

表15 冬季采暖温度（℃）

劳动强度（分级）	采暖温度
Ⅰ	≥18
Ⅱ	≥16
Ⅲ	≥14
Ⅳ	≥12

注：表中劳动强度分级参见本规范第5.2.1条条文说明。

当工作场所面积很大而人员较少时，从经济和节能的角度出发，不需采取全面采暖措施。而应在固定工作地点及休息地点设置局部采暖措施。当工作地点不固定时，应设置具有取暖设施的休息室。

5.2.15、5.2.16 参照现行国家标准《工业企业设计卫生标准》GBZ 1—2010制定。

5.3 噪声控制

5.3.1 现行国家标准《工作场所有害因素职业接触限值 第2部分：物理因素》GBZ 2.2—2007对工作场所噪声职业接触限值规定见表16、表17。

表16 工作场所噪声职业接触限值

接触时间	卫生限值[dB(A)]	备 注
5d/w，=8h/d	85	非稳定噪声计算8h等效声级
5d/w，≠8h/d	85	计算8h等效声级
≠5d/w	91	计算4h等效声级

表17 工作场所脉冲噪声职业接触限值

工作日接触脉冲次数 n（次）	峰值[dB(A)]
n≤100	140
100<n≤1000	130
1000<n≤10000	120

现行国家标准《工业企业设计卫生标准》GBZ 1—2010对非噪声工作地点的噪声限值如表18。

表18 对非噪声工作地点噪声声级设计要求

地点名称	噪声声级[dB(A)]	工效限值[dB(A)]
噪声车间观察（值班）室	≤75	
非噪声车间办公室、会议室	≤60	≤55
主控室、精密加工室	≤70	

鉴于现行国家标准《工业企业设计卫生标准》GBZ 1—2010仅对部分非噪声工作地点的噪声限值作了规定。设计实践中，对其他非噪声工作地点的噪声限值可根据该标准的限值规定类比确定。

5.3.3 分别或综合采取控制噪声的措施有隔声、吸声、消声、隔振、阻尼等。

6 本款对常用的隔声罩、隔声间、隔声屏障等几种隔声措施的适用范围作了规定。这些隔声措施可分为轻型和重型两种结构。其中轻型的金属隔声罩、隔声间的隔声量一般为20 dB(A)～30dB(A)；砖石、混凝土的重型隔声间的隔声量一般为40 dB(A)～50dB(A)；而隔声屏障一般只有10 dB(A)～20dB(A)的衰减量。

7 本款规定了吸声设计的适用范围。这是因为吸声处理只能降低反射声和混响声，而对直达声作用不大。一般在直达声场中只有2dB(A)的降噪量，在混响声场中也只有4 dB(A)～10dB(A)的降噪量。降噪效果不如隔声、消声显著。而吸声处理通常又需要较多材料和投资。所以不宜轻易采用。

吸声处理方式通常有满铺的吸声顶棚、吸声墙面以及近年来在噪声控制工程中广泛采用的空间吸声板和空间吸声体。由于吸声降噪效果不仅与吸声处理方式有关，而且与房间声学条件、声源特性、分布、密度也有关系。所以本款根据声学原理和工程实践经验，对不同吸声处理方式提出了适用范围。

空间吸声板的面积与房间顶棚面积之比宜取40%左右。对层高较高、墙面积相对较大的房间宜取室内总面积的15%。此值来源于上海工业建筑设计院和北京市劳动保护科学研究所的实验结果。

10 目前，消声器的产品繁多，按消声原理来分有：阻性消声器、阻抗复合消声器、抗性消声器、微穿孔板消声器、小孔喷注及节流降压消声器等。为了指导消声设计，本款根据声源特性和削声原理，提出各类消声器的适用范围。

5.3.4 对本条部分条款规定说明如下：

2 工作时间的缩短应符合现行国家标准《工业企业设计卫生标准》GBZ 1的相关规定。

3 控制室、观察室或休息室原则上可分为轻型和重型两种结构。其中轻型的金属隔声间的隔声量一般为20 dB(A)～30dB(A)；砖石、混凝土的重型隔声间的隔声量一般为40 dB(A)～50dB(A)。建议控制室、观察室或休息室采用重型结构。

5.4 振动防治

5.4.1 电子工业中的锻锤、造型机、抛砂机、压力机、振动试验台、空气压缩机、冷冻机、气体压缩机、鼓风机、引风机、通风机、水泵、柴油发电机、锅炉房中的碎煤机及振动筛等设备是引起全身强烈振动的机器，会对操作人员的神经、消化、排泄、生殖等系统带来某些职业病。设计时应对上述设备的振动加以控制。风动、电动等工具产生的局部振动可引起操作人员的手麻、手痛、手白等病。设计时亦应采取相应防治措施。

5.4.2 现行国家标准《工业场所有害因素职业接触限值 第2部分：物理因素》GBZ 2.2—2007对工作场所手传振动职业接触限值规定见表19。

表19 工作场所手传振动职业接触限值

接振时间	等能量频率计权振动加速度（m/s²）
4h	5

注：在日接触时间不足或超过4h时，将其换算为相当于接振4h的频率计权。

现行国家标准《工业企业设计卫生标准》GBZ 1—2010对全身振动强度卫生限值和辅助用室振动强度卫生限值所作的规定如表20、表21。

表20 全身振动强度卫生限值

工作日接触时间 t（h）	卫生限值（m/s²）
4＜t≤8	0.62
2.5＜t≤4	1.10
1.0＜t≤2.5	1.40
0.5＜t≤1.0	2.40
t≤0.5	3.60

表21 辅助用室垂直或水平振动强度卫生限值

接触时间 t（h）	卫生限值（m/s²）	工效限值（m/s²）
4＜t≤8	0.31	0.098
2.5＜t≤4	0.53	0.17
1.0＜t≤2.5	0.71	0.23
0.5＜t≤1.0	1.12	0.37
t≤0.5	1.8	0.57

5.4.3 本条第6款规定对周边地段影响较大的振动设备应采取积极的隔振措施。通常采用的方法是设置隔振装置，即将隔振器放在设备的基础下或放在设备的底部。目前普遍采用的隔振器主要有金属弹簧隔振器、橡胶弹簧隔振器、空气弹簧隔振器等。

5.4.4 本条参照现行国家标准《工业企业设计卫生标准》GBZ 1—2010对振动强度卫生限值的规定，可参见本规范第5.4.2条条文说明。

5.5 电磁波辐射防护

5.5.1 电子产品（包括整机和器件），特别是大功率电子产品生产调试过程中，产生的强电磁辐射举不胜举。尤其严重的是，这些产品生产调试过程多属没有完整机壳封闭的敞开辐射。另外，在雷达整架试验场，即使是副瓣其辐射能量也是很强的。电子工业生产还需采用许多高频加热设备、介质加热设备和射频溅射设备等，操作部位辐射场强也是很强的。

电磁辐射（electromagnetic radiation）是指能量以电磁波的形式通过空间传播的现象。本规范防护电磁辐射所适用的频率范围为100kHz～300GHz。在此范围内的电磁波被划分为5个波段：

长波：指频率为100kHz～300kHz，相应波长为3km～1km范围内的电磁波。

中波：指频率为300kHz～3MHz，相应波长为1km～100m范围内的电磁波。

短波：指频率为3MHz～30MHz，相应波长为100m～10m范围内的电磁波。

超短波：指频率为30MHz～300MHz，相应波长为10m～1m范围内的电磁波。

微波：指频率为300MHz～300GHz，相应波长为1m～1mm范围内的电磁波。

100kHz～300GHz频率范围电磁辐射，属非电离辐射。其特点是：粒子性隐，波动性显。它对生物机体组织的损伤和破坏，不是由量子能量造成，而是取决于生物体内所吸收的总能量。此外，它还显现出明显的电磁特性，如生物体对电磁能量的谐振吸收和"频率窗"或"功率窗"效应等。这些均与电磁波在这频段的特性有关。一定强度的电磁辐射会对人体健康造成有害影响，如白内障、体温调节响应过荷、热伤害、行为性能改变、痉挛、耐久力下降以及神衰症候群等。因此，电子工业电磁辐射防护问题显得格外突出。有必要对其进行防护设计，采取必要的防护措施。

5.5.2 对于公众照射的控制分两种情况：

1 对于建设项目周边的居民覆盖区，应执行现行国家标准《环境电磁波卫生标准》GB 9175—88的一级标准限值规定。因为在符合一级标准的环境电磁强度下长期居住、工作、生活的一切人群（包括婴儿、孕妇和老弱病残者），均不会受到任何有害影响。

2 对于建设项目内的非电磁辐射工作区，建议执行现行国家标准《环境电磁波卫生标准》GB 9175—88的二级标准限值规定。因为在符合二级标准的环境下可建造工厂、机关，但不许建造居民住宅、学校、医院和疗养院。

现行国家标准《环境电磁波卫生标准》GB 9175—88的相关限值见表22。

表22 环境电磁波容许辐射强度分级标准

波 长	单位	容 许 场 强	
		一级	二级
长、中、短波	V/m	＜10	＜25
超短波	V/m	＜5	＜12
微波	μW/cm²	＜10	＜40
混合	V/m	按主要波段场强；若各波段场强分散，则按复合场强加权确定	

现行国家标准《工作场所有害因素职业接触限值 物理因素》GBZ 2.2—2007对职业接触的限值规定见表23～表25。

表23 工作场所高频电磁场职业接触限值

频率（MHz）	电场强度（V/m）	磁场强度（A/m）
0.1≤f≤3.0	50	5
3.0≤f≤30.0	25	—

表24 工作场所超高频辐射职业接触限值

接触时间	连续波		脉冲波	
	功率密度（mW/cm²）	电场强度（V/m）	功率密度（mW/cm²）	电场强度（V/m）
8h	0.05	14	0.025	10
4h	0.10	19	0.050	14

表25 工作场所微波辐射职业接触限值

类 型		日剂量（μW·h/cm²）	8h平均功率密度（μW/cm²）	非8h平均功率密度（μW/cm²）	短时间接触功率密度（mW/cm²）
全身辐射	连续微波	400	50	400/t	5
	脉冲微波	200	25	200/t	5
肢体局部辐射	连续微波或脉冲微波	4000	500	4000/t	5

注：t为受辐射时间，单位为h。

5.5.3 对电磁辐射屏蔽防护规定的说明如下：

1 从射频和微波辐射防护观点出发，应尽可能在设备本身采取防护措施，即局部屏蔽（包括吸收和隔离）。使工作人员操作部位的泄漏电平，降低到卫生标准容许值以下。

1)设备屏蔽壳体（包括面板在内的机箱外壳）上的孔洞和缝隙，是造成设备电磁泄漏的主要原因之一。但在实际中，这些孔洞和缝隙又往往是不可避免的，如设备的散热孔、仪器仪表的安装孔以及机壳在螺装连接处的缝隙等。因此，为了减少由机箱外壳造成电磁泄漏和辐射，应对设备壳体上的电气不连续部位采取以下增强屏蔽措施：

①对缝隙，用导电衬垫条带嵌在缝隙中，通过螺钉压紧，以保

证接缝处良好电气接触。

②对孔洞，用铜丝网蒙在洞孔上，用压圈通过螺钉压紧，以保证连接处良好电气接触。必要时还可以用波导通风孔替代铜丝网。

2）高频馈线系统的波导法兰盘连接处，是整个设备系统的主要电磁泄漏部位。因此应采用金属箔导电胶带粘在法兰盘接缝处，以改善接缝处的电气密封状况，增强屏蔽效果。

3）大功率高频加热设备的加热器，如高频加热设备的感应线圈，射频加热设备的工作刀等，往往是处在设备机箱外部并暴露空间。这些加热器也是造成设备电磁泄漏的主要原因。因此，作为辐射防护措施，应对感应线圈和工作刀采用局部屏蔽并接地，以抑制由它引起的电磁泄漏辐射。

4）微波器件热测台，也是一种强电磁辐射源，对操作人员威胁较大。由于这种热测台，需边操作边观察，因此应将整个测试台用铜丝网屏蔽罩屏蔽起来，操作人员只将手伸入屏蔽罩内进行操作。这种采用金属网钟罩式局部屏蔽，又称单机屏蔽。如磁控管测试台在没有采用局部屏蔽前，离磁控管 2m 处测得漏能为 400 $\mu W/cm^2$。采用矩形钟罩式局部屏蔽，屏蔽材料用 14 目黄铜网，骨架用 $20mm \times 20mm$ 角铁，测试台面用金属板，屏蔽罩在操作面方向设简易屏蔽门。测试结果，在靠屏蔽罩处低于卫生标准容许值。对微波器件，还可以采用吸收材料加铜丝网作局部屏蔽材料。如返波管测试台（工作波长为 3cm，平均功率约 150W），用上述材料作矩形钟罩局部屏蔽。测试结果：于管脚引线位置，屏蔽前为 $180\mu W/cm^2$，屏蔽后泄漏场强测不出。

5）当屏蔽与被屏蔽部件的距离很小时，由于两者互相抗耦合，减小了被屏蔽部件中的线圈电感分量，从而相对地增大了屏蔽体反射电阻的作用，增大了线圈的耗散因数，降低了设备的工作效率。因此，为了使屏蔽体的引入不致影响被屏蔽设备的工作效率，必须保证屏蔽体与被屏蔽部件之间有足够的间距。理论上屏蔽体的等效半径应为被屏蔽部件最大尺寸的三倍。

6）由于设备匹配没调整好或负载太轻，使射频功率只有少量被负载吸收，而大部分都以驻波形式从射频馈线系统向外辐射。因此，为了减少电磁泄漏辐射，应尽量使设备或装置在匹配状态下运行。

2 局部屏蔽的缺点是：①由于设置了屏蔽，给操作带来了不便。②若屏蔽设计不当，将会影响设备的工作效率。另外对造成环境电磁干扰噪声来说，即使将设备泄漏抑制到符合电磁辐射卫生标准，但它仍然是一个相当强的干扰噪声源。因为 12V/m 量级的场强（$40\mu W/cm^2$ 功率密度换算成场强约 12.28V/m）对 $\mu V/m$ 量级的测试设备相当于强度为 120dB（按 $10\mu V/m$ 灵敏度计量）干扰。因此，当需要保证周围环境的电磁干扰噪声低电平时应采用全室屏蔽。

5.5.5 在有源屏蔽室内，由于屏蔽壁的多次反射，将在室内形成驻波，对室内工作人员不利。因此，一方面在调试时设置假负载，减少系统的泄漏辐射；另一方面在屏蔽室内敷设吸收材料，以降低屏蔽腔体 Q 值，并对入射波起到一定吸收损耗作用。

5.5.6 操作人员屏蔽室（笼）相对地属无源屏蔽，工作人员可以在屏蔽室（笼）防护下工作。在进行简易辐射器性能测试时，为了不影响测试精度，屏蔽笼不应设置在辐射器主瓣方向。当辐射器副瓣可能照射到屏蔽笼外壁时，应采用微波吸收屏遮挡。

5.5.7 本条第 1 款所称临界区域是指在其中连续工作人员所受到的辐射照射接近卫生限值。危险区域是指在其中连续工作人员所受到的辐射照射超过卫生限值。

5.5.8 对电磁、屏蔽室的设计规定的说明如下：

1 作为降低环境电磁干扰噪声的屏蔽室，除了应屏蔽电磁辐射发射外，还应抑制电磁传导发射。其屏蔽效能应按区域范围测试的灵敏感度确定，一般都应在 80dB～100dB 量级。因此，防护电磁辐射屏蔽与降低环境电磁干扰噪声屏蔽兼容，应按较高屏蔽

性能的要求设计。

2 对高阻抗电磁波，应选用反射率大的金属材料，即材料的 $G/\mu r$ 要大。

对低阻抗磁场，应选用吸收损耗率大的金属材料，即材料的 $G/\mu r$ 要大。

作为综合考虑，应根据上述要求折中选择。目前常用的屏蔽材料为镀锌钢板、铝板、冲孔钢板、冲孔铝板、紫铜网、黄铜网和导电布等。

3、4 屏蔽室如跨建筑伸缩缝，可能对屏蔽壁产生破坏而在其上出现洞孔和缝隙，从而破坏了屏蔽壳体上的电气连续，迫使屏蔽壁上的感应电流在洞孔和缝隙处产生途径迂回，使之不能畅流，从而减弱了所产生的反相磁场，降低了屏蔽效果。故屏蔽室不得跨建筑伸缩缝。同样道理，在正常情况下不得在屏蔽体上任意设置孔洞，以保证屏蔽壳体的电气连续。

5～8 屏蔽壳体孔隙造成的电磁泄漏，主要取决于下列三个因素：

1）孔隙的最大开口尺寸；

2）场源的波阻抗；

3）场源的频率。

装设在通风口上的电磁滤波器，就是根据上述原则进行设计的。

为了切断屏蔽室与外部金属系统的电气连接，避免屏蔽室与外部系统的谐振耦合，在系统风管连接处采用了一段非金属（电气上绝缘）管。为了防止通风或空调系统振动对屏蔽室电气连接影响，这段非金属管可采用帆布软管或人造革软管。

同样道理，引入屏蔽室的气体动力管和水管，也需采取类似措施。

9 屏蔽门的电磁泄漏主要是门缝和门的把手。门缝属于活动缝隙，因此作为门缝的电气密封材料，必能经受频繁的压、折而仍能保持其弹性和良好的电气接触。至今为止，作为门缝的电气接触材料以梳形弹簧片最为合适。梳形弹簧片必须具备一定的弹性，否则不能胜任门缝的良好电气接触要求。但弹簧片的弹力也不能太大，否则给门的开、关造成困难，目前常用的弹簧片材料为锡磷青铜和铍青铜。

为了保证手柄转动均能与门扇保持良好的电气连接，应在手柄轴上装设"O"型弹簧片。

10 电源滤波器是防止电磁波通过电源线的传导耦合而造成泄漏和干扰的有效措施。它用于既防电磁干扰（EMI），又进行辐射防护的屏蔽室。

11 屏蔽接地有两重含义：一是以等位面或零电位作为接地定义。因此接地是将某个点和一个等位点或等位面间用低阻连接，以构成系统的基准电位。它可以和大地有欧姆连接，也可不同大地连接。二是以电流回路的通路作为接地定义。因此接地是给电流回路提供通路，而电流回路的路径与电磁干扰紧密相关。

为了安全，屏蔽室需要接地，即安全接地。但就屏蔽技术本身而言，对电场屏蔽需要接地，对磁场和平面屏蔽则不需接地。因此，作为综合考虑，屏蔽室是接地的。

接地对屏蔽效能有影响。对感应场，由于屏蔽体上存在有干扰感应电压，因此可以通过接地提供干扰电流通路，提高屏蔽效能。对平面波，接地线呈现的感抗很大，起不到干扰电流通路的作用；另外接地线还能与屏蔽体构成屏蔽体外部系统，产生谐振，形成天线效应，从而降低屏蔽效能。因此，必要时还应对接地线采取屏蔽措施。

接地极电阻一般应不大于 4Ω。但要取决于屏蔽室内装设的设备，应服从设备所要求的接地电阻。对特殊要求的屏蔽室，接地极电阻为 1Ω。从电磁干扰（EMI）观点。接地应力图实现单独接地和减少其阻抗。

5.6 激光辐射防护

5.6.1 激光是指波长为 200nm～1mm 之间的相干光辐射。

在电子工业中对激光的应用非常广泛。然而，激光辐射可能

对人的眼睛和皮肤造成伤害。在激光造成的伤害中，以对眼睛的伤害最为严重。波长在可见光和近红外光的激光，眼屈光介质的吸收率较低、透射率高、聚焦能力（即聚光力）强。强度高的可见或近红外光进入眼睛时可以透过人眼屈光介质，聚积于视网膜上。此时视网膜上的激光能量密度及功率密度提高到几千甚至几万倍，致使视网膜的感光细胞层温度迅速升高，以致感光细胞凝固变性坏死而失去感光的作用。激光聚于感光细胞时产生过热而引起的蛋白质凝固变性是不可逆的损伤，一旦损伤就会造成眼睛的永久失明。

激光的波长不同对眼球作用的程度不同，其后果也不同。远红外激光对眼睛的损害主要以角膜为主，这是因为这类波长的激光几乎全部被角膜吸收，所以角膜损伤最重，主要引起角膜炎和结膜炎，患者感到眼睛痛、异物样刺激、怕光、流眼泪、眼球充血、视力下降等。发生远红外光损伤时应保护伤眼，防止感染发生，对症处理。

紫外激光对眼的损伤主要是角膜和晶状体，此波段的紫外激光几乎全部被眼睛的晶状体吸收，因而可致晶状体及角膜混浊。人体皮肤由于生理结构有很敏感的触、疼、温等功能，构成一个完整的保护层。而且皮肤由多层次组织组成，在每一层中都有不同的细胞。激光照到皮肤时，受照部位的皮肤将随剂量的增大而依次出现热致红斑、水泡、凝固及热致炭化、沸腾，燃烧及热致汽化。因此激光损伤皮肤的机理主要是由激光的热作用所致。如其能量（功率）过大时可引起皮肤的损伤，当然损伤度可以由组织修复，虽然功能有所下降，但不影响整体功能结构，比对眼睛的损伤要轻得多。

鉴于激光可能对人造成上述伤害，且不同类别的激光设备对人的危害程度是不同的，故应按激光设备的类别采取相应的防护措施。

5.6.2 现行国家标准《激光产品的安全　第1部分：设备分类、要求和用户指南》GB 7247.1—2001将激光设备按其危害增大的顺序分类如下：

1类。在合理可预见的工作条件下是安全的激光器。

2类。发射波长为400nm～700nm可见光的激光器，通常可由包括眨眼反射在内的回避反应提供眼睛保护。

3A类。用裸眼观察是安全的激光器。对发射波长为400nm～700nm的激光，由包括眨眼反射在内的回避反应提供保护。对于其他波长对裸眼的危害不大于1类激光器。用光学装置（如双目镜、望远镜、显微镜）直接进行3A类的光束内视观察可能是危险的。

3B类。直接光束内视是危险的激光器。观察漫反射一般是安全的。

4类。能产生危险的漫反射的激光器。它们可能引起皮肤灼伤，也可引起火灾，使用这类激光器要特别小心。

GB 7247.1—2001还规定了每一类激光产品的可达发射极限AEL。在建设项目的设计中，应按激光设备的类别采取相应的防护措施，确保接触激光人员的眼睛、皮肤受到的照射量不超过现行国家标准《工作场所有害因素职业接触限值　物理因素》GBZ 2.2的限值规定。现行国家标准《工作场所有害因素职业接触限值　物理因素》GBZ 2.2—2007所规定的具体数据见表26和表27。

表26　眼直视激光束的职业接触限值

光谱范围	波长(nm)	照射时间(s)	照射量(J/cm²)	辐照度(W/cm²)
紫外线	200～308	10^{-9}～3×10^4	3×10^{-3}	
	309～314	10^{-9}～3×10^4	6.3×10^{-2}	
	315～400	10^{-9}～10	$0.56t^{1/4}$	1×10^{-3}
	315～400	10～10^3	1.0	
	315～400	10^3～3×10^4		
可见光	400～700	10^{-9}～1.2×10^{-5}	5×10^{-7}	
	400～700	1.2×10^{-5}～10	$2.5t^{3/4}\times10^{-3}$	$1.4C_B\times10^{-6}$
	400～700	10～10^4	$1.4C_B\times10^{-2}$	
	400～700	10^4～3×10^4		

续表26

光谱范围	波长(nm)	照射时间(s)	照射量(J/cm²)	辐照度(W/cm²)
红外线	700～1050	10^{-9}～1.2×10^{-5}	$5C_A\times10^{-7}$	
	700～1050	1.2×10^{-5}～10^3	$2.5C_At^{3/4}\times10^{-3}$	$4.44C_A\times10^{-4}$
	1050～1400	10^{-9}～3×10^{-5}	5×10^{-6}	
	1050～1400	3×10^{-5}～10^3	$12.5t^{3/4}\times10^{-3}$	
	700～1400	10^3～3×10^4		
远红外线	1400～10^6	10^{-9}～10^{-7}	0.01	
	1400～10^6	10^{-7}～10	$0.56t^{1/4}$	0.1
	1400～10^6	＞10		

注：t为照射时间。

表27　激光照射皮肤的职业接触限值

光谱范围	波长(nm)	照射时间(s)	照射量(J/cm²)	辐照度(W/cm²)
紫外线	200～400	10^{-9}～3×10^4	同表26	
可见光与红外线	400～1400	10^{-9}～3×10^{-7}	$2C_A\times10^{-2}$	0.2C_A
		10^{-7}～10	$1.1C_At^{1/4}$	
		10～3×10^4		
远红外线	1400～10^6	10^{-9}～3×10^4	同表26	

注：t为照射时间。

波长（λ）与校正因子的关系为：波长400nm～700nm，$C_A=1$；波长700nm～1050nm，$C_A=100.002(\lambda-700)$；波长1050nm～1400nm，$C_A=5$；波长400nm～550nm，$C_B=1$；波长550nm～700nm，$C_B=100.015(\lambda-550)$。

5.6.3 由于1类设备在设计上是固有安全的，即使长时间直视激光束也不会对眼睛造成伤害，故这类设备不必安置在专用房间内。其余各类设备必须防止连续直视激光束才能确保人员不受伤害，所以除1类设备外，其他各类设备应安置在专门房间或可靠的防护围封内。

5.6.6 激光室的墙面不可涂黑，应涂刷浅色且漫反射的涂料，以减少镜式反射和提高光亮。室内应光亮，以缩小人眼瞳孔。还应通风良好，以便能及时排出工作中所产生的臭氧，并使其在空气中的浓度不超过现行国家标准《工作场所有害因素职业接触限值　化学有害因素》GBZ 2.1的允许值[0.3mg/m³（最高允许浓度）]。

5.6.8 4类激光器因没有最大限值，因此是很危险的。即使是通过漫反射体无意观看到4类激光器的激光束，也可能会对眼睛造成伤害。4类激光器还会对皮肤造成伤害。因此，宜遥控操作，以避免工作人员直接进入激光工作区。

5.6.9 高能量激光加工及焊接过程中将产生烟气、臭氧等有害物质，故应在射束靶上方适当位置装设排风装置，将产生的有害气体及时排出。

5.6.10 本条规定的目的是为了防止激光器引起燃烧、爆炸等意外事故。

5.6.11 在室外作业时，作业区是敞开的，容易伤及他人，故规定此条。

5.7　紫外线辐射防护

5.7.1 紫外线（Ultraviolet radiation，UV）是波长从100nm～400nm的电磁辐射的总称。紫外线按其波长可分为三个部分：

长波紫外线（UVA）：波长为400nm～315nm，又称黑斑区。

中波紫外线（UVB）：波长为315nm～280nm，又称红斑区。

短波紫外线（UVC）：波长为280nm～100nm，又称杀菌区。

紫外线在电子工业，特别是其中的半导体、LCD（液晶显示器）等行业得到大量的应用，如光刻、固化、清洗、改质等工艺。

以LCD行业为例：

1　光刻：利用405nm～365nm波长（A波段）的紫外线光对涂有光刻胶的ITO玻璃进行一定时间的照射，使光刻胶的性能发生改变，受光部分经过显影液溶解露出ITO膜，然后用蚀刻液将露出的ITO膜蚀刻掉，从而得到与掩模版完全一致的ITO图形。

2　固化：在液晶盒的封口和固定PIN管脚的工艺中，利用波长为365nm的紫外线光照射紫外固化胶，使胶发生化学交联、聚合作用而快速固化，从而形成牢固的封口或将PIN管脚牢固地固定。

3 清洗：在液晶显示器的制造过程中，对 ITO 玻璃的洁净度要求非常高。以往的清洗技术（化学清洗和物理清洗）经常很难达到这种洁净度要求。利用一能产生波长为 254nm、185nm 的紫外灯（通常 185nm 波长光为 254nm 波长光的 20%）进行照射，可使 ITO 玻璃表面上的大多数有机化合物分解为离子、游离态原子、受激分子和中性分子。而大气中的氧气在吸收了波长为 185nm 的紫外光子后将产生臭氧 O_3 和原子氧（O）。所产生的 O_3 对 254nm 波长的紫外光具有强烈的吸收作用，在光子的作用下，臭氧又会分解为氧气和原子氧。由于原子氧极其活跃，物体表面上的碳和氢化合物的光敏分解物在它的氧化作用下化合成二氧化碳、氮气和水蒸气等可挥发性气体逸出物体表面，从而彻底清除黏附在物体表面上的有机物质。

4 改质：紫外光表面改质是在紫外光清洗的基础上演变过来的，基本原理相同但又有差别。其工作原理是利用紫外光照射有机表面，在将有机物分解的同时，254nm 波长的紫外光被物体表面吸收后，将表层的化学结构切断。而大气中的氧气在吸收了波长为 185nm 的紫外光子后产生臭氧 O_3 和原子氧（O）。产生的 O_3 对 254nm 波长的紫外光又具有强烈的吸收作用，在光子的作用下臭氧又会分解为氧气和原子氧。由于原子氧极其活跃，这些原子氧会与被切断的表层分子结合并将其变换成具有高度亲水性的官能基（如 -OH，-CHO，-COOH），从而提高表面的可湿性。由于物体表面上具有这些亲水性的官能基作为中间层，光刻胶、取向膜等材料通过这些官能基与物体表面接触，发生化学的结合反应，提高了光刻胶、取向膜等材料与物体表面的结合力。

但是，紫外线对人体健康也有一定的危害。常见的有：

1 电光性眼炎：波长 320nm～250nm 紫外线的照射，可引起角膜炎、结膜炎。刚患病时仅感到双眼有异物感和轻度不适，重的会感到烧灼、剧痛、畏光、流泪、眼睑疼挛等。如反复发病，可引起慢性睑缘炎和结膜炎。过强的紫外线还可造成眼底损伤。

2 皮肤红斑反应：紫外线照射可灼伤皮肤，受照的皮肤潮红，有痛感，严重时会形成红斑甚至水泡，几天后红斑消退，皮肤开始脱屑，并有色素沉着。

3 光感性皮炎：是指在接触某些化学物质如沥青的同时，再接受紫外线照射而发生的皮肤病变。

4 诱变和致癌作用：紫外线照射哺乳动物可引起基因突变，导致皮肤癌。波长小于 320nm 的紫外线诱发皮肤癌的可能性较大。

5 波长小于 250nm 的紫外线作用于空气中的一些物质，还可产生光化学烟雾和有毒气体。

因此，应对这些生产工艺及其工作场所采取相应的安全、卫生防护措施，确保工作场所紫外线辐射不超过现行国家标准《工作场所有害因素职业接触限值 物理因素》GBZ 2.2 的限值规定。现行国家标准《工作场所有害因素职业接触限值 物理因素》GB 2.2—2007 所规定的职业接触限值见表 28。

表 28　工作场所紫外辐射职业接触限值

紫外光谱分类	8h 职业接触限值	
	辐照度（$\mu W/cm^2$）	照射量（mJ/cm^2）
中波紫外线（315nm～280nm）	0.26	3.7
短波紫外线（280nm～100nm）	0.13	1.8
电焊弧光	0.24	3.5

5.7.2 对本条部分条款规定的说明如下：

3 由于波长小于 200nm 的短波紫外线将产生臭氧以及光化学烟雾和有毒气体，故应视具体情况对设备或工作室设局部排风或全室排风系统，将这些对人体有害的气体从室内排出。

4 焊接（电焊、气焊）与气割是现代工业生产制造及设备维修中不可缺少的一项重要加工工艺。焊接过程中，金属元素、焊药、保护气体在高温作用下会产生各种有害气体和焊接烟尘，危害职工的身体健康。同时，凡物体温度达 1200℃ 以上时，辐射光中均可产生紫外线。特别是电焊时电弧放电产生的高温达 4000℃～6000℃，必将产生对人体有害的紫外线。而紫外线又将产生臭氧、氮氧化物（NO_x）等对人体有害的气体。因此，应对焊接作业场所设置通风装置，以排出焊接烟尘及有害气体。

为避免焊接过程中所产生的紫外线对周围人群的不良影响，要求在焊接作业点设隔离屏障。隔离屏障不宜过高，且下部应留有空歇以利通风换气。

5.8　电离辐射防护

5.8.1 电离辐射（ionizing radiation）是指在辐射防护领域能在生物物质中产生离子对的辐射。在工业活动中所出现的电离辐射有 α、β、γ 射线及 X 射线等。

电子工业生产过程中有很多地方会产生电离辐射，如大功率真空开关管和工业探伤用 X 射线管在测试过程中会产生 X 射线辐射；气体放电开关管在注钴$_{60}$过程中会产生 γ 射线辐射；γ 射线探测仪在计量定标测试过程中会产生 γ 射线辐射；大功率发射管和微波功率管在高压试验时会产生软 X 射线辐射。这类以外照射为主的电离辐射是电子工业的防护重点。

长期以来，电子工业一直执行由原国家计划委员会、国家基本建设委员会、国防科学技术委员会和卫生部于 1974 年 4 月联合发布的《放射防护规定》GBJ 8—74。1983 年卫生部根据国务院规定的标准化归口管理范围和卫生部的职责范围，组织放射卫生防护标准委员会对国家标准《放射防护规定》GBJ 8—74 中有关卫生防护、医疗和人体健康等内容进行修订，形成新的国家标准《放射卫生防护基本标准》GB 4792—84，并于 1984 年发布；而由国家环保总局组织对《放射防护规定》GBJ 8—74 的其他内容，主要是放射性三废管理部分进行修订而形成《辐射防护规定》GB 8703—88，并于 1988 年发布。

1994 年由卫生部、国家环保总局和国家核安全局以及核工业总公司联合组成编制组，在全国卫生标准技术委员会放射卫生防护标准分委员会和全国核能技术标准化技术委员会辐射防护分委员会的支持和参与下，同时对《放射卫生防护基本标准》GB 4792—84 和《辐射防护规定》GB 8703—88 进行修订，以国际放射防护委员会第 60 号出版物和国际原子能机构第 115 号安全丛书为依据，编制成我国统一的放射防护基本标准《电离辐射防护与辐射源安全基本标准》GB 18871—2002，并于 2002 年发布。从而结束了《放射卫生防护基本标准》GB4792—84 和《辐射防护规定》GB 8703—88 两个基本标准共存的局面。

基于基本标准的上述形成过程，本规范建议按现行国家标准《电离辐射防护与辐射源安全基本标准》GB 18871 的规定进行电离辐射防护设计。

5.8.2 电离辐射防护与人体的生物学效应，根据其发生的程度可分为急性效应和晚期效应。全身急性照射可能产生的效应，见表 29。

表 29　急性照射效应

受照剂量（Gy）	临床症状
0～0.25	无可检出的临床症状，可能无迟发效应
0.50	血象有轻度暂时性变化（如淋巴细胞、白细胞减少），无其他可查出临床症状，但可能有迟发效应，对个体不会产生严重的效应
1.00	可产生恶心、疲劳，当受照剂量达到 1.25Gy 以上时，有 20%～25% 的人可能发生呕吐，血相会有显著变化，可能致轻度急性放射病
2.00	受照后 24h 内出现恶心和呕吐，经约一周潜伏期后，毛发脱落，产生厌食，全身虚弱与其他症状，如喉炎、腹泻等。与往身体健康或无并发感染者，短期内可望恢复
4.00（半致死剂量）	受照后几小时内发生恶心、呕吐，潜伏期约一周，二周内毛发脱落，厌食、虚弱、体温增高。第三周出现紫斑、口腔及咽部感染。第四周出现苍白、鼻血、腹泻、迅速消瘦，50% 的受照者可能死亡。存活者半年内可逐渐恢复
≥6.00（致死剂量）	受照者 1h～2h 内恶心、呕吐、腹泻，潜伏期短。第一周就出现腹泻、呕吐、口腔及咽部发炎、体温增高、迅速消瘦，第二周死亡，死亡率达 100%

晚期效应是在受照后数年出现的效应。主要指电离辐射诱发的癌症、白血病与寿命缩短等辐射损伤的生物学效应。出现在受照者后代身上的称为遗传效应。它是由于生物生殖细胞中 DNA 分子（蛋白质和脱氧核糖核酸）受到损伤，从而使遗传基因产生突变。对人来说，使人体基因自然突变增加一倍的辐射剂量在 0.1Gy～1.0Gy 之间（代表值约为 0.7Gy）。

因此，为了保障辐射工作人员和广大公众的安全健康，控制人体年剂量当量是非常必要的。

现行国家标准《电离辐射防护与辐射源安全基本标准》GB 18871—2002 对职业照射的剂量限值规定如下：

1 职业照射。

B1.1.1 剂量限值

B1.1.1.1 应对任何工作人员的职业照射水平进行控制，使之不超过下述限值：

a）由审管部门决定的连续 5 年的年平均有效剂量（但不可作任何追溯平均），20mSv；

b）任何一年中的有效剂量，50mSv；

c）眼晶体的年当量剂量，150mSv；

d）四肢（手和足）或皮肤的年当量剂量，500mSv。

B1.1.1.2 对于年龄为 16 岁～18 岁接受涉及辐射照射就业培训的徒工和年龄为 16 岁～18 岁在学习过程中需要使用放射源的学生，应控制其职业照射使之不超过下述限值：

a）年有效剂量，6mSv；

b）眼晶体的年当量剂量，50mSv；

c）四肢（手和足）或皮肤的年当量剂量，150mSv。

B1.1.2 特殊情况

在特殊情况下，可依据第 6 章 6.2.2 所规定的要求对剂量限值进行如下临时变更：

a）依照审管部门的规定，可将 B1.1.1.1 中 a）项指出的剂量平均期破例延长到 10 个连续年；并且，在此期间内，任何工作人员所接受的年平均有效剂量不应超过 20mSv，任何单一年份不应超过 50mSv；此外，当任何一个工作人员自此延长平均期开始以来所接受的剂量累计达到 100mSv 时，应对这种情况进行审查。

b）剂量限制的临时变更应遵循审管部门的规定，但任何一年内不得超过 50mSv，临时变更的期限不得超过 5 年。

2 公众照射。

B1.2.1 剂量限值

实践使公众中有关键人群组的成员所受到的平均剂量估计值不应超过下述限值：

a）年有效剂量，1mSv；

b）特殊情况下，如果 5 个连续年的年平均剂量不超过 1mSv，则某一单一年份的有效剂量可提高到 5mSv；

c）眼晶体的年当量剂量，15mSv；

d）皮肤的年当量剂量，50mSv。

注：关键人群组是指，对于一给定的辐射源和给定的照射途径，受照相当均匀、并能代表因该给定的辐射和给定的照射途径所受有效剂量或当量剂量最高的个人的一组公众成员。

3 表面污染控制水平。

工作场所的表面污染控制水平如表 30 所列。

表 30 工作场所的放射性表面污染控制水平（Bq/cm²）

表面类型		α 放射性物质		β 放射性物质
		极毒性	其他	
工作台、设备、墙壁、地面	控制区①	4	4×10	4×10
	监督区	4×10⁻¹	4	4
工作服、手套、工作鞋	控制区	4×10⁻¹	4×10⁻¹	4
	监督区	4×10⁻¹	4×10⁻¹	4
手、皮肤、内衣、工作袜		4×10⁻²	4×10⁻²	4×10⁻¹

注：①该区内的高污染子区除外。

5.8.3 电离辐射工作室位置的选择，除应考虑污染源和人口分布等因素外，还应考虑到正常运行和意外事件，使其符合关键人群组所受的剂量当量不得超过相应限值的规定。因此，在总体布局时，应有利于辐射屏蔽设计和避开人流，降低对公众的照射水平。

5.8.4 照射室布置在主厂房外部，既可避免大车间套小室布置的弊病，也可避开车间高密集人流。照射室与车间毗连，有利受照工件的运输。照射室应在多层厂房的底层或地下室，易于解决安全防护问题。辅助用房布置在与照射室邻近的非主照射方向，可使辅助工作室有良好的工作条件。

5.8.5 防护外照射可以根据现场具体情况分别采用控制照射时间、增大与辐射源的距离、设置屏蔽等三种防护方式之一，或组合采取上列防护方式。时间防护和距离防护由于易受现场条件和工艺要求等因素的影响，使其防护作用相应受到限制。因此，屏蔽体防护为最常用的有效措施。

5.8.6 固定式全室屏蔽一般按永久性建筑设计；局部屏蔽一般仅在操作部位设置屏蔽设施或移动式铅屏防护。二者的造价、屏蔽效果以及对工艺过程的影响也是不同的。故设计时应在确保相关人员所受到的辐射符合职业照射和公众照射的限值规定的前提下，本着"防护与安全的最优化"原则，兼顾工艺过程的要求来选择采用全室屏蔽或局部屏蔽。

5.8.7 电离辐射照射室属防护级别高、防护实施严的电离辐射工作场所，因此对照射室的屏蔽防护设计要求也较高。

1 为了防止射线从工作室顶部和底部向外泄漏，影响周围人员，除应对工作室四壁设置屏蔽体外，还应对其顶棚和地面设置屏蔽体。除了采用与四壁相同的屏蔽体材料外，对于地面屏蔽，可以根据工作室所处的位置综合考虑。如电离辐射工作室为平房，考虑到土壤的屏蔽作用，则地面屏蔽可以结合建筑地坪设计；若工作室设置在多层厂房底层，而该厂房设有地下室，则地面屏蔽可以综合混凝土楼或地面进行设计。观察窗采用铅玻璃，是为了保证屏蔽体在观察窗外的屏蔽性能。

2 电离辐射照射室系永久性建筑物，一旦建成后再要改造，既困难又浪费。因此，设计时应将现有的和今后可能的电离辐射源的各种照射状况及辐射强度（活度）一并考虑，以留有必要的发展余地。

3 可供作为电离辐射的防护材料很多，如土壤、岩石、混凝土、铁矿石、重晶石、铁、铅玻璃、铅、钨等均可使用。一般说来，原子序数愈大，密度越高，对射线的吸收能力也越强者，则能更有效地屏蔽射线辐射。理论上，屏蔽效果与材料密度的平方、原子序数的三次方成正比。因此在选择材料时在满足防护要求的前提下，综合考虑材料的防护性能、建造的经济性和施工方便等因素。在电子行业中，常采用薄铅板、硫酸钡、铅粉、重晶石粉、铅玻璃、混凝土等材料。

一般情况下，可以采用混凝土材料做防护层，但不宜采用砖体。因为难以保证砖缝灰浆能饱满无隙，加上机制砖质量不一，砖体均匀度参差不齐，密实性很难保证。

4 由辐射源准直器窗口射出的，经过过滤均匀整理的初级线束，即为一次射线。一次射线能量、强度较大。散、漏线与一次射线相比，在能量、强度上相差较大。因此，设计屏蔽体时，为了节约，主屏蔽体和次屏蔽体可分别处理。但对空间较小的工作室，为了设计、施工方便，往往采用等厚度屏蔽体，即均按主屏蔽体的厚度设计。

5 屏蔽体上有直通孔洞或缝隙，会造成射线泄漏。因此通常是将直通通路改成折射通路或迷宫式通路。经验表明，射线每经过一次折射，其强度约衰减 10³ 倍。

6 根据距离防护的原则，对点源辐射，受照点的照射剂量率与点源的距离平方成反比。有效防护层厚度是针对点源所在的特定范围计算的，因此必须在设计中明确标明辐射源的允许移动范围。

7 防护铅门的设计是辐射屏蔽防护的重要环节。门体上铅板的固定不得使用焊接，以免铅板受热熔化而减薄；固定铅板的螺钉应附以铅盖板，以免射线从孔隙泄漏。铅板与铅板的拼接采用搭接方式，搭接宽度应不小于15mm。铅板应覆盖面板以防止铅板碰损。为了防止产生氧化铅，在铅板表面应涂漆。门缝隙与门体有效覆盖宽度一般至少为1：10；对于高能辐射该比值应经计算后确定。

防护门设置安全联锁装置是一种辅助性安全措施。联锁回路与辐照设备的高压控制回路相连。当防护门打开时，能自动切断辐照设备的高压。

8 为了保证辐照设备正常工作，屏蔽防护室应设置单独、可靠的接地系统，辐照设备的地线与屏蔽室接地点相连接，实现一点接地。该接地属安全接地，其接地电阻应符合辐照设备的接地要求。

9 屏蔽防护室不应跨建筑伸缩缝，为的是避免其屏蔽墙体因建筑物的伸缩或不均匀沉陷而遭破坏。

10 在屏蔽室外行人来往位置设置醒目的指示灯和警戒信号，在室内同时设置蜂鸣信号、红灯警戒指示等各种声、光、电控制信号设备，是为了确保工作人员及时撤离辐射场，防止周围无关人员误入。

5.8.9 电离辐射能使空气产生电离，生成O_3、NO_x等对人体有害的气体，其比重较空气重，应考虑设置良好的下吸式通风换气设施。

5.8.10 工作条件改变，原有的屏蔽防护能力可能满足不了新的要求。故应根据新的使用条件、工作参数进行复核计算，并应在复核计算的基础上采取相应的补强措施。

5.8.11 本条为强制性条文。电子工业放射性核素用量不多，品种很少。废弃的放射源若自行处置，往往因管理不善或建筑简陋等原因极易污染或丢失，成为事故产生的潜在因素。因此，应严格按有关部门的规定处置。

5.9 工频电磁场防护

5.9.1、5.9.2 当前，工频电磁场限值规定的来源主要有下列标准：

1 现行国家标准《工业企业设计卫生标准》GBZ 1—2010规定。"产生工频电磁场的设备安装地址（位置）的选择应与居住区、学校、医院、幼儿园等保持一定距离，使上述区域电场强度最高容许接触水平控制在4kV/m以下"。

2 现行国家标准《工作场所有害因素职业接触限值　物理因素》GBZ 2.2—2007。该标准规定"8h工作场所工频电场职业接触限值为5kV/m(50Hz)"。

5.9.3 本条文意在保护作业人员的人身安全。

5.10 采光及照明

5.10.1 本条文是为了保护从业人员的眼睛卫生、人体健康、生产安全和提高劳动生产率而制定的。

洁净厂房（室）有其特殊性，其采光、照明设计还应符合现行国家标准《电子工业洁净厂房设计规范》GB 50472的规定。

5.10.2～5.10.4 这三条条文制定的目的是充分利用天然光，为作业者创造良好的光环境和节约能源。

5.10.5 公共场所是指休息室、电梯前室、走道等公众活动的地方。

5.10.6 在半导体、集成电路制造中，利用高精密度的步进或扫描式光刻机，将电路图案曝光到涂好光刻胶的晶片上的整个流程必须在黄光环境下进行，以避免意外曝光。采用单色光照明与一般的照明其视觉感是有一定差别的。因此其照度可根据工艺特点和人员操作的需要，在标准值的基础上作适当调整。

5.10.8 照明方式包括：一般照明、分区一般照明、局部照明和混合照明等；照明种类包括：正常照明、备用照明、安全照明、疏散照明、值班照明、警卫照明和障碍照明等。

照明方式和照明种类往往与职业活动中的安全和卫生相关。因此，在工程设计中根据建设项目内不同部位的具体状况，合理选择适合的照明方式及照明种类十分重要。其选择原则在现行国家标准《建筑照明设计规范》GB 50034—2004已经列出，应遵照执行。本规范不再重复规定。

5.10.9 发生火灾时将直接影响人员快速、安全疏散的地方，以及发生火灾时需继续工作的场所应设置疏散指示标志或应急照明。这些地方或场所在现行国家标准《建筑设计防火规范》GB 50016和《高层民用建筑设计防火规范》GB 50045中已明确列出。但设计时可根据实际情况本着上述原则，酌情增减应急照明的设置部位。

5.10.10 气体放电灯在工频电流下工作，将产生频闪效应。对某些视觉作业会带来不良影响，甚至引起安全事故。如工作场所中的机件以工频的倍数转动时，人眼将会误认为是静止的，由此易引发安全事故。通常将邻近的灯分接在三相，至少分接在两相可以降低频闪效应。如采用高频电子镇流器的气体放电灯，则可消除频闪效应。

5.10.11 根据CIE（国际照明委员会）标准《室内工作场所照明》S008/E—2001的规定，在长期工作或停留的室内照明光源，其显色指数(R_a)不宜低于80。但对于工业建筑部分生产场所的照明（安装高度大于6m的直接型灯具）可以例外，R_a可低于80，但最低限度必须能够辨认安全色。

5.10.14 本条根据现行国家标准《建筑照明设计标准》GB 50034—2004制定。

5.10.15 应急照明（包括备用照明、安全照明、疏散照明）电源的确定，主要与当地供电系统的可靠程度、具体建设项目的规模、连续流水生产线的要求，以及一旦中断电源在人身安全、政治、经济上所造成的损失或影响程度等有关。本规范根据现行国家标准《建筑照明设计标准》GB 50034—2004提出几种供电方式，可以根据项目情况选定。

5.10.16 用蓄电池作疏散标志的电源，能保证其可靠性。安全照明要求转换时间快，应采用电力网线路或蓄电池，而不应接自发电机组。接自电力网时，至少应和需要安全照明地点的电力设备分开。备用照明通常需要较长的持续工作时间，其电源接自电力网或发电机组为宜。

5.10.17 灯具的分类参见现行国家标准《灯具一般安全要求与试验》GB 7000.1—2002。Ⅲ类灯具是指防触电保护依靠电源电压为安全特低电压（SELV），并且不会产生高于SELV电压的灯具。

5.10.18 本条根据生产实际维护、检查的安全需要而制定。

5.11 辅助用室

5.11.1～5.11.3 本节主要根据现行国家标准《工业企业设计卫生标准》GBZ 1—2010第7章有关规定编写。由于电子工业生产中的不少工艺过程（如超大规模集成电路生产等）需在净化的环境中进行。故不同级别的洁净厂房或洁净室应用较广。对人员的洁净程度要求严。故本节根据现行国家标准《电子工业洁净厂房设计规范》GB 50472的要求，增加了与洁净工作区人身净化相关的辅助用室的设置规定。

6 职业安全卫生配套设施

6.1 职业安全卫生管理机构

6.1.1 建设项目设置职业安全卫生管理机构的主要依据是《中华人民共和国安全生产法》和《中华人民共和国职业病防治法》。

《中华人民共和国安全生产法》第十九条规定：

"矿山、建筑施工单位和危险物品的生产、经营、储存单位，应当设置安全生产管理机构或者配备专职安全生产管理人员。

前款规定以外的其他生产经营单位，从业人员超过三百人的，应当设置安全生产管理机构或者配备专职安全生产管理人员；从业人员在三百人以下的，应当配备专职或者兼职的安全生产管理人员，或者委托具有国家规定的相关专业技术资格的工程技术人员提供安全生产管理服务。

生产经营单位依照前款规定委托工程技术人员提供安全生产管理服务的，保证安全生产的责任仍由本单位负责。"

《中华人民共和国职业病防治法》第十九条规定：

"用人单位应当采取下列职业病防治管理措施：

（一）设置或者指定职业卫生管理机构或者组织，配备专职或者兼职的职业卫生专业人员，负责本单位的职业病防治工作；

……"

本规范尊重当前多数企业的做法，建议将分管安全和分管卫生的管理机构合并为一个部门——职业安全卫生管理机构。

6.1.2 职业安全卫生专职管理人员的定员数量，由于当前我国电子行业建设项目存在多种所有制、多种管理体制及管理模式，且不同类型的企业其安全卫生特征差别较大，加之随着我国经济的飞速发展以及改革开放力度的进一步加大，各种经济组织的管理体制及管理模式不断地变革，故当前尚难制定出统一的定员标准。因此，本规范建议职业安全卫生管理人员的数量宜本着胜任工作、精简编制的原则，根据建设项目的规模、安全卫生特征及管理模式等因素酌情确定。

6.1.4 一部分能对人身产生危害的危险和有害因素（如有毒有害气体及粉尘、各种辐射、噪声、振动等），往往既是"职业安全卫生"领域的治理对象，又是"环境保护"领域的治理对象。故对同一个企业而言，如集中建立一个机构对其治理工作进行统一的监督、管理，更利于对建设项目的危险和有害因素的彻底治理，而且也利于人力资源的充分利用。这种做法显然比在同一企业中分别建立"职业安全卫生管理机构"和"环境保护管理机构"分头管理更为合理。当前国外的企业就多是建立一个专门的机构（简称为EHS——Environment、Health、Safety）对企业的环境保护、职业卫生、职业安全等方面的治理工作实施统一的监督、管理。借鉴这一经验，本规范建议将"职业安全卫生管理机构"和"环境保护管理机构"合并或合署办公。

6.2 救援、医疗机构

6.2.1 本条是依据现行国家标准《工业企业设计卫生标准》GBZ 1—2010的规定而制定的。

6.2.2 电子行业建设项目是否设置、如何设置医疗卫生机构，国家、行业管理部门尚无相关规定。但为利于企业在日常运营中对突发性伤病的及时、初步处置和防疫工作、职业病防治工作的开展，本规范建议，根据建设项目职业危害的具体情况和项目周边地区社会医疗机构的布局情况，酌情设置医务室、卫生所等小型医疗卫生机构。医务室、卫生所等小型医疗卫生机构的规模应与建设项目的规模及实际需求相当。

6.2.3 《使用有毒物品作业场所劳动保护条例》（中华人民共和国国务院令 第352号）第十七条规定："……从事使用高毒物品作业的用人单位，应当配备专职的或者兼职的职业卫生医师和护士；不具备配备专职的或者兼职的职业卫生医师和护士条件的，应当与依法取得资质认证的职业卫生技术服务机构签订合同，由其提供职业卫生服务"。据此制定了本条。

从工作性质相近、充分利用资源的角度出发，本规范建议将这部分职责和为此而配备的资源与建设项目自办的医务室、卫生所合署或合并。

6.3 消防机构

6.3.1 制定本条款的依据是《中华人民共和国消防法》第二十八条。该条规定。

"下列单位应当建立专职消防队，承担本单位的火灾扑救工作：

（一）核电厂、大型发电厂、民用机场、大型港口；

（二）生产、储存易燃易爆危险物品的大型企业；

（三）储备可燃的重要物资的重要仓库、基地；

（四）第一项、第二项、第三项规定以外的火灾危害性较大、距离当地公安消防队较远的其他大型企业；

（五）距离当地公安消防队较远的列为全国重点文物保护的古建筑群的管理单位。"

对于电子工业而言，部分建设项目可能与上列条款中的（二）、（三）、（四）相关。但是，由于对这类建设项目的规模、火灾危险性的大小以及距离当地公安消防队远近等因素的界定在《中华人民共和国消防法》及其他相关规范、标准中未做出具体的规定，工程设计时对类似建设项目是否需要建立专职消防队难以掌握。故本条建议：这类建设项目是否需要建立专职消防队，应针对建设项目的具体情况结合当地消防机构的布局情况与当地公安消防部门商洽确定。

中华人民共和国国家标准

水泥工厂职业安全卫生设计规范

Code for design of safety and health of cement plant

GB 50577 - 2010

主编部门：国家建筑材料工业标准定额总站
批准部门：中华人民共和国住房和城乡建设部
施行日期：2 0 1 0 年 1 2 月 1 日

中华人民共和国住房和城乡建设部公告

第 590 号

关于发布国家标准《水泥工厂
职业安全卫生设计规范》的公告

现批准《水泥工厂职业安全卫生设计规范》为国家标准,编号为 GB 50577—2010,自 2010 年 12 月 1 日起实施。其中,第1.0.3、4.2.5、5.1.8、5.2.2、5.2.3、5.2.6、5.2.8、5.2.10、5.2.11、5.3.3(1、2、3、4、5)、5.3.10、5.4.9、5.4.11、5.5.7、6.1.12、6.2.5、6.3.10 条(款)为强制性条文,必须严格执行。

本规范由我部标准定额研究所组织中国计划出版社出版发行。

中华人民共和国住房和城乡建设部
二○一○年五月三十一日

前　言

本规范是根据原建设部《关于印发〈2007 年工程建设标准规范制订、修订计划(第二批)〉的通知》(建标〔2007〕126 号)的要求,由中国建筑材料科学研究总院、天津水泥工业设计研究院有限公司,会同安徽海螺建材设计研究院、北京凯盛建材工程有限公司等单位共同编制完成。

本规范共分 7 章和 1 个附录,主要内容有:总则、术语、基本规定、厂址选择及厂区布置、厂区安全、厂区职业卫生、劳动安全及职业卫生管理。

本规范中以黑体字标志的条文为强制性条文,必须严格执行。

本规范由住房和城乡建设部负责管理和对强制性条文的解释,国家建筑材料工业标准定额总站负责日常管理,中国建筑材料科学研究总院负责技术内容的解释。各有关单位在执行本规范过程中,请结合工程实际,注意积累资料,总结经验,如发现需要修改

和补充之处,请将意见和有关资料寄交中国建筑材料科学研究总院(地址:北京市朝阳区管庄东里 1 号院西楼,邮政编码:100024,E-mail:hejie@cbmamail.com.cn),以供今后修订时参考。

本规范主编单位、参编单位、主要起草人和主要审查人:
主 编 单 位:中国建筑材料科学研究总院
　　　　　　天津水泥工业设计研究院有限公司
参 编 单 位:安徽海螺建材设计研究院
　　　　　　北京凯盛建材工程有限公司
主要起草人:何　捷　徐　晖　萧　瑛　吴　涛　聂　卿
　　　　　　陈　鹏　张长乐　岳润清　谢大川
主要审查人:狄东仁　孔祥忠　陆秉权　施敬林　芮祚华
　　　　　　余学飞　吴东业　兰明章　熊运贵　章昌顺

目　　次

Contents

1 总　　则

1.0.1 为贯彻《中华人民共和国劳动法》、《建设项目(工程)劳动安全卫生监察规定》和国家有关改善劳动条件、加强劳动保护规定,保证水泥工厂的设计符合劳动卫生要求,控制各类职业危害因素,保障职工的安全与身体健康,制定本规范。

1.0.2 本规范适用于水泥工厂新建、改建和扩建生产线工程设计中的劳动安全、职业卫生设计。

1.0.3 劳动安全、职业卫生设施必须与主体工程同时设计、同时施工、同时投入使用。

1.0.4 水泥工厂劳动安全、职业卫生设计应贯彻"安全第一、预防为主"的原则,应做到技术先进、设施可靠、经济合理,从源头控制职业健康风险。

1.0.5 进行废物协同处置的水泥工厂,劳动安全、职业卫生设计应符合国家和地方现行的有关标准和规定。其废物的储存、预处理、处置废物系统等,应根据安全生产的需要,采取相应预防措施,满足安全生产和职业卫生的要求。

1.0.6 水泥工厂的劳动安全、职业卫生设计除应符合本规范外,尚应符合国家有关标准的规定。

2 术　　语

2.0.1 辅助用室　auxiliary rooms

为保障水泥工厂生产、劳动安全与职业卫生所配备的场所。

2.0.2 劳动安全　labour safety

在生产过程中免除了不可接受的损害风险的状态。

2.0.3 职业卫生　occupational health

生产过程中对有毒、有害物质危害职工身体健康或者引起职业病发生的防范措施。

3 基 本 规 定

3.0.1 水泥工厂的工程设计应在提高机械化和自动化的基础上,降低职工的劳动强度,对生产过程中各项不安全、危险有害因素应遵循消除、替代、隔离、防护等基本原则,采取改善劳动条件、实行文明安全生产的措施。

3.0.2 水泥工厂的工程设计应对拟建项目的劳动安全、职业卫生做出论证,并应提交职业健康安全专篇报告。

3.0.3 施工图设计阶段应结合初步设计审查中通过的劳动安全、职业卫生方面的审查意见,落实有关劳动安全、职业卫生的内容。有重大的方案变动时,应征得主管审批部门的同意。

3.0.4 劳动安全、职业卫生设施的设置应符合下列规定:

    1 应设置防尘、防毒、防暑、防湿、防寒、防噪声等设施。

    2 应设置防火、防爆、防电、防雷、防坠落、防机械伤害等设施。

    3 应设置监测装置和设施、安全教育设施以及事故应急设施。

4 厂址选择及厂区布置

4.1 厂 址 选 择

4.1.1 水泥工厂厂址选择应结合水泥生产过程的安全卫生特点,有害因素危害状况,建设地点的环境、水文、地质、气象以及人群职业健康等因素,进行综合分析确定。

4.1.2 水泥工厂选择建设地点宜避开地震断裂带、地下采空区和自然疫源地。

4.1.3 水泥工厂选址应根据风向频率及地形等因素确定。季风区水泥工厂应布置在城镇和居住区最小风频方向的上风向;主导风向区的水泥工厂应布置在主导风向的下风向。同时应根据地域特点,权衡最小风频、污染风频和污染系数关系选择厂址。

4.1.4 水泥工厂厂区位于洪水或山洪威胁地段时,防洪标准应符合现行国家标准《水泥工厂设计规范》GB 50295 的有关规定。

4.1.5 水泥工厂与周边的城镇和居民区之间的卫生防护距离,应符合现行国家标准《水泥厂卫生防护距离标准》GB 18068 及环境影响评价报告的有关规定。

4.2 厂区布置的劳动安全、职业卫生要求

4.2.1 水泥工厂的生产区、生活区、生活饮用水源、生产和生活排水排放口位置、堆场以及各类卫生防护、辅助用室等工程用地,应根据规模、生产流程、交通运输、环境保护、劳动安全、职业卫生要求等,结合场地自然条件合理布局。

4.2.2 水泥工厂总平面的分区应按厂前区内设置行政办公设施和生活福利设施,生产区内布置生产车间和辅助生产设施的原则处理。厂前区内应划定紧急集合区,生产区内除值班室、存衣室、

盥洗室外,不宜设置非生产设施。

4.2.3 水泥工厂的总平面布置,在满足主体工程需要的前提下,应将污染危害严重的设施远离非污染设施。

4.2.4 生产区宜选在大气污染物本底浓度低和扩散条件好的地段,并宜布置在当地夏季最小频率风向的上风侧,厂前区和生活区宜布置在当地最小频率风向的下风侧。

4.2.5 在布置预处置危险废物车间时,必须同步设计相应的事故防范、应急和救援设施。

4.2.6 厂房建筑方位应保证室内有良好的自然通风和自然采光。

4.2.7 噪声与振动较大的生产设备安置在多层厂房内时,应将其安装在多层厂房的底层,或采取减振措施。

4.2.8 煤粉制备车间宜采用独立布置的方式。

4.2.9 污水处理设施宜布置在厂区的一侧和主导风向的下风向。

4.2.10 选用地表水作为供水水源时,水质应符合现行国家标准《地表水环境质量标准》GB 3838 的有关规定。选用地下水作为供水水源时,水质应符合现行国家标准《地下水质量标准》GB/T 14848 的有关规定。厂区内生活饮用水水质应符合现行国家标准《生活饮用水卫生标准》GB 5749 的有关规定。

5 厂区安全

5.1 厂区道路安全

5.1.1 厂内道路设计应根据水泥工艺流程、年产量,合理地组织车流、人流,并应保证运输、装卸作业安全条件。

5.1.2 大、中型工厂宜分别设置人流出入口和货流出入口。厂区内人流、货流比较集中的主干道,宜沿干道设置人行道。

5.1.3 厂内建筑物(或构筑物)、设备和绿化物等不得妨碍驾车行驶视线和行人行走时的视线,并严禁侵入铁路线路和道路的安全限界。

5.1.4 铁路专用线不宜在工厂生产区域及居民之间穿越,如必须穿越时,应根据人流、车流数量,设置看守道口或立体交叉。

5.1.5 跨越道路上空架设管线的净高不得小于 5m。

5.1.6 跨越主干道路上空的建筑物(或构筑物)距路面的净高不得小于 4.5m。

5.1.7 厂内道路的转弯半径应便于车辆通行,主、次干道的纵坡不宜大于 8%,经常运送易燃、易爆危险物品专用道路的纵坡不宜大于 6%。

5.1.8 厂内道路必须设置交通安全警示标志。

5.1.9 交通标志的位置、形式、尺寸、颜色等应符合现行国家标准《道路交通标志和标线》GB 5768 的有关规定。

5.1.10 路面宽度为 9m 以上的道路应划中心线,并应实行分道行车。

5.2 生产和设备安全

5.2.1 水泥工厂使用的起重、装卸机械应配备制动器、限位器、指

示器和安全防护装置。

5.2.2 水泥生产线多台联锁遥控、程控的生产设备,必须设置机旁锁定开停机的按钮、中控和现场操作切换的开关。控制系统应设置互锁保护装置。

5.2.3 磨机等生产设备的机旁控制装置应布置在操作人员能看到整个设备动作的位置,机旁开关应能强制分断与隔离主电路,并应具有锁定装置及开关位置标志。现场必须设有预示开车的声光信号装置。

5.2.4 操作室应保证人员操作的安全、方便和舒适。不得使用高温条件下释放有毒气体的材料,门窗透光部分应采用透明易清洗的安全材料。

5.2.5 配电室和控制室不应有与其无关的管道通过。

5.2.6 表面温度超过 50℃ 的设备和管道,必须在人员容易接触到的位置,采取防护措施,并应设置安全标志。

5.2.7 生产设备应保证操作点和操作区域有足够的照度,并应符合现行国家标准《建筑照明设计标准》GB 50034 的有关规定。

5.2.8 各种机械传动装置的外露部分必须配置防护罩或防护网等安全防护装置,露出的轴承必须加护盖。

5.2.9 原料应按其品种、特性分类堆放,散装物料应根据其性质确定堆放安全高度。

5.2.10 袋装水泥码垛高度,机械装卸时严禁高于 5m,人工装卸时严禁高于 2m。

5.2.11 生产设备易发生危险的部位必须设置安全标志。

5.3 建筑安全

5.3.1 水泥工厂厂房的最低层高不应低于 2.5m。

5.3.2 厂房安全出口和通道应符合现行国家标准《建筑设计防火规范》GB 50016 的有关规定。

5.3.3 工作平台临空部分应设置安全护栏,安全护栏应符合下列规定:

1 平台高度为 15m 及以上时,护栏高度不应低于 1.2m。

2 平台高度低于 15m 时,护栏高度不应低于 1.05m。

3 预热器塔架的护栏高度不应低于 1.2m。

4 设置于屋面及库顶上的护栏高度不应低于 1.2m。

5 平台面以上 0.15m 内的护栏应为网状护栏。

6 护栏应有足够的刚度和强度,并应在栏杆中部加设防护网。

7 室外护栏的底部应采用网格不大于 50mm 的网状护栏。

5.3.4 距离平面 2m 以上的操作设备或阀门操作点,应设置固定式工作平台。采用钢平台时,应符合现行国家标准《机械安全 进入机械的固定设施 第 2 部分:工作平台和通道》GB 17888.2 的有关规定。

5.3.5 楼梯及通道的设计应符合下列规定:

1 楼梯的一个梯段高度不宜超过 4.5m,楼梯休息平台的宽度应大于楼梯 0.20m。

2 钢直梯和钢斜梯的设置应符合现行国家标准《机械安全 进入机械的固定设施 第 1 部分:进入两级平面之间的固定设施的选择》GB 17888.1、《机械安全 进入机械的固定设施 第 3 部分:楼梯、阶梯和护栏》GB 17888.3 和《机械安全 进入机械的固定设施 第 4 部分:固定式直梯》GB 17888.4 的有关规定。

3 通道、斜梯的宽度不宜小于 0.8m,直梯的宽度不宜小于 0.6m。

4 常用斜梯的倾角不宜大于 45°;不常用斜梯的倾角宜小于 60°。

5.3.6 天桥、通道、斜梯踏板和平台应采取防滑措施。

5.3.7 生料磨、水泥磨等车间的地面应平整,并应易于清理。

5.3.8 装卸场地和堆场应保证装卸人员、装卸机械和车辆的活动范围和安全距离,主要通道的宽度不得小于 3.5m。

5.3.9 设在平面2m以上的捅料孔及取样和检查点，宜根据风向等条件设置平台、逃生通道等安全设施。

5.3.10 各种物料筒仓的顶部应设置可锁人孔门，在直径15m以上筒仓的下部应同时设置可锁人孔门。

5.3.11 在楼面供垂直运输及服务于检修用的孔洞，应在孔洞周围加设带门的防护栏或增加可靠稳固的盖板。

5.3.12 车间内的坑洞、沟道，应设置与地面相平的盖板或加设栏杆；除排水检查井及道路上的坑、洞外，车间外部的电缆隧道、暖气沟等坑洞及沟道入口的顶部边缘应高出地面0.15m以上。

5.3.13 照明应符合现行国家标准《建筑照明设计标准》GB 50034的有关规定。

5.4 防火、防爆

5.4.1 主要生产厂房、储库及辅助建筑的防火设计，应符合现行国家标准《建筑设计防火规范》GB 50016的有关规定。

5.4.2 主要生产车间及辅助车间生产火灾危险性类别应按表5.4.2执行。

表5.4.2 主要生产车间及辅助车间生产火灾危险性类别

序号	厂房名称	生产火灾危险性类别	备注
1	破碎车间（石灰石、黏土、混合材、石膏）	戊	—
2	原料粉磨车间	戊	—
3	烧成、烘干车间	丁	燃油时为丙类，燃气时为乙类
4	原料配料车间	戊	—
5	水泥粉磨车间	戊	—
6	水泥包装车间	戊	—
7	煤粉制备车间	乙	—

续表5.4.2

序号	厂房名称	生产火灾危险性类别	备注
8	煤破碎车间	丙	—
9	熟料破碎车间	丁	—
10	物料输送（石灰石、黏土、铁粉、石膏、混合材）	戊	—
11	原煤输送	丙	煤粉输送时为乙类
12	熟料输送	戊	—
13	原料储存库（石灰石、黏土、混合材、铁粉）	戊	—
14	石灰石、黏土、预均化库（原料、辅助原料）	戊	—
15	煤预均化库	丙	—
16	熟料储存库	丁	—
17	原料联合储库（石灰石、黏土、铁粉）	戊	—
18	原料联合储库（熟料、混合材、煤）	丁	煤堆存为丙类生产厂房
19	水泥储存库	戊	—
20	水泥成品堆存库	戊	—
21	纸袋库	丙	—
22	压缩空气站	丁	—
23	机电修理工段	戊	—
24	热处理、铆、煅、焊工段	丁	—
25	锅炉房	丙、丁	锅炉房中油箱泵油加热器间属丙类生产厂房
26	配电站变电所	丙	配电站每台设备充油量≤60kg时为丁类生产厂房
27	计算机房及中央控制室	丙	—
28	化验室	丙	—

续表5.4.2

序号	厂房名称	生产火灾危险性类别	备注
29	大型备品备件库	戊、丁	机械备品备件库为丁类
30	综合材料库	丙、丁、戊	油漆油脂类为丙类，机械材料类为戊类
31	耐火砖库	戊	—
32	油库（汽油罐装）、加油站	甲	—
33	油库（润滑油、原油、重油）	丙	—
34	电石库、乙炔瓶库	甲	—
35	氧气瓶库	乙	—
36	危险废弃物储库	甲	—

5.4.3 消防车道与厂区道路的设计可合并，并应符合下列规定：

　　1 消防车道应与厂区道路连通，且连通距离应短捷。

　　2 消防车道应避免与铁路平交。当必须平交时，应设置备用车道；两车道之间的距离，不应小于进入厂内最长列车的长度。

　　3 消防车道的宽度不小于4m。

5.4.4 装卸场地和堆场宜根据需要设置消防和防护设施。

5.4.5 加油站设计应符合现行国家标准《汽车加油加气站设计与施工规范》GB 50156的有关规定。

5.4.6 有爆炸危险的甲、乙类物品仓库应为单层建筑物。有爆炸危险的甲、乙类厂房宜采用易于泄压的门、窗和轻质墙体及屋盖，泄压面积与厂房体积之比值宜采用0.05～0.22。厂房体积超过1000m³时，泄压面积与厂房体积之比值不应小于0.03。

5.4.7 煤粉制备车间内不应设置与生产无关的附属房间。当附属房间靠近煤粉制备车间修建时，中间应加设防火墙。

5.4.8 煤粉仓的锥体斜度应大于70°。

5.4.9 煤粉仓应设置一氧化碳和温度监测仪表及报警、灭火设施。

5.4.10 煤粉制备系统应设置防爆装置，并应符合下列规定：

　　1 防爆阀应布置在需要保护的设备附近，并应布置在便于检查和维修的管段上。

　　2 防爆阀的布置应避免爆炸后的喷出物喷向电气控制室的门、窗、电缆桥架，且不应喷向车间内其他电气设备、楼梯口和主要通道。

　　3 煤磨系统防爆阀设计应符合现行国家标准《水泥工厂设计规范》GB 50295的有关规定。

5.4.11 煤粉制备车间的煤磨和煤粉仓旁，应设置干粉灭火装置和消防给水装置；煤磨收尘器入口处及煤粉仓应设置气体灭火装置；煤预均化库必须在消防安全门的外墙上设置消防给水装置。

5.4.12 电缆桥架、墙壁死角等处应采取防止煤粉积存的措施。

5.4.13 煤粉制备车间的所有设备和管道均应可靠接地。

5.4.14 窑尾收尘器和煤磨收尘器气体进口处应设置一氧化碳监测报警装置。

5.4.15 锅炉房设计应符合现行国家标准《锅炉房设计规范》GB 50041的有关规定。

5.4.16 压力容器设计应符合压力容器安全技术监察规程，压力管道设计应符合压力管道安全管理与监察规定。

5.4.17 油浸电力变压器室应设置滞油、储油及灭火防爆设施。

5.4.18 易燃易爆设备、容器和管道，应设置仪表、信号、超限报警、防爆泄压等保护、控制装置，并应采取消除静电的措施。

5.4.19 水泥工厂消防用水量、管道布置和消火栓的设置，应符合现行国家标准《建筑设计防火规范》GB 50016的有关规定。

5.4.20 中央控制室、计算机机房和仪表间的消防，应设置火灾自动报警系统及全自动灭火装置，并宜采用二氧化碳或其他气体灭火设施。

5.4.21 包装纸袋库应设置室内给水消火栓。

5.4.22 5个以上车位的汽车库应设置室内给水消火栓，消防水量应符合现行国家标准《汽车库、修车库、停车场设计防火规范》GB 50067 的有关规定。

5.5 防电伤

5.5.1 设置于露天或多尘、潮湿场所的电机、电器以及人员容易接触到的电机、电器,应选用相应防护等级的设备。

5.5.2 设置于易燃、易爆场所的电机、电器,应按火灾和爆炸危险的不同,分别选用密闭型、防水防尘型及防爆型设备。

5.5.3 电器设计中应设置联锁装置,6kV～35kV 高压开关柜应具有防止误分、合断路器,防止带负荷分、合隔离开关,防止带电挂(合)接地线(或接地开关),防止带地线(或接地开关)合断路器(或隔离开关),以及防止误入带电间隔的功能。

5.5.4 电机、电器设备应设置电气保护装置,其电流、电压、短路容量均应满足工作条件的要求。电气设备及线路设计,均应达到相应的绝缘水平。

5.5.5 变、配电站(或变、配电所)内及生产车间的电气保护设备、盘箱、裸母线以及室外架空线路等,与建筑物(或构筑物)之间以及对地的安全距离、安全防护围栅的设置,应符合现行国家标准《国家电气设备安全技术规范》GB 19517 的有关规定,并应设置安全标志。

5.5.6 设备检修用手持电灯的工作电压,在一般场所不应超过36V;在潮湿场所和在能导电的设备或容器内不应超过 12V;在水中使用不应超过 12V。

5.5.7 在装设手持电器插座的供电回路上应设置漏电保护装置。

5.5.8 电机、变压器、电器设备及电器盘箱等的金属外壳和盘箱底脚,应可靠接地。

5.5.9 用于防止直接接触的电气设备的外壳等保护部件,应只允许用工具拆卸或打开。

5.5.10 电气设备上应采取专门安全技术手段使静电无危害或释放。

5.6 防雷

5.6.1 110kV 及以下变、配电所(或配电站)的室内配电装置、线路终端杆至配电装置的线路,以及建筑物(或构筑物)和架空进出线等防雷保护及接地,均应设置直击雷和雷电侵入波的过电压保护。

5.6.2 建筑物(或构筑物)、露天装设的高空设备、管道均应根据不同的防雷等级,分别设置避雷针、避雷带或避雷网。

5.6.3 35kV～110kV 带有避雷线的架空送电线路,避雷线对边导线的保护角及杆塔接地等,应符合国家现行标准《架空送电线路基础设计技术规定》DL/T 5219 和《架空送电线路杆塔结构设计技术规定》DL/T 5154 的有关规定。

5.6.4 保护接地的接地电阻值及接地板、接地干线截面应符合现行国家标准《电气装置安装工程 接地装置施工及验收规范》GB 50169 的有关规定。

5.6.5 交流电气设备的接地,应利用埋设在地下但不输送可燃或爆炸物质的金属管道,金属井管和水工建筑物的金属管(或金属桩)、与大地有可靠连接的建筑物的金属结构等自然接地体。

5.6.6 高土壤电阻率地区应采取外引接地、土壤置换或在土壤中掺加降阻剂等方式降低土壤电阻率。

6 厂区职业卫生

6.1 通风、防尘、防毒、防辐射

6.1.1 车间空气中水泥粉尘、煤尘和其他粉尘的浓度,应符合国家有关工作场所有害因素职业接触限值的规定。

6.1.2 危险废物处置车间中有毒物质容许浓度,应符合国家有关工作场所有害因素职业接触限值的规定。

6.1.3 存放粉状散料的生产设备,应采用自动加料、自动卸料和密闭、负压操作方式,并应设置净化装置或能与净化系统联结的接口,应保证工作场所和排放的粉尘浓度符合现行国家标准《水泥工业大气污染物排放标准》GB 4915 和有关工作场所有害因素职业接触限值的规定。

6.1.4 防尘设计应结合生产工艺,采取综合预防和治理措施,降低物料落差,增湿扬尘物料,并通过通风除尘,使扬尘点形成局部负压。

6.1.5 扬尘点局部吸尘罩的设计应定位置适宜、罩型正确、风量及风速适中,并应确保高效捕集。

6.1.6 生产车间的控制室均应采取防尘措施。

6.1.7 厂区应配备洒水车。

6.1.8 总降压变电站、配电站或电力室的高压开关柜室及电容器室、乙炔气库等辅助生产厂房,应采取通风措施,并应设置事故排风装置。事故排风装置可与经常使用的排热系统合用,但应保证在发生事故时能提供足够的排风量。

6.1.9 产生有害气体的辅助生产车间应设置机械排风系统。

6.1.10 事故排风机开关应设置在室内、外便于操作的位置。

6.1.11 事故排风装置宜选用轴流风机或离心风机。风机应设置在有害气体或有爆炸危险物质散发量最大的地点,并应根据具体情况选用防爆型或防腐型风机,同时应采取防止气流短路的措施。

6.1.12 处置、使用酸碱或其他腐蚀性物质、危险废物的车间或场所,必须设置中和溶液和冲洗皮肤、眼睛的供水设施。

6.1.13 生产工艺过程有可能产生微波或高频电磁场的设备应采取防止电磁辐射泄漏的措施。

6.1.14 产生非电离辐射的设备应采取屏蔽措施。

6.2 防噪声、防振动

6.2.1 在磨机、空气压缩机和大型风机周围 50m 的范围内,不应设置行政办公楼、居住建筑等民用建筑。

6.2.2 振幅、功率大的设备应设计减振基础。罗茨风机进出风管及旁路管道应装消声器,空气压缩机的进风管口应装消声器。

6.2.3 设备选型宜采用低噪声的设备。

6.2.4 破碎机、磨机、风机、空气压缩机等生产设备,应在设计中采取噪声防治措施,宜采取壳体噪声隔离或建筑噪声隔离等措施。

6.2.5 在原料粉磨、熟料烧成、煤粉制备、水泥粉磨、水泥包装及各类破碎等生产车间设置的值班室应为隔声室。

6.2.6 值班室、控制室等工作场所的接触噪声声级、生产性噪声传播至非噪声作业地点的噪声声级应符合国家现行有关工业企业设计卫生标准的规定。

6.3 采暖通风与空气调节

6.3.1 控制室等建筑应具有防御外界有害因素的性能。其工作环境温度低于−5℃或高于 35℃时,应配置空调装置或安全的采暖、降温装置。

6.3.2 水泥工厂的高温作业场所应充分利用热压,合理规划气流,并应以自然通风方式排热为主。

6.3.3 采用自然通风的建筑物以及车间内经常有人作业的场所,

夏季空气温度应符合国家现行有关工业企业设计卫生标准的规定。当自然通风达不到规定要求时,应设置机械通风系统。

6.3.4 当作业地点温度高于37℃时应采取局部降温和综合防暑措施。

6.3.5 地坑、地下胶带输送机走廊等生产厂房,宜采用自然通风消除余热。当自然通风达不到卫生条件和生产要求时,应采用机械通风。压缩空气站应采用机械通风。

6.3.6 窑头操作平台及炎热地区的机修、电修车间内宜设置移动式通风机组。

6.3.7 炎热地区的包装车间的职工插袋操作地点宜设置局部过滤送风装置。

6.3.8 有防寒、防冻要求地区的控制室、值班室、辅助生产建筑、办公楼、食堂、浴室、宿舍等建筑,应设置采暖系统。

6.3.9 位于严寒或寒冷地区的生产厂房及辅助生产用室,在非工作时间内或设施中断使用过程中,宜设不低于5℃的值班采暖。

6.3.10 水泥工厂储存或生产过程中产生易燃、易爆气体或物料的场所,严禁采用明火采暖。当采用电暖气采暖时,电暖气的电器元件必须满足防爆要求。

6.3.11 集中空气调节系统送风、回风总管,以及新风系统的送风管道上,应设置防火装置。所有风道及保温材料均应采用非燃烧材料或难燃烧材料。

6.3.12 厂内建筑物冬季采暖室内计算温度,宜按本规范附录A计算。

6.4 辅助用室

6.4.1 水泥工厂的生产、生活卫生用室设计,应符合国家现行有关工业企业设计卫生标准的规定,并应保证主要人员活动区域200m范围内设有卫生间。在袋装水泥发运、原料卸料堆场等人员集中区域,应就近安排卫生间,并应设置导向路标。

6.4.2 厂区浴室、盥洗室的容量设计应按最大班职工总数的93%计算。

6.4.3 存衣室的设计计算人数,应按在册职工总数计算,每个衣柜的使用容积不应小于0.5m³。

6.4.4 食堂的设置宜符合下列规定:
   1 厂区食堂宜设置于厂前区。食堂内应设置洗手、洗碗、热饭设备。厨房的布置应防止生熟食品的交叉污染,并应采取良好的通风、排气装置和防尘、防蝇、防鼠措施。
   2 食堂建筑面积宜按最大班职工总数的70%一次进餐、每人占地1.5m²计算,其中餐厅面积宜为建筑面积的50%~55%计算。

7 劳动安全及职业卫生管理

7.1 劳动安全及职业卫生管理机构的设置

7.1.1 水泥工厂应设置劳动安全、职业卫生管理机构。

7.1.2 水泥工厂应建立职业病危害管理档案。档案存放应满足防雨、防潮、防晒、防虫蛀等条件。

7.1.3 水泥工厂应建立发生安全事故的现场应急救援预案制度,并应保证有效实施。应急救援设施的存放应便于取用。

7.1.4 水泥工厂应配备专职或兼职的劳动安全、职业卫生管理人员,劳动安全、职业卫生设施应设专人管理与维护。

7.2 劳动安全及职业卫生设施配备

7.2.1 水泥工厂应为劳动者免费提供劳动防护用品。

7.2.2 水泥工厂宜设置劳动安全、职业卫生的检测机构,并应配备必要的仪器设备及检测人员。检测机构可单独设置或与环境保护检测机构合并设置。

7.2.3 检测机构配备的检测设备和仪器,应有国家资质认可的计量检定部门颁发的检定合格证书。

7.2.4 水泥工厂应提供检测设备正常工作所需的环境条件。

附录 A 冬季采暖室内计算温度

表A 冬季采暖室内计算温度(℃)

序号	建筑物名称	采暖室内计算温度
1	各控制室、值班室	18~20
2	化验室:1)成型室、养护室 2)其他房间	20 18
3	小磨房	16~18
4	汽车加油站	18
5	压缩空气站	5~8
6	包装袋加工车间	16
7	材料库库房(暖库)	10
8	内燃机发电机房	10
9	各类汽车库、机车库	5~8
10	汽车保养车间	14~16
11	机械修理各工段	12~16
12	建筑、管道、电气、环保维修工段	14
13	氧气、乙炔气瓶库	10
14	升压泵站	10
15	循环水泵站	10
16	污水泵站	10
17	给水处理及污水处理间	10
18	生活锅炉房:1)水处理间 2)锅炉间、除尘间	12~14 5~8

本规范用词说明

1 为便于在执行本规范条文时区别对待,对要求严格程度不同的用词说明如下:

　　1)表示很严格,非这样做不可的:
　　　　正面词采用"必须",反面词采用"严禁";

　　2)表示严格,在正常情况下均应这样做的:
　　　　正面词采用"应",反面词采用"不应"或"不得";

　　3)表示允许稍有选择,在条件许可时首先应这样做的:
　　　　正面词采用"宜",反面词采用"不宜";

　　4)表示有选择,在一定条件下可以这样做的,采用"可"。

2 条文中指明应按其他有关标准执行的写法为:"应符合……的规定"或"应按……执行"。

引用标准名录

《建筑设计防火规范》GB 50016
《建筑照明设计标准》GB 50034
《锅炉房设计规范》GB 50041
《汽车库、修车库、停车场设计防火规范》GB 50067
《汽车加油加气站设计与施工规范》GB 50156
《电气装置安装工程 接地装置施工及验收规范》GB 50169
《水泥工厂设计规范》GB 50295
《地表水环境质量标准》GB 3838
《水泥工业大气污染物排放标准》GB 4915
《生活饮用水卫生标准》GB 5749
《道路交通标志和标线》GB 5768
《地下水质量标准》GB/T 14848
《机械安全 进入机械的固定设施 第1部分:进入两级平面之间的固定设施的选择》GB 17888.1
《机械安全 进入机械的固定设施 第2部分:工作平台和通道》GB 17888.2
《机械安全 进入机械的固定设施 第3部分:楼梯、阶梯和护栏》GB 17888.3
《机械安全 进入机械的固定设施 第4部分:固定式直梯》GB 17888.4
《水泥厂卫生防护距离标准》GB 18068
《国家电气设备安全技术规范》GB 19517
《电力工业锅炉压力容器监察规程》DL 612
《架空送电线路杆塔结构设计技术规定》DL/T 5154
《架空送电线路基础设计技术规定》DL/T 5219

中华人民共和国国家标准

水泥工厂职业安全卫生设计规范

GB 50577 - 2010

条 文 说 明

制 定 说 明

本规范制定过程中,编制组对水泥工厂职业安全卫生设计进行了大量、详尽的调查研究,总结了我国水泥行业职业安全卫生的工程实践经验,同时参考了国外先进的技术法规、技术标准,取得了第一手的重要技术数据,为规范的编制奠定了坚实的基础。

为便于广大设计、施工、科研等单位相关人员在使用本规范时能正确理解和执行条文规定,《水泥工厂职业安全卫生设计规范》编制组按章、节、条、款一一对应的排序,编制了本规范的条文说明,对条文规定的目的、依据以及执行中需注意的有关事项进行了补充说明,还着重对强制性条文的强制性理由做了解释。但是,本条文说明不具备与标准正文同等的法律效力,仅供使用者作为理解和把握标准规定的参考。

目　次

3

1 总 则

1.0.1 本条明确了制定本规范的目的和依据,期望通过强化水泥工厂设计过程控制,达到加强劳动保护,保证水泥工厂建设项目的设计符合劳动卫生要求,保障职工的职业安全与身体健康。

1.0.3 《中华人民共和国安全生产法》第二十四条明确规定:"生产经营单位新建、改建、扩建工程项目(以下统称建设项目)的安全设施,必须与主体工程同时设计、同时施工、同时投入生产和使用",也就是安全"三同时"的原则。水泥工厂劳动安全、职业卫生设计必须贯彻该项规定。

1.0.4 本条规定在设计过程中必须贯彻"安全第一、预防为主"的原则,将整体预防的思想运用于设计中,减少可能的风险,以达到从源头控制职业健康风险。"安全第一、预防为主"是《中华人民共和国安全生产法》明确提出的安全生产管理应坚持的方针。

1.0.5 利用水泥窑进行废物的协同处置是目前国内外较为先进的处置废物的方式,具有投资少、不易产生二次污染等优点,多在水泥工厂改建、扩建时实施。但是,由于处置废物,特别是处置危险废物的过程中,存在诸多的劳动安全、职业卫生问题,因此在设计过程中必须贯彻国家和地方现行法律法规和标准的要求,从源头进行控制。

1.0.6 水泥工厂的职业健康卫生设计,在执行国家有关法规、标准外,对地方有特殊要求的内容,应参照当地政府的有关规定,按更严格的标准执行。

2 术 语

2.0.1 辅助用室根据水泥工厂生产特点、实际需要和使用方便的原则设置,应避开有害物质、病原体、高温等有害因素的影响。辅助用室一般包括工作场所办公室、生产卫生室(含浴室、存衣室、盥洗室、洗衣房)、生活室(含休息室、食堂、厕所)和妇女卫生室。

2.0.2 安全是主体没有危险的客观状态,没有危险是安全的特有属性。这种状态是不依人的主观意志为转移的,因而是客观的,不是一种实体性存在,而是一种属性。当安全依附于人的劳动时,那么便是"劳动安全",人的劳动是承载安全的实体,是安全的主体。

2.0.3 职业卫生一般指为增进人体健康,预防疾病,改善和创造合乎生理、心理需求的生产环境、生活条件所采取的卫生措施。

3 基本规定

3.0.1 提高机械化和自动化生产水平,可以有效降低工人的劳动强度,减少事故。

3.0.2、3.0.3 这两条是针对水泥工厂设计的不同阶段要求落实相关劳动安全和职业卫生内容制定的。

3.0.4 本条是对劳动安全、职业卫生基本设施应包括项目的一些规定。

4 厂址选择及厂区布置

4.1 厂 址 选 择

4.1.1 本条是水泥工厂选址的原则性规定,要求不仅要满足工业布局和城市规划要求,还要结合水泥生产特点因地制宜综合分析。

4.1.2 断裂带是指应力易于积累和发生地震的场所。

地下采空区指地下开采残留大量的采场、碉室、巷道等。由于没有进行及时处理,地下采空区在强大的地压下,容易发生坍塌等事故。

自然疫源地是指自然界中某些野生动物体内长期保存某种传染性病原体的地区。

以上三类地区均不宜作为建设地点。

4.1.3 由于水泥工厂粉尘和废气排放量大,根据《中华人民共和国环境保护法》、《工业企业设计卫生标准》GBZ 1 的要求,本条规定在选址过程中必须考虑风向、地形等因素,减少对相邻区域影响。由于我国地域广,应综合考虑选址地区风对污染物扩散的影响。

4.1.4 根据国家有关防洪标准,并结合水泥工厂机械化程度与自动化程度较高、机械设备和电气仪表被洪水淹泡后修复困难、水泥成品浸泡后即报废的特点,本条规定了当水泥工厂厂区位于洪水或山洪威胁地段时应提高计算洪水位。

4.1.5 为保证企业正常生产后产生的污染物不致影响居住区人群身体健康,提出本条要求。

4.2 厂区布置的劳动安全、职业卫生要求

4.2.1 对厂区布置提出了总体要求,要求结合自然条件合理

布局。

4.2.2　本条规定了总平面分区的要求,生产区与厂前区分别布置,合理规划。紧急集合区是指非常规状态下用于紧急疏散的区域。

4.2.3　本条规定总平面布置应尽可能根据污染严重程度合理布置,特别是通过布局降低目前水泥工厂设备噪声、粉尘造成的劳动安全、职业卫生危害。

4.2.4　考虑到水泥工业生产主要排放污染物是粉尘、废气,本条对生产、生活区布置与风向的关系进行了规定。厂前区和生活区包括办公室、食堂等。

4.2.5　危险废物通常指操作、储存、运输、处理和处置不当时会对人体健康或环境带来重大威胁的废物。预处理指的是进入生产过程之前设置的分解、沉淀、过滤、消毒等处理工序。本条规定水泥窑处置废物,设计预处置有毒有害废物车间时,应面对突发事件的应急管理、指挥、救援计划等,要求考虑应急与救援设施的配套。

4.2.6　本条目的为满足建筑物天然采光要求,保证室内有良好的自然通风和自然采光。

4.2.7　由于磨机、空气压缩机等设备振动、噪声较大,为减少振动对人员和其他设备的影响,本条规定应安装在单层厂房或多层厂房的底层,同时视情况设置减振措施。

4.2.8　煤粉制备车间污染较其他车间严重,且为火灾重点防范区域,考虑到尽量减少对其他生产车间的影响,适宜单独布置。

4.2.9　由于污水处理过程中会产生刺激性或有毒气体和异味,对人的健康存在一定危害,因此本条对污水处理设施的厂区布置作出规定。

4.2.10　本条要求厂区供水水源及生活饮用水水质应符合相关国家标准,以保障用水安全。

5　厂区安全

5.1　厂区道路安全

5.1.1　本条是对水泥工厂内交通设计的原则性规定。应根据工艺布局、产量规模以及地区特点合理选择运输方式,保障运输、装卸作业安全条件。

5.1.2　人货分流是本条规定保障交通安全的一项主要原则,当个别情况不能分设出入口或个别路段不能满足要求时,如通往居住区道路高峰期人车较集中,则应在车行道一侧或两侧设置人行道,以达到人货分流的目的。同时,厂内道路设计过程中应考虑道路循环。

5.1.3　道路交通系统的基本要素是人、车、路。良好的行驶视线对于保障行车安全、减轻潜在事故,起着重要作用。

5.1.4　由于铁路专用线穿越厂区及居民区之间是一种不安全的因素,应尽量避免,如因地形、风向等诸多因素影响不能避开时,则应采取防护措施。一般专用线通车次数较少,设看守道口已可保证安全,但考虑到道口看守人员偶有疏忽仍能造成事故,根据铁路部门要求,结合工厂运量和建厂地区情况,在确保安全的前提下,经综合比较也可设置立交。

5.1.5、5.1.6　由于厂区道路上空,常需架设各种管线、皮带运输通廊、高压电缆、吊床栈桥或人行天桥和各种构筑物,其最小净空高度应采用行驶车辆的最大高度或车辆装载物料后的最大高度另加0.5m～1m的安全间距,建筑物(或构筑物)一般不得低于4.5m,管线等不得低于5m。

5.1.7　本条是对厂内道路的安全规定,其中转弯半径设置不宜过小,以便于车辆通行,纵坡一般宜不大于8%。

5.1.8　厂内道路指厂区范围内的道路,包括主干道、次干道、支道和人行道等,应设置用以管理交通、指示行车方向以保证道路畅通与行车安全的设施,即用图形符号和文字传递特定信息的标志。

5.1.10　厂区道路总的交通流量一般并不很高,但因车道不分、人车混行、交通秩序紊乱等易发生事故。因此,规定凡路面宽度9m以上道路应划车道分界线,以避免或减少行车事故的发生。

5.2　生产和设备安全

5.2.1　本条对行车等装卸机械的制动器、限位器、指示器和安全防护装置配备提出要求。主要是防止运行过程中吊装物超过极限位置时,其具有的动能和势能可能引起不必要的危险。

5.2.2　根据水泥工厂的实践经验,为保证在紧急情况下检修人员的安全,采用机旁设置开、停车及带钥匙的按钮,在设备较集中的场所设置声、光启动信号是切实可行的措施,为此,本条对联锁遥控、程控的电机作了具体规定。水泥工厂自动化程度较高,因此,避免控制指令的混乱也是一个非常重要的方面。

5.2.3　本条是为防止磨机等大型设备开机、停机过程中造成的人员伤害,特别是能够进入内部进行检修的设备,清晰可靠的预示开车信号必不可少。

5.2.4　操作室的安全、卫生条件直接影响作业人员的职业健康与安全,操作室的材质包括装饰装修材料的安全环保是值得关注的地方。防火等级要满足国家相关规定。

5.2.5　配电室和控制室是水泥工厂关键控制部门,有大量电器设备,且损坏后影响范围广,为防止管道泄漏造成不必要的损失,不应排布有燃烧和爆炸危险的管道和有可能造成损失的供水、污水管道。

5.2.6　本条是对高温管道及设备的防护要求。高温会引起皮肤烫伤和烧伤,皮肤烫伤阈值为44℃左右。当温度高达50℃以上时,几秒钟内即可造成烫伤。因此,必须在人员容易接触到的地方设置明显标志,并采取防护措施。

5.2.7　操作点和操作区域的照明条件对操作安全有至关重要的作用,在生产过程中要保证有足够的照度才能避免人员受到伤害。

5.2.8　本条的机械传动装置指链轮、连轴节、齿轮、皮带轮等。长期以来,机械伤害事故相当频繁,其中很大部分是高速旋转零部件脱离造成的。因此,必须配置安全防护装置,使零部件处于安全状态下使用。不允许采用简单的行走栏杆取代安全防护装置。高速旋转零部件必须配置防护罩,防护罩应满足强度、刚度、形态、尺寸要求。

5.2.9　水泥工厂均储存有大宗原材料,由于品种、特性的原因堆放高度不宜统一规定,应根据实际情况确定。

5.2.10　部分水泥工厂配备袋装水泥储库,码放高度既要易于装卸,又要防止倾倒砸伤,以保障装卸人员的人身安全。

5.2.11　安全标志是用以表达特定安全信息的标志,分为禁止、警告、指令和提示四大类型。生产设备容易发生危险的部位应设立安全标志,安全标志的图形、符号、文字、颜色等均应符合现行国家标准《安全色》GB 2893、《安全标志》GB 2894、《起重机械危险部位与标志》GB 15052等标准有关规定。

5.3　建筑安全

5.3.1　本条对厂房最低层高进行规定,主要是考虑到厂房自然通风的要求,但输送机、皮带廊等工作人员较少涉足的可以除外。

5.3.3　为保证工人操作及通行的安全,工作平台临空部分,必须设置防护栏杆。室外临空平台高度在15m以上,库顶、库顶上设置的护栏,应有足够的刚度和强度。应在栏杆中部加设防护网以增强安全感。室外护栏的底部应采用网格不大于50mm的网状护栏,以便于排除雨水,同时起到防止高空物体坠落的作用。15m以上临空平台、屋面、库顶以上以及室外楼梯栏杆的高度不宜低于

1.2m,主要是为了增强安全度。

5.3.4 本条对固定式平台设置提出相关要求。离地面2m以上作业存在着一定风险,为防止发生人员跌落,造成不必要的伤害,特提出相关要求。

5.3.5 本条是根据水泥工厂情况规定楼梯梯段高度一般以2.4m～4.5m为宜,设计中宜控制在这个范围内。楼梯休息平台宽度不应小于梯段宽度。连接钢楼梯的混凝土休息平台宽度,至少要比钢梯每边多出0.1m,以便埋设预埋铁件。

5.3.6 为防止人员滑倒,造成意外伤害,本条规定天桥、通道、斜梯踏板和平台等应采取防滑措施,宜采用防滑钢板、格栅板制作。

5.3.7 本条规定目的是为便于清洁,减少粉尘在车间的堆积,使室内空气环境有利于职工健康。

5.3.8 为保障交通安全,要求有足够的活动范围和必要的安全距离。考虑到货运车辆车身宽2.85m,叉车、铲车宽度范围2.5m～2.8m,为保证这类工程车辆均能通行,规定通道宽度不得小于3.5m。

5.3.9 综合考虑风向等条件是为避免高温气体或物料喷出,造成作业人员伤害。

5.3.10 物料筒仓顶部、下部设人孔,主要是为了便于通过人孔进入库内检修。可锁的目的是防止误开,避免人员跌落伤害。

5.3.11 垂直运输的孔洞尺寸一般都较大,为保证人身安全,防止人员跌落,要求垂直运输的孔洞必须有防护设施。为保证行走安全,对设在通道内的孔洞,要求加设便于移动的盖板,在通道以外的孔洞应设防护栏杆,防护栏杆的高度可视孔洞尺寸确定。

5.3.12 本条是为保证工人在车间内作业时的方便和安全,车间内的坑洞、沟道均应设置盖板,盖板的顶面应于所在处的地面或接面相平。室外坑、洞、人孔顶部较周围地坪高出0.15m以上,主要为防雨水或其他水流入。卸料坑周围为保证人身安全,应加设防护栏杆。

5.4 防火、防爆

5.4.1 水泥工厂建筑防火设计应符合现行国家标准《建筑设计防火规范》GB 50016的规定,需要注意的是公安部关于《水泥厂建筑防火设计的几个具体做法的规定》,对水泥工厂生产厂房、储库及辅助建筑防火设计有更为详细的要求。

5.4.2 本条根据现行国家标准《建筑设计防火规范》GB 50016,结合水泥工厂具体情况,对各建筑物的生产火灾危险类别作了具体规定。

5.4.3 本条是根据现行国家标准《建筑设计防火规范》GB 50016,对消防车道布置、宽度等提出相关要求,确保一旦出现火灾等事故,应急救援车辆能够快速及时到达现场。水泥工厂的消防车道可与厂区道路合并考虑。当消防车道与铁路平交时,设置的备用车道与原消防车道间距不应小于一列火车的长度,以保证任何时候消防车的畅通无阻。

5.4.4 由于水泥原材料种类比较多,如:煤、石灰石、黏土等,具体装卸场地和堆场的消防和防护设施设置需要根据具体情况具体分析。

5.4.5 加油站属易燃物品建筑,应设计有严格的防火、防雷、防静电及消防设施。

5.4.6 已建水泥工厂有爆炸危险的甲、乙类物品仓库或爆炸器材库,一般多设计为单层砖混结构,屋盖为钢筋混凝土现浇整体屋面。由于钢筋混凝土屋面及砖或其他砌块墙体均不符合轻质墙体的要求(压型钢板或石棉瓦类的墙体除外),泄压面积主要靠加大门、窗面积。因此在计算泄压面积时,应把厂房内的附属房间在总体积中扣除,属于附属房间的窗也不应计算在泄压面积之内。轻质屋盖和墙体不得超过120kg/m²。

5.4.7 本条是根据现行国家标准《建筑设计防火规范》GB 50016制定的防火设计要求,煤粉制备车间内不得设置与生产无关的附属房间,外部附属房间贴近时,应加防护墙与车间隔开。

5.4.8 煤粉仓下端锥体应有一定的锥度,保证煤粉仓下料通畅,以减少煤粉积存和由此带来的火灾隐患。

5.4.9、5.4.10 本条是参照火力发电厂设计规定、结合水泥工厂实践制定的。煤粉制备系统是易燃易爆场所,因此煤粉制备系统的设计,必须根据系统中制备部位的煤粉浓度、温度及一氧化碳含量等危险因素,切实做好防爆设计,保障设备及人身安全。

5.4.11 煤磨系统易于发生磨内及煤粉仓内着火、袋除尘器燃烧甚至爆炸事故,造成停窑及较大的经济损失,在设计中要充分考虑到消防设施的配备,及时灭火施救,减少损失。

5.4.12 死角等处煤粉积存时间较长后容易导致火灾、爆炸发生,可通过布局设置减少死角出现,电缆桥架等设计中应充分考虑清扫的便利。

5.4.13 静电容易导致火灾,特别是在煤粉制备车间,应通过接地等方式释放静电。

5.4.14 设置一氧化碳监测报警装置,是为了防止收尘器一氧化碳浓度超限,而引起爆燃。通过监测报警,当一氧化碳达到一定值时,及时调整喂煤量及其他措施,使一氧化碳值下降,防止爆燃。

5.4.15、5.4.16 锅炉、压力容器都属于特种设备,在设计过程中需要严格执行有关特种设备的专业技术要求,确保使用过程中的安全。

5.4.17 本条根据现行国家标准《建筑防火设计规范》GB 50016规定而提出。由于油浸电力变压器室的油属易燃物品,所以必须设有必要的滞油、储油及灭火防爆设施。油浸电力变压器下面应设置储存变压器全部油量的事故储油设施,防止油品流散;单台容量在40MV·A及以上的油浸电力变压器应设置自动灭火系统,且宜采用水喷雾灭火系统,其消防用水量应符合现行国家标准《水喷雾灭火系统设计规范》GB 50219的有关规定。电力电容器宜选用干式电容器,断路器宜选用无油或少油断路器。

5.4.18 水泥工厂易燃易爆设备主要指:煤磨电收尘、煤粉仓、煤粉输送管道、燃油泵房以及输油管路等。本条规定在易燃易爆场所设置必要的监测仪表与导除静电措施,其目的是为达到防火防爆要求,防止发生重大伤亡事故。

5.4.20 由于中央控制室计算机房和仪表间主要设置一些精密仪器,为保护仪器不受损坏,设计中宜采用二氧化碳或其他气体灭火设施,不得采用导电液体灭火设施,避免引起短路、漏电造成更大安全事故。

5.4.21、5.4.22 这两条是根据要求结合水泥行业实际情况确定的。基于火灾发生的可能性比较小,根据《建筑设计防火规范》GB 50016规定,在建筑耐火等级为一级和二级的车间内,生产火灾类别为丁类和戊类的可不设置室内消防给水。

5.5 防电伤

5.5.1 由于使用环境条件的不同,电气选择应根据国家标准《外壳防护等级(IP代码)》GB 4208的分级规定选择适用防护等级的设备。

5.5.2 本条对易燃易爆等环境下电气设备的选型提出相关要求。

5.5.3 电气"五防"是电力安全生产的重要措施之一。凡有可能引起误操作的高压电气设备,均应装设防误装置和相应的防误电气闭锁回路。本条规定主要针对6kV～35kV高压开关柜的设置要求,目的是防止因误操作,而造成设备损坏及人身伤亡事故,以保护人身安全。

"五防"功能高压开关柜是指:

1 防止误分、合断路器。

2 防止带负荷分、合隔离开关。

3 防止带电挂(合)接地线(接地开关)。

4 防止带接地线(接地开关)合断路器(隔离开关)。

5 防止误入带电间隔。

5.5.4 本条对电气设备及线路的保护装置进行规定,主要考虑使用时间长了会因绝缘老化,出现破损而造成短路事故,特别是在易燃易爆等危险场所,会引起爆炸着火危险。因此规定绝缘水平,在一般场所不能低于网络额定电压,以保护设备正常运行及人身安全。

5.5.5 本条对室内、外电气设备,特别指裸带电设备及线路,对建筑物及对地要保证一定的安全距离,凡操作人员能触及的裸带电体要设置安全围栏,正在送电运行及检修设备要挂警示牌等标志,其目的都是为了保护设备安全运行及人身安全。

5.5.6 本条要求检修用的手持电器(如检修照明灯具等)电压不得超过36V。在不便于工作的狭窄地区,或工作人员能接触大面积金属物体的场所(如窑、磨、电收尘器等),手持安全灯电压不得超过12V,主要是为了保护工作人员人身安全,防止发生触电事故。

5.5.7 本条规定主要考虑手持电器触电危险性大,因而加漏电保护装置,以保护操作人员的安全。

5.5.8 本条规定所有正常不带电的电气设备金属外壳均应有可靠接地,主要是考虑电气设备因绝缘破损造成接地故障时,防止发生触电危害。

5.5.9 本条对直接接触保护技术进行规定,特别提出防止直接触保护的部件,只允许用工具拆卸或打开,主要是考虑将发生触电危害的可能性降到最低程度。

5.5.10 本条对电气设备静电积聚提出控制要求,主要是为防止静电造成人员伤害和火灾风险。为降低静电的电位,可采取接地等措施防止静电积聚。在易燃易爆区内,凡是可能产生静电的机器、设备、管道、用具等都要接地;用金属网、金属板等导电性材料来屏蔽带电体,降低静电电位,以防止带电体向人体放电。

5.6 防 雷

5.6.1 为了保证供电的可靠性,防止直击雷及雷电波侵入造成的危害,本条对110kV及以下的变电站、配电站等建筑物,以及架空线路进行规定,要求均应设置有效的防雷装置,建筑物内所有金属构件均需可靠接地。

5.6.2 本条规定水泥工厂建筑物,均应满足国家现行的《建筑物防雷设计规范》GB 50057的要求。应根据其建筑物防雷等级设置避雷装置,可采用避雷针、避雷带或避雷网,以防止雷电危及人身安全或损坏设备。

5.6.3 本条规定的目的是避免导线受雷击,保证供电可靠。

5.6.4~5.6.6 规定接地系统设计时的要求,接地电阻值和接地截面积等均应符合现行国家标准《电气装置安装工程 接地装置施工与验收规范》GB 50169的要求。在满足国家标准的条件下,应尽量利用自然接地体。接地的目的,是为了电气设备的正常运行和保证人身安全。各种不同性质的接地系统,接地电阻要求也不同。高土壤电阻率地区指岩石地带等地区。

6 厂区职业卫生

6.1 通风、防尘、防毒、防辐射

6.1.1 本条对车间空气中的水泥粉尘、煤尘以及其他粉尘提出限值要求。粉尘直接影响操作工人的身体健康,因此要求设计中采取各种有效措施,使车间内操作地带达标,防止粉尘对工人的危害。

6.1.2 本条对部分处置危险废物水泥工厂车间中有毒物质容许浓度提出限值要求,根据危险废物的种类不同,应满足《工作场所有害因素职业接触限值 第1部分:化学有害因素》GBZ 2.1和《水泥工业大气污染物排放标准》GB 4915中相关限值要求。

6.1.3 本着预防为主的思想,对放散粉尘的生产设备和生产过程,要求采取密闭等措施,减少粉尘溢出。同时,通过采取自控与遥控措施,以避免操作人员与粉尘直接接触,减轻危害。

6.1.4 水泥工厂防尘的控制与生产工艺设计密切相关,在设计中要注重采取综合有效的措施,如降低物料落差、负压操作。

6.1.5 局部吸尘罩对扬尘点的控制是非常有效的,如何通过合理的设计,提高捕集效率是粉尘控制好坏的关键一部分。

6.1.6 由于工作人员在控制室的停留时间较其他地方要长很多,为保障职工身体健康,对原料粉磨、熟料烧成、煤粉制备、水泥粉磨、水泥包装及各类破碎等生产车间的控制室要求采取相应防尘措施。

6.1.7 厂区应制定相关环境管理制度,配备洒水车,定期洒水除尘,通过道路增湿减少粉尘的飞扬,以改善作业环境。

6.1.8 总降压变电站、配电站或电力室的高压开关,其绝缘介质用油、加惰性气体等措施。当高压开关发生故障时,高温电弧使油燃烧,室内烟雾弥漫;或气瓶破裂,六氟化硫在电弧作用下,会产生多种有腐蚀性、刺激性和毒性物质,电容器在使用过程中会散发大量的热,且电容器在高压电作用下,有可能被击穿,致使绝缘材料燃烧产生大量有害气体;乙炔库中空气与乙炔气混合物,当乙炔含量达到爆炸浓度2.1%~8.1%时,遇明火即可发生爆炸;汽车保养的充电间产生氢气;射油泵间产生柴油雾气;燃油附件间挥发汽油;电瓶修理间产生铅蒸气;喷漆间产生松节油、白节油、苯等。为防止事故,保障人身安全,如有上述场所均应进行排风。

6.1.9 产生有害气体的辅助生产车间包括化学分析室、煤烘干机地坑、循环水泵站的加氯间、污水泵站、铆焊车间以及汽车保养部分辅助房间等,在工作过程中容易产生各种有害气体,为改善职业健康条件,需设置通风系统。

6.1.10 为便于操作,同时也为保障操作安全,要求在室内外分别设置开关。

6.1.11 本条是对事故风机设计的要求,主要是为考虑通风效果。

6.1.12 为减轻酸碱或其他腐蚀性物质对人身的伤害,一般应及时进行清洗,将伤害降低到最低程度,因此在相应车间和场所要求设置冲洗设施。

6.1.13、6.1.14 对电磁辐射防护的基本要求。

6.2 防噪声、防振动

6.2.1 在高噪声车间的周围,不宜设置有低噪声标准要求的建筑,如必须设置时,则应采取措施保证其他建筑的噪声限制值,例如对噪声车间的围护结构加强封闭,不使噪声外溢或在有噪声车间外建立隔声墙等。具有生产性噪声的磨机、空气压缩机房等应尽量远离行政区和生活区。

6.2.2 立磨等振幅、功率大的设备应采取合理加大混凝土基础、隔离减震等措施进行减震。为减少噪声和振动的传播,罗茨风机、空气压缩机等宜设单独厂房,但布置有困难必须放在生产车间内

时,应封闭成单独的风机房。并在进出风管及旁路管道安装消声器,送风管道可采取设在地下或они上隔声阻尼材料等措施。其他振幅、功率大的设备也应设计减振基础。

6.2.3、6.2.4 控制噪声的最佳方式就是从源头采取有效措施。从设备选型、隔声室的设计等多方面入手,将噪声的影响降到最低。破碎机、球磨机等大型高噪声设备,作隔声处理费用大、设施复杂、生产管理又不方便,难以实现,一般可以采取在车间围护结构的内表面及顶板设置吸声材料,或在设备上方及侧面设置空间吸声体等措施。

6.2.5 对于高噪声车间,要求人员停留时间较长的控制室、值班室等均应采用隔声室。

6.2.6 本条是要求根据《工业企业设计卫生标准》GBZ 1的相关规定,确定水泥工厂噪声声级卫生限值。

6.3 采暖通风与空气调节

6.3.1 由于控制室等场所人员停留时间比较长,在设计上要充分考虑到人员的防护,抵御外界有害作用,如噪声、振动、粉尘、毒物、热辐射和落物等。为防止冻伤、中暑等问题,冬季温度低于-5℃、夏季高于35℃时应配置适宜的采暖、降温装置。

6.3.2 高温作业场所是指窑头厂房、冷却机房、烘干车间以及各类磨房等。水泥工厂有余热产生的厂房一般比较高大,且操作人员不集中,应通过设计的合理规划,采取自然通风方式排除余热。

6.3.3 对于操作人员较集中、经常有人作业的地点,室内温度应符合现行国家标准《工业企业设计卫生标准》GBZ 1给出的相应限值,达不到规定的应设置机械通风系统排除余热。

6.3.4 作业地点气温大于等于37℃时,为防止中暑应减少作业时间,同时采取相关防暑措施。

6.3.5 水泥工厂产生余热余湿的车间、场所,一般是根据建厂所在地区环境状况,从建筑物布置及厂房围护结构上,考虑以自然通风方式消除余热、余湿,当工艺布置或工厂地处炎热地区,无法达到卫生条件时,才做机械通风。

6.3.6 窑头看火平台温度较高,设置可移动的轴流通风机,一是改善窑头看火平台工作环境,二是当窑故障停运检修时,可临时起到降温、便于检修的作用。机组的吹风高度应能调节,工作地点的风速宜按2m/s～4m/s进行计算。

6.3.7 部分自动化程度不高的包装车间,仍需工人插袋操作,劳动强度较大又是热物料,特别是炎热地区,宜设置局部过滤送风装置。

6.3.8 大部分水泥工厂充分利用余热,设置采暖系统。根据目前国家经济技术水平的发展现状,采暖的最低温度限度宜保证从业人员工作时手部皮肤不低于25℃,主观感觉上无冷感,且不影响作业效率。各种库顶由于位置较高,且采暖负荷小,宜通过局部采暖解决。

6.3.9 严寒或寒冷地区,在非工作时间或中断使用的时间内(如空气压缩机房等有水冷却或有消防要求的车间),为了防止水管及其他用水设备发生冻结现象作出本规定。

6.3.10 本条是针对产生易燃、易爆气体或物料的场所采暖的规定,主要是为避免潜在的火灾发生。

6.3.11 本条主要是针对消防要求规定的,由于通风管道四通八达,极易成为火灾蔓延的渠道。同时,考虑火灾发生时的应急作用,风道必须采用不燃材料,而保温材料必须是难燃材料,短时可用作排烟。

6.3.12 附录A是根据《工业企业设计卫生标准》GBZ 1的相关规定,结合水泥工厂现状确定的建筑物冬季采暖室内计算温度。

6.4 辅 助 用 室

6.4.1 卫生间等辅助用室设计应以人为本,充分考虑人的需求。

6.4.2 本条是根据国家现行的《工业企业设计卫生标准》GBZ 1

的有关规定,结合水泥工厂实践确定的。

6.4.3、6.4.4 水泥是连续生产型企业,宜设置食堂、存衣室,应满足《工业企业设计卫生标准》GBZ 1的有关规定。

7 劳动安全及职业卫生管理

7.1 劳动安全及职业卫生管理机构的设置

7.1.1 根据《中华人民共和国职业病防治法》的规定,水泥工厂应设置或者指定职业卫生管理机构或者组织,负责组织和监督本企业的劳动安全、职业卫生工作;配备专职或者兼职的职业卫生专业人员,负责本单位的职业病防治工作。

7.1.2 本条规定企业应当建立职业健康管理档案,并按照规定的期限妥善保存。档案主要包括职业病危害因素检测评价、职业危害防护措施、职业卫生监督资料等内容。

7.1.3 本条规定针对可能发生的安全事故应急救援预案制度提出了基本要求,主要是为保证一旦发生安全事故时,将损失减少到最低程度。

7.1.4 水泥工厂应设置专职劳动安全管理人员,职业卫生管理人员可由专职劳动安全管理人员兼任。职业健康安全设施应有专人负责检查与维护,确保设施处于完好状态,安全运转。

7.2 劳动安全及职业卫生设施配备

7.2.1 本条规定企业有为劳动者免费提供劳动防护用品的责任,劳动防护用品要符合国家规定,且不得以发放其他实物或现金的形式替代。

7.2.2 本条规定水泥工厂内部检测机构可以单独设立,也允许与环保或其他检测机构合并设立,应配备一定的人员和设备。

7.2.3 本条规定检测设备应按《中华人民共和国计量法》的规定,进行必要的检定,确保检测结果的真实有效。

7.2.4 本条规定企业应提供合适的工作场所,确保检测设备在适宜的环境条件下工作,从而确保检测结果的真实有效。

中华人民共和国国家标准

橡胶工厂职业安全与卫生设计规范

Code for design of occupational safety and hygiene
of rubber factory

GB 50643 - 2010

主编部门：中国工程建设标准化协会化工分会
批准部门：中华人民共和国住房和城乡建设部
施行日期：2 0 1 1 年 1 0 月 1 日

4

中华人民共和国住房和城乡建设部公告

第 826 号

关于发布国家标准
《橡胶工厂职业安全与卫生设计规范》的公告

现批准《橡胶工厂职业安全与卫生设计规范》为国家标准,编号为 GB 50643—2010,自 2011 年 10 月 1 日起实施。其中,第 4.2.5 条为强制性条文,必须严格执行。

本规范由我部标准定额研究所组织中国计划出版社出版

发行。

中华人民共和国住房和城乡建设部
二〇一〇年十一月三日

前　言

本规范是根据住房和城乡建设部《关于印发〈2008 年工程建设标准规范制订、修订计划(第二批)〉的通知》(建标〔2008〕105 号)的要求,由中国石油和化工勘察设计协会、中国石油和化工勘察设计协会橡胶塑料设计专业委员会会同有关单位共同编制而成。

本规范共有 7 章和 1 个附录,主要内容包括:总则、术语、一般规定、厂址选择及厂区总平面布置、职业安全、职业卫生、职业安全与卫生设施等。

本规范在编制过程中,编制组进行了广泛的调查研究,认真总结了我国橡胶工业多年来在职业安全与卫生设计方面的经验,结合国内、外橡胶工厂职业安全与卫生设计的先进技术和先进理念,广泛征求了国内橡胶行业的工程设计、工程施工、科研和橡胶制品、轮胎生产单位的意见,并进行了多次整理及讨论,最后经审查定稿。

本规范中以黑体字标志的条文为强制性条文,必须严格执行。

本规范由住房和城乡建设部负责管理和对强制性条文的解释,由中国石油和化工勘察设计协会橡胶塑料设计专业委员会负责具体内容的解释。本规范在执行过程中,请各单位结合工程实践,认真总结经验,注意积累资料,随时将意见和建议寄送中国石油和化工勘察设计协会橡胶塑料设计专业委员会(地址:北京市海淀区半壁店 59 号 538 室,邮政编码:100143,传真:010—59893829),以供今后修订时参考。

本规范主编单位、参编单位、参加单位、主要起草人和主要审查人:

主 编 单 位:中国石油和化工勘察设计协会
　　　　　　中国石油和化工勘察设计协会橡胶塑料设计专业委员会
参 编 单 位:昊华工程有限公司
　　　　　　中国化学工业桂林工程有限公司
　　　　　　海工英派尔工程有限公司
参 加 单 位:风神轮胎股份有限公司
　　　　　　软控股份有限公司
　　　　　　杭州中策橡胶有限公司
　　　　　　上海双钱集团股份有限公司
　　　　　　青岛高策工程咨询有限公司
主要起草人:邹仁杰　臧庆立　胡祖忠　李贵君　冯康见
　　　　　　朱晓新　常红红　齐国光　罗燕民　顾卫民
　　　　　　张　魁　郑玉胜　程一祥　王龙波　王东明
　　　　　　苏　志　陈昌和　钱　浅　卢国宇　杨中年
　　　　　　陈梅红　吴　江　张清宇　尹启旺　严易明
　　　　　　刘魁娟　江奇志　官相杰　王　洁　王维晋
　　　　　　谭　靖　崔政梅　郑祥堃
主要审查人:朱大为　徐开琦　阳　洁　赵国利　孙　勇
　　　　　　刘梦华　杨顺根　丘西宁　孙怀建　陈春林
　　　　　　曲学新　田有成　郑玉力　田　宁　王其营

目　　次

Contents

1 总　则

1.0.1 为贯彻"安全第一,预防为主,防治结合"的方针,保障橡胶工厂劳动者在生产过程中的安全与健康,促进橡胶工业的可持续发展,制定本规范。

1.0.2 本规范适用于橡胶工厂新建、改建和扩建工程项目的职业安全与卫生设计。

1.0.3 橡胶工厂各有关专业应贯彻职业安全与卫生的设计要求,做到同时设计、同时实施,安全可靠、保障健康、技术先进、经济合理。

1.0.4 橡胶工厂设计的初步设计文件的职业安全与卫生专篇应符合本规范附录 A 的规定。

1.0.5 橡胶工厂工程项目的职业安全与卫生设计除应符合本规范外,尚应符合国家现行有关标准的规定。

2 术　语

2.0.1 橡胶热烟气　rubber flue gas

橡胶工厂对橡胶在硫化之前的加工过程中,不同加工方式会产生不同胶温,产生的热气中伴有极少量或微量带橡胶味的热烟气,带橡胶味的热烟气主要是复合恶臭和非甲烷总烃。

2.0.2 硫化热烟气　curing flue gas

混炼胶半制品硫化后胶料温度约为160℃～180℃,产生大量热气中,同时散发少量带有橡胶味的硫化热烟气。一般硫化热烟气以复合恶臭和非甲烷总烃来衡量。

3 一般规定

3.0.1 橡胶工厂设计中应采用无毒、无害或低毒、低害的原材料及不产生或少产生危险和有害因素的新技术、新工艺、新设备,并应采取行之有效的综合控制措施。

3.0.2 橡胶工厂设计中非标准设备的设计应符合现行国家标准《生产设备安全卫生设计总则》GB 5083 和《电气设备安全设计导则》GB/T 25295 等的有关规定。提出的设备技术条件,应有职业安全与卫生的具体要求。

3.0.3 橡胶工厂设计中对危险区域应设置报警系统和防护设施,并应设置警示标识。

3.0.4 粉尘的治理,应采取回收、净化和综合利用技术,车间有害物质浓度和辐射强度应符合国家现行有关标准的规定。

4 厂址选择及厂区总平面布置

4.1 厂址选择

4.1.1 厂址选择应根据该地区的气象、地形、地貌、水文、地质、雷雨、洪水、地震等自然条件预测的主要危险因素,以及四邻情况与本厂之间职业安全和职业卫生的相互影响,全面采取防范措施。

4.1.2 厂址应设置卫生防护距离及防火、防爆安全距离,并应符合现行国家标准《建筑设计防火规范》GB 50016、《化工企业总图运输设计规范》GB 50489、《石油化工企业设计防火规范》GB 50160 和有关工业企业设计卫生标准的规定。

4.1.3 厂址宜选在大气污染、粉尘及其他危害较严重工厂的全年最小频率风向的下风侧。

4.1.4 厂址宜位于邻近城镇或居民生活区的全年最小频率风向的上风侧。厂区与居民生活区之间宜设置卫生、安全防护距离。

4.2 厂区总平面布置

4.2.1 橡胶工厂的总平面布置,在满足生产工艺要求条件下,应同时符合安全、卫生、防火等规定,并应全面规划、合理布局。

4.2.2 厂区应根据生产、工艺特点,按功能分区布置。

4.2.3 行政办公及生活服务区宜布置在厂区全年最小频率风向的下风侧。

4.2.4 生产中产生大量热烟气、烟雾、粉尘、臭气的厂房,宜布置在厂区全年最小频率风向的上风侧,并应与行政办公及生活服务区、人流密集处留有一定的卫生防护距离。

4.2.5 危险品库、硫磺库、胶浆房应集中布置在厂区全年最小频率风向的上风侧或人员较少接近的边远区域,应远离火源,并应符合现行国家标准《石油化工企业设计防火规范》GB 50160 和《建筑设计防火规范》GB 50016 的有关规定。

4.2.6 锅炉房、制氮站、煤气站、燃气调压站宜布置在厂区全年最小频率风向的上风侧,并应按国家现行有关标准的规定留有必要的防火间距。

4.2.7 橡胶工厂总变(配)电所应布置在厂区用电负荷中心、高低压线进出方便及远离人流密集的地方,应与散发烟尘的厂房有足够的防护距离。对于大容量的总降压站、配电所,应在其周围加围护。

4.2.8 废水处理建(构)筑物应布置在厂区污水排放口附近,并应远离进水源构筑物及空调进气口,应留有必要的卫生防护距离。

4.2.9 厂区道路布置应符合现行国家标准《建筑设计防火规范》GB 50016、《化工企业总图运输设计规范》GB 50489、《工业企业总平面设计规范》GB 50187、《工业企业厂内铁路、道路运输安全规程》GB 4387 和《厂矿道路设计规范》GBJ 22 的有关规定。主要生产厂房、仓储、动力区的道路,应呈环形布置;厂区尽端式道路,应有足够的消防车辆回转场地。

4.2.10 橡胶工厂铁路专用线设计,应符合现行国家标准《工业企业标准轨距铁路设计规范》GBJ 12 的有关规定,不宜与人行主干道交叉;与道路交叉处,应设置平交道和标记;人流密集处应设置防护栏。

4.2.11 厂区应结合卫生、安全、环境等要求进行绿化设计。

5 职业安全

5.1 防火、防爆及防雷

5.1.1 厂区的防火、防爆应符合下列要求:

1 消防设计应符合现行国家标准《建筑设计防火规范》GB 50016 等的有关规定,并应经当地消防部门批准。选用的消防器材,应为经过国家鉴定合格的产品。

2 应合理布置消防水管网与消火栓,并应保证足够水量与水压;油库(罐)应配置相应的灭火设施;地上油罐区应设置围堤,且穿过围堤的管道应采取防火措施。甲、乙、丙类可燃液体的储罐和建筑物的防火距离应满足防火要求,并应有围墙分开。

3 有爆炸和火灾危险性的物料、设备及其厂房或周围区域,应设置禁火标志。

4 有爆炸危险性气体的场所应设置可燃气体的监测、报警装置。

5 储存闪点低于60℃可燃液体的储罐,应设置呼吸阀,或通气孔和阻火器;储存闪点高于60℃的重柴油、重油、工艺用油和设备用油储罐,应设置通气管或阻火器。

储油罐外壁和防火堤外的油管道,应各设置一道钢制阀门。油管沟在进入建筑物前,应设置防火隔墙。

5.1.2 橡胶工厂危险物质固有的危险因素及使用部位应符合表5.1.2的要求。厂房的防火、防爆应符合下列要求:

1 橡胶工厂各车间的生产类别、厂房的耐火等级、防火分区最大允许占地面积、安全疏散距离及安全出口数目,应符合现行国家标准《建筑设计防火规范》GB 50016 的有关规定。

2 各类压力容器的设计及选型,应符合国家现行有关标准的规定。

5.1.2 危险物质固有的危险因素及使用部位

物质名称	火灾危险性类别	固有的危险因素		使用部位
		爆炸	火灾	
炭黑	丙类固体	粉尘与空气可形成爆炸性混合物	可燃。遇明火、高温有着燃危险	炭黑库
硫磺	乙类固体	其粉尘与空气可形成爆炸性混合物,遇点火源有爆炸危险	易燃。遇明火、静电火花,有着燃危险	硫磺库
天然橡胶	丙类固体	—	可燃。遇明火、高温燃烧	生产车间原料库
合成橡胶	丙类固体	—	可燃。遇明火、高温燃烧	生产车间原料库
再生胶、胶粉	丙类固体	—	可燃。遇明火、高热燃烧	生产车间仓库
包装材料	丙类固体	—	可燃。遇明火、高热有着火危险	生产车间辅料、成品库
天然气	甲类气体	挥发气与空气能形成爆炸性混合物,遇热源和明火有爆炸危险	遇点火源极易燃烧	调压站
正己烷(溶剂汽油)	甲类液体	蒸气与空气能形成爆炸性混合物,遇热源和明火有爆炸危险	遇点火源极易燃烧	胶浆房
含一级易燃溶剂的胶粘剂(胶浆)	甲类液体	—	易燃	胶浆房
酚醛树脂	固体、液体	—	遇高热、明火、氧化剂有引起燃烧危险	配料
柴油	丙类液体	挥发气与空气可形成爆炸性混合物,遇明火易燃烧爆炸	遇明火易燃烧	发电机叉车及柴油库
胶粉	丙类固体	—	可燃。遇明火、高热燃烧	生产车间(打磨工段、存放工段)

3 应控制生产工艺中炭黑粉尘的飞扬,室内墙面应平滑,地面应平整,不应积尘。

4 各系统设备、管道的绝热材料应采用不燃材料或难燃材料。

5 水处理加氯间应设置检测仪及报警装置,并应设置氯气中和装置。

5.1.3 防止静电引燃引爆应符合下列要求:

1 各厂房内静电设计应符合现行国家标准《橡胶工业静电安全规程》GB 4655 的有关规定。

2 易燃油、可燃油等储罐的罐体及罐顶、装卸油台、管道、鹤管及套筒,设置防静电和防感应雷接地。油槽车应设置防静电的临时接地卡。

5.1.4 橡胶工厂的建(构)筑物的防雷设计,应符合现行国家标准《建筑物防雷设计规范》GB 50057 的有关规定。

5.2 防电气伤害

5.2.1 车间内供配电设备宜与其他设备有特定颜色区别。

5.2.2 车间变电所不宜设置在紧邻办公室等人员密集场所。

5.2.3 胶浆房、正己烷(溶剂汽油)库房的电气设备应选用防爆产品,炭黑库、硫磺库和密炼车间应选用防尘电气设备。

5.3 防机械伤害

5.3.1 各种橡胶机械设备的设计、制造、采购、安装和修理,应遵守相关标准,并应符合安全要求。

5.3.2 工作场所及设施,应按现行国家标准《安全标志及其使用导则》GB 2894 和《安全色》GB 2893 的有关规定,设置相应的安全标志或信号报警装置和颜色。

5.3.3 橡胶工厂生产设备应配备紧急制动装置,并应设置在操作人员易于操作的位置,且应设置安全醒目标识。

5.3.4 人员能够触及的生产设备的传动外露部位,应设置安全防护装置。安全防护装置应完整有效,并应符合现行国家标准《机械安全 防护装置 固定式和活动式防护装置设计与制造一般要求》GB/T 8196 的有关规定。

5.3.5 输送装置应设置紧急停止按钮。

5.3.6 输送装置跨越通道、作业区和在下方有人员通过或停留处,输送装置下方应设置防护网架。

5.3.7 设备及高于 2.0m 以上(含 2.0m)的平台、走台、通道、楼梯及其他使工作人员有坠落危险的场所,应设置防护设施。

5.3.8 安全防护范围比较大的场合或作为移动机械临时作业的现场安全防护,可采用栅栏式防护。

5.4 防坠落伤害

5.4.1 橡胶工厂的防坠落设计,应符合现行国家标准《固定式钢梯及平台安全要求 第一部分:钢直梯》GB 4053.1、《固定式钢梯及平台安全要求 第二部分:钢斜梯》GB 4053.2、《固定式钢梯及平台安全要求 第三部分:工业防护栏杆及钢平台》GB 4053.3、《固定钢平台》GB 4053.4 和《建筑楼梯模数协调标准》GBJ 101 等的有关规定。

5.4.2 橡胶工厂的楼梯、平台、坑、池和孔洞等,均应设置栏杆或盖板。楼梯、平台均应采取防滑、防坠落措施。

5.4.3 橡胶工厂烟囱、冷却塔等处的直爬梯应设置护圈。冷却塔入孔处,应设置检修平台及活动栏杆。

5.4.4 需登高检查和维修的设备,应设置钢平台、扶梯,其上下扶梯不宜采用直爬梯。

5.4.5 上人屋面应设置净高大于 1.05m 的女儿墙或栏杆。

5.4.6 凡建(构)筑物坠落高度在 2.0m 以上的工作平台、人行通道(部位),在坠落面一侧应设置固定式防护栏杆。

5.4.7 集水井、吊物孔、竖井等处,应在坠落面一侧设置固定式防护栏杆。当固定式防护栏杆影响工作时,应在孔口上设置盖板。

5.4.8 凡检修时可能形成的坠落高度在 2.0m 以上的孔、坑,应采取设置固定临时防护栏杆用的槽孔等措施。

5.5 防烫伤

5.5.1 用于橡胶工厂的冷、热媒管道均应采取隔热和防结露措施。

5.5.2 车间内表面温度高于 60℃ 的热媒管道及温度低于 −40℃ 的低温冷媒管道,在人可触及的位置应设置高、低温防烫伤警示标志。

5.5.3 表面温度超过 60℃ 的设备和管道及温度低于 −40℃ 的低温设备和冷媒管道,在下列范围内应设置高、低温防烫伤隔离层:

1 距地面或工作台高度 2.1m 以内。

2 距操作平台周围 0.75m 以内。

5.5.4 厂区内表面温度高于 60℃ 及表面温度低于 −40℃ 的设备均应进行保温;按工艺生产要求可不保温的设备,可仅在人可触及的范围进行保温或设置防烫伤警示标志。

生产过程中使用高温蒸汽和热水的设备,应在设备附近设置防烫伤警示标志。

6 职业卫生

6.1 防烟尘

6.1.1 防烟尘应符合下列要求:

1 橡胶工厂的通风、除尘系统设计,应符合现行国家标准《采暖通风与空气调节设计规范》GB 50019 的有关规定。

2 密炼、开炼、压延、挤出、打磨、硫化等生产设备或工作场所,应设置防尘防烟及良好的通风设施。

3 对产生橡胶热烟气(密炼热烟气、炼胶热烟气)、硫化热烟气的设备,宜采取密闭、半密闭或区域性排风罩的措施。

4 橡胶工厂的生产工艺设备及配方,宜采用产生粉尘、热烟气及有害化合物少的原材料、工艺和设备。

5 橡胶工厂的车间墙面、地面、设备表面的积尘,宜采用真空吸尘,不得采用压缩空气吹扫。

6 橡胶工厂中产生大量粉尘、热烟气的车间(工段),应与其他车间(工段)隔开,应布置在厂区全年最小频率风向的上风侧。

7 橡胶工厂中部分产生粉尘的橡胶加工设备,宜由设备制造厂配置合理的排尘器(罩)及单体除尘器。

8 机械通风系统进风口处的室外空气有害物质含量,不应大于室内作业地带最高容许浓度的 30%。

9 排风系统各类排风罩应位置正确、风量适中、风压适度、检修方便,并应将发生源的尘、烟吸入罩内。

10 输送含尘气体的管路设计应与地面有适度夹角。必须水平布置时,应设置清扫口。

11 橡胶工厂内炼胶车间的生产中,粉尘的控制、防护、管理措施和检测标准应符合现行国家标准《橡胶加工炼胶车间防尘规程》GB 21657 的有关规定。

12 有粉尘爆炸危险的通风系统,应符合现行国家标准《粉尘防爆安全规程》GB 15577 的有关规定。

13 产生粉尘、热烟气、恶臭部位的排放量应符合现行国家标准《恶臭污染物排放标准》GB 14554、《大气污染物综合排放标准》GB 16297 的有关规定,并应符合国家现行有关工业企业设计卫生和工作场所有害因素职业接触限值 化学有害因素的规定。

6.1.2 烟气、粉尘控制应符合下列要求:

1 橡胶工厂使用的炭黑宜使用湿法造粒的炭黑,并应采用槽车运输、气力输送等方式运输。必须采用纸袋运输和太空包运输时,应有完善的解包及废包处理装置和地面清扫机。

2 炭黑库、炼胶车间生产时,宜负压运行。

3 炭黑库的解包机应配备除尘系统。

4 硫磺筛、油料加热设施等其他加工设备,宜设置通风、除尘系统。

5 密炼机的投料口、自动秤的透气口上方均应设置排风、除尘系统。

6 密炼机下顶栓前后的敞口,应设置拆卸方便的围挡和排风罩,宜配置除尘器。

7 小粉料自动秤的原料储斗入口处应配置单体的除尘装置,称重后的卸料口宜配置除尘系统。

8 轮胎打磨区应设置排风和除尘系统。

9 胶辊厂磨辊机的磨头处应设置移动排风罩,并应用软管连接至除尘器。

10 垫布整理机应设置除尘系统。

11 在自行车胎和力车胎的内胎生产线上采用喷粉工艺时,应设置排风和除尘系统。

12 收集密炼机投料口粉尘和气力输送尾气等的除尘系统,其布袋除尘器过滤风速宜小于 1.0m/min。滤料应选择能捕集微小颗粒和易清灰的材料。收集的混合粉尘再使用时，输送和搬运应避免散落造成二次扬尘。

13 用于混炼的开炼机等设备，其通风系统的排风罩，宜采用软塑料条进行三面或四面围挡。岗位送风宜从人的后上方吹向排风罩敞口处。

14 密炼、热炼、硫化等产生的热烟气应根据设备情况设置局部排风或区域性排风装置。

15 在无窗厂房中对散发污染气体的工段提供的新鲜空气量，应保证能稀释污染气体达到卫生标准规定的浓度，并应满足国家有关人员最低新鲜空气量的要求。

厂房通风设计中，提供的新鲜空气量应符合国家现行有关工业企业设计卫生标准的规定，并应满足国家有关人员最低新鲜空气量的要求。

16 无窗大厂房的空调系统工段的新鲜空气量应选取下列最大值：

1)稀释有害气体的空气量；
2)卫生规范中人员最低新鲜空气量；
3)保持空调房间微正压需要的空气量。

17 无窗大厂房内送风系统和空调系统有效空间的循环量不宜少于 4 次/h。

18 烟气处理设备，宜采用成熟的、通过国家鉴定的产品。

6.2 防噪声及防振动

6.2.1 橡胶工厂噪声控制应符合现行国家标准《工业企业厂界环境噪声排放标准》GB 12348 和《工业企业噪声控制设计规范》GBJ 87 的有关规定。

6.2.2 设备选型时应根据设备的噪声指标，选用噪声较低、振动较小的设备。

6.2.3 空气压缩机、通风机、水泵等高噪声设备，宜采取隔声、吸声、消声、隔振、阻尼及综合控制措施。

6.2.4 通风机进气或排气口宜设置消声器。锅炉安全泄压排汽管宜设置消声器。

6.2.5 工作时产生强烈振动的密炼机、破胶机、裁断机、空气压缩机、通风机等设备的基础，应采取减振或隔振措施。

6.2.6 有强烈振动的设备与管道之间，应采用柔性连接。

6.2.7 动力站、水泵房等高噪声的生产场所内设置的控制或监视用的操作控制间应做隔声处理，并应具有较好的隔声功能。

6.2.8 对于少数作业场所，如采取噪声控制措施后，其噪声源声功率级仍不能达到噪声控制设计标准时，应采取个人防护措施。

除脉冲噪声外的生产车间、站房及作业区的各类作业区噪声标准，应符合表 6.2.8 的要求。

表 6.2.8　各类作业区噪声标准

作业区名称		噪声限制值(dB)
生产车间及作业区（连续接触噪声 8h/d）		85
车间办公室、计算机房、控制室（正常工作状态）		70
高噪声车间、站房设置的值班室、控制室或休息室（室内背景噪声级）	无电话通讯要求	75
	有电话通讯要求	70

6.3 防暑防寒

6.3.1 防暑防寒应符合下列要求：

1 冬季采暖、夏季通风设计应符合现行国家标准《采暖通风与空气调节设计规范》GB 50019 的有关规定。

2 橡胶工厂的硫化工段和锅炉房等建筑物，应从工艺、总图布置和通风等方面采取综合治理措施。

3 橡胶工厂的炼胶车间宜与原材料库和大车间有一条通道隔开。

4 热源的布置应符合下列要求：

1)热源上方宜配置排风机、通风器、带挡风板的天窗、高侧窗或偏气楼；
2)以自然通风为主时，宜布置在全年最大频率的上风侧；
3)应便于对热源采取有效的隔热措施；
4)应便于对作业点降温。

5 能采用自然通风的工段和车间应按夏季厂区有利的方位布置，进风侧外不宜加建辅助建筑物。

6 夏季自然通风的进风窗，其下沿距地面不应高于 1.2m。窗开启面积，应满足通风要求。

6.3.2 防暑防寒措施应符合下列要求：

1 橡胶工厂中单台设备的排风罩的排风量大于 3 万 m^3/h 以上时，宜采用吹吸式通风系统。

2 当室外实际出现的气温等于本地区夏季通风室外计算温度时，车间内作业地带的空气温度应符合下列要求：

1)散热量小于 $23W/(m^3 \cdot h)$ 的车间(工段)不应超过室外温度 3℃；
2)散热量 $23W/(m^3 \cdot h)$～$116W/(m^3 \cdot h)$ 的车间(工段)不应超过室外温度 5℃；
3)散热量大于 $116W/(m^3 \cdot h)$ 的车间(工段)不应超过室外温度 7℃。

3 车间(工段)作业地点的夏季空气温度，应按车间内外温度计算。其室内外温差的限值，应根据实际出现的本地区夏季通风室外计算温度确定，不得超过表 6.3.2 的规定。

表 6.3.2　车间内工作地点的夏季空气温度

通风室外计算温度(℃)	22 及以下	23	24	25	26	27	28	29～32	33 及以上
工作地点与室外温差(℃)	10	9	8	7	6	5	4	3	2

4 橡胶工厂中单层厂房的硫化工段，当作业地点气温大于等于 37℃时，应采取局部降温和综合防暑措施。

5 高温作业车间(工段)应设置工间休息室，休息室内温度不应高于室外气温；设有空调休息室的室内温度应为 25℃～27℃。

6 近 10 年每年最冷月平均气温低于 8℃(含 8℃)的月份在 3 个月以上的地区，应对非工艺生产要求的建筑物设置集中采暖设施；出现低于 8℃(含 8℃)的月份在 2 个月以下的地区应设置局部采暖设施。

7 当集中采暖车间(工段)每名工人占用建筑面积超过 50m²(含 50m²)时，工作地点及休息地点应设置局部采暖设施。

8 冬季采暖室外计算温度等于或小于 -20℃ 的地区，应根据具体情况设置门斗、外室或热空气幕。

6.4 采光和照明

6.4.1 采光和照明应符合现行国家标准《建筑照明设计标准》GB 50034 的有关规定。

6.4.2 车间内交通区(存放区)的照度不宜低于工作区照度的1/3。

6.4.3 车间内照明应采取防止频闪效应的措施。

6.4.4 车间内照明应利用自然光。

6.4.5 照明应根据照明场所的环境条件，分别选用下列灯具：

1 在潮湿的场所，应采用相应防护等级的防水灯具或带放水灯头的开敞式灯具。

2 在有腐蚀性气体或蒸汽的场所，宜采用防腐蚀密闭式灯具。若采用开敞式灯具，各部分应采取防腐或防水措施。

3 在高温场所，宜采用散热性能好、耐高温的灯具。

4 在有尘埃的场所，应按防尘的相应防护等级选择适宜的灯具。

5 在装有锻锤、大型桥式吊车等振动、摆动较大场所使用的灯具，应采取防振动和防脱落措施。

6 在易受机械损伤、光源自行脱落可能造成人员伤害或财物损失的场所使用的灯具，应采取防护措施。

7 在有爆炸或火灾危险场所使用的灯具，应符合现行国家标准《爆炸和火灾危险环境电力装置设计规范》GB 50058 的有关规定。

8 在有洁净要求的场所，应采用不易积尘、易于擦拭的洁净灯具。

6.4.6 作业面邻近周围的照度可低于作业面照度，但不宜低于表6.4.6的要求。

表6.4.6 作业面邻近周围的照度

作业面照度(lx)	作业面邻近周围照度值(lx)
≥750	500
500	300
300	200
≤200	与作业面照度相同

注：邻近周围照度值指作业面外0.5m范围之内。

6.4.7 橡胶厂建筑一般照明照度选择应符合下列要求：

表6.4.7 橡胶厂建筑一般照明照度

房间或场所		参考平面及其高度	照度参考值(lx)	UGR	Ra	备注
1. 通用房间或场所		—	—	—	—	
试验室	一般	0.75m水平面	300	22	80	可另加局部照明
	精细	0.75m水平面	500	19	80	可另加局部照明
检验	一般	0.75m水平面	300	22	80	可另加局部照明
	精细，有颜色要求	0.75m水平面	750	19	80	可另加局部照明
	计量室，测量室	0.75m水平面	500	19	80	可另加局部照明
变、配电站	配电装置室	0.75m水平面	200	—	60	
	变压器室	地面	100	—	20	
	电源设备室、发电机室	地面	200	25	60	
控制室	一般控制室	0.75m水平面	300	22	80	
	主控制室	0.75m水平面	500	19	80	
电话站、网络中心		0.75m水平面	500	19	80	
计算机站		0.75m水平面	500	19	80	防光幕反射

续表6.4.7

房间或场所		参考平面及其高度	照度参考值(lx)	UGR	Ra	备注
动力站	风机房、空调机房	地面	100	—	60	—
	泵房	地面	100	—	60	—
	冷冻站	地面	150	—	60	—
	压缩空气站	地面	150	—	60	—
	锅炉房、煤气站的操作层	地面	100	—	60	—
仓库	大件库	1.0m水平面	50	—	20	—
	一般件库	1.0m水平面	100	—	60	—
	精细件库	1.0m水平面	200	—	60	—
车辆加油站		地面	100	—	60	—
2. 炼胶车间		0.75m水平面	300	—	80	
3. 轮胎加工车间		—	—	—	—	
子午胎车间	压延压出工段	0.75m水平面	300	—	80	
	成型裁断工段	0.75m水平面	300	22	80	
	硫化工段	0.75m水平面	300	—	80	
斜胶胎车间	压延压出工段	0.75m水平面	200	—	80	
	成型裁断工段	0.75m水平面	200	22	80	
	硫化工段	0.75m水平面	200	—	80	
内胎车间	内胎测厚检查处	0.75m水平面	300	—	80	局部
	内胎检查处	0.75m水平面	300	—	80	局部
	其他		150	—	80	
内胎车间	内胎成品检查处	0.75m水平面	300	—	80	局部
	其他	0.75m水平面	150	—	80	

续表6.4.7

房间或场所		参考平面及其高度	照度参考值(lx)	UGR	Ra	备注
4. 胶鞋车间		—	—	—	—	
	缝纫处	0.75m水平面	300	—	80	
	底部冲切处	0.75m水平面	150	—	80	
	裁剪处	0.75m水平面	300	—	80	
胶鞋胶面压延半成品检查处		0.75m水平面	300	—	80	
	成型处	0.75m水平面	300	—	80	
	硫化工段	0.75m水平面	200	—	80	
	成品检查处	0.75m水平面	300	—	80	
5. 胶管车间		—	—	—	—	
	穿管及成型处	0.75m水平面	300	—	80	
	其他	0.75m水平面	150	—	80	
6. 胶带车间		—	—	—	—	
	成品检查处	0.75m水平面	300	—	80	
	其他	0.75m水平面	150	—	80	
7. 翻胎车间		0.75m水平面	150	—	80	
8. 再生胶车间		0.75m水平面	150	—	80	

注：1 需增加局部照明的作业面，增加的局部照明照度值宜按该场所一般照明照度值的1.0倍～3.0倍选取；
2 未涉及到的橡胶制品加工车间可按本表所列场所执行照度；
3 作业面之外采用100lx～150lx。

6.4.8 车间内光源的选择应符合生产工艺技术的要求，在需防止紫外线照射的场所，应采用隔紫灯具或无紫光源。

6.5 防辐射、防腐蚀

6.5.1 防辐射应符合下列要求：

1 在橡胶工厂中，有激光探伤检测、放射性元素测厚、X光检测，以及机械加工的激光切割、打孔、焊接等工序，应根据辐射类别采取防辐射安全防护措施。

2 在橡胶工厂中，机械加工采用的激光切割、打孔、焊接等工序，应符合国家现行标准《机械工业职业安全卫生设计规范》JBJ 18的有关规定。

3 激光辐射安全防护设计，应符合现行国家标准《激光产品的安全 第1部分：设备分类、要求和用户指南》GB 7247.1的有关规定。

4 放射性同位素应用设计的使用、储存、运输、装卸、监督和管理，应符合现行国家标准《放射卫生防护基本标准》GB 4792的有关规定，并应经主管卫生部门批准。

6.5.2 防腐蚀应符合下列要求：

1 在橡胶工厂中，使用葵酸钴、硫酸、盐酸、硝酸、甲酸、冰醋酸、氢氟酸、氨水等工序，应符合国家现行有关工业企业设计卫生标准的规定。

2 酸碱试验、酸洗工序等应设置通风柜和机械排风装置。

3 储存、输送酸、碱等强腐蚀性化学物料的储罐应按其特性选材，其周围地面、排水管道及基础应做防腐处理。

4 对设备及管道排放的腐蚀性气体或液体，应加以收集、处理，不得任意排放。

5 氨系统的设计，应符合下列要求：

1）液氨或氨水应用密闭容器储存，并应置阴凉处；
2）氨储存箱、氨计量箱的排气，应设置氨气吸收装置；
3）氨库及加药间，应设置机械排风装置。

7 职业安全与卫生设施

7.1 生产过程的不安全因素与职业危害

7.1.1 橡胶工厂生产中可能造成人身伤害的物质固有的有害因素应符合表7.1.1的要求。

表 7.1.1 物质固有的有害因素

物质名称	固有的危险因素	使用部位
硫磺	低毒	配料间、密炼、硫磺库
天然气	高浓度时,因缺氧量使人窒息	燃气锅炉、食堂
正己烷（溶剂汽油）	低毒;麻醉和皮肤黏膜刺激,能轻度刺激眼睛	成型工序、胶浆配置
汽油	轻度中毒;条件反射的改变 高浓度中毒;引起呼吸中枢麻痹	配置溶剂汽油
柴油	低毒	发电机、叉车及柴油库
氯气	高毒	加药间
氮气	通风不良、管道泄露的狭窄空间接触氮气可能会引起缺氧窒息	制氮站、硫化地沟和硫化车间

7.2 安全与卫生设施

7.2.1 在选用工艺流程时,应满足安全卫生的要求。安全卫生技术装备水平应与工艺设备装备水平相适应。在采用技术措施后仍有危害的作业,应采取安全防护措施,也可采用自动化、遥控,取代人工操作。车间内应设置应急照明和安全出口。

7.2.2 工程设计应符合国家现行标准《工业企业噪声控制设计规范》GBJ 87 和有关工业企业设计卫生标准的规定,并应按实际需要和使用方便的原则设置生活辅助用房、卫生室。室内应有良好的通风、采暖和给排水设施,并应易于清扫。

7.2.3 接触强酸强碱及腐蚀、危险性液体的工作面,应设置送、排风装置,并应设置安全淋浴洗眼器。

7.2.4 工业探伤 X 射线机使用部位,应符合国家现行有关工业 X 射线探伤卫生防护标准的规定。

7.2.5 激光设备的安装,应使其射束的传播途径不处于人眼视线范围内。

排风罩应在高能量的激光设备射束靶上方适当位置装设。易燃及易爆品应远离激光设备。

7.2.6 建在室内的调节池,应设置通向室外的排气管。

7.2.7 各岗位的操作人员应配备相应的劳动保护用品,并应建立事故应急处置制度及预案。

7.2.8 采用氮气硫化工艺的硫化地沟中,应设置氮气浓度检测报警装置。

附录 A 《职业安全与卫生专篇》编写大纲

A.1 设 计 依 据

A.1.1 国家有关保障安全生产的法律、法规和规章。

A.1.2 安全卫生标准、规范、规程和其他依据。

A.2 工 程 概 述

A.2.1 本工程设计所承担的任务及范围。

A.2.2 工程性质、地理位置、总平面布置及特殊要求。

A.2.3 改建、扩建和技术改造前的安全与卫生概况。

A.2.4 主要工艺、半成品、成品、设备及主要职业危险、危害概述。

A.3 建筑及场地布置

A.3.1 根据场地自然条件中的气象、地质、雷电、暴雨、洪水、地震等情况预测的主要职业危险、危害因素及防范措施。

A.3.2 建厂的周围环境条件及其对安全生产的影响和防范措施。

A.3.3 锅炉房、氧气站、乙炔站及易燃、易爆和有毒物品仓库等的布局及其对安全生产的影响和防范措施。

A.3.4 厂区内通道、运输的安全卫生。

A.3.5 建筑物的安全距离、采光、通风、日晒等情况,排放气体与主要风向的关系。

A.3.6 救护室、医疗室、浴室、更衣室、休息室、哺乳室、女工卫生室等辅助用室的设置情况。

A.4 生产过程中职业危险、危害因素的分析

A.4.1 生产过程中使用的原料、材料和产生的半成品、副产品、产品等的种类、名称和数量。

A.4.2 生产过程中的高温、高压、易燃、易爆、辐射(电离、电磁)、振动、噪声等有害作业的生产部位、程度。

A.4.3 生产过程中危险因素较大的设备的种类、型号、数量。

A.4.4 可能受到职业危险、危害的人数及受害程度。

A.5 职业安全卫生设计中采用的主要防范措施

A.5.1 工艺和装置中选用的防火、防爆等安全设施和必要的监控、检测、检验设施。

A.5.2 根据爆炸和火灾危险场所的类别、等级、范围选择电器设备、安全距离、防雷、防静电及防止误操作等设施。

A.5.3 生产过程中的自动控制系统和紧急停机、事故处理等设施。

A.5.4 生产过程中危险性较大,发生事故和急性中毒的抢救、疏散方式和应急措施。

A.5.5 生产过程中各工序产生尘、毒的设备(或部位),尘、毒的种类、名称和危害程度。

A.5.6 高温、高压、低温、噪声、振动等工作环境所采取的防范措施,防护设备性能及检测、检验设施。

A.6 职业安全卫生机构设置及人员配备情况

A.6.1 职业安全卫生管理机构设置及人员配备。

A.6.2 维修、保养、日常检测检验人员。

A.6.3 职业安全卫生教育设施及人员。

A.7 专用投资概算

A.7.1 主要生产(或储存)环节职业安全卫生专项防范设施

费用。

A.7.2 检测装置和设施费用。

A.7.3 安全教育装置和设施费用。

A.7.4 事故应急措施费用。

A.8 建设项目职业安全卫生预评价的主要结论

A.8.1 该项目职业安全卫生机构、设施、人员编制是否符合国家现行有关标准的要求（合理性）论述。

A.8.2 有关职业安全卫生采取的设施、措施是否可行的论述。

A.8.3 各项经费来源是否落实，特殊设备采购渠道是否有保障。

A.9 预期效果及存在的问题与建议

A.9.1 该项目职业安全卫生机构、设施、人员等建成达标后的预期效果论述。

A.9.2 该项目实施时可利用的周边社会资源状况。

A.9.3 可能存在哪些问题，是否有关于该项目的改进建议。

本规范用词说明

1 为便于在执行本规范条文时区别对待,对要求严格程度不同的用词说明如下:

　　1)表示很严格,非这样做不可的:
　　　　正面词采用"必须",反面词采用"严禁";
　　2)表示严格,在正常情况下均应这样做的:
　　　　正面词采用"应",反面词采用"不应"或"不得";
　　3)表示允许稍有选择,在条件许可时首先应这样做的:
　　　　正面词采用"宜",反面词采用"不宜";
　　4)表示有选择,在一定条件下可以这样做的,采用"可"。

2 条文中指明应按其他有关标准执行的写法为:"应符合……的规定"或"应按……执行"。

引用标准名录

《生产设备安全卫生设计总则》GB 5083

《电气设备安全设计导则》GB/T 25295

《建筑设计防火规范》GB 50016

《化工企业总图运输设计规范》GB 50489

《工业企业总平面设计规范》GB 50187

《石油化工企业设计防火规范》GB 50160

《工业企业厂内铁路、道路运输安全规程》GB 4387

《厂矿道路设计规范》GBJ 22

《工业企业标准轨距铁路设计规范》GBJ 12

《橡胶工业静电安全规程》GB 4655

《建筑物防雷设计规范》GB 50057

《安全标志及其使用导则》GB 2894

《安全色》GB 2893

《机械安全　防护装置　固定式和活动式防护装置设计与制造一般要求》GB/T 8196

《固定式钢梯及平台安全要求　第一部分:钢直梯》GB 4083.1

《固定式钢梯及平台安全要求　第二部分:钢斜梯》GB 4053.2

《固定式钢梯及平台安全要求　第三部分:工业防护栏杆及钢平台》GB 4053.3

《固定钢平台》GB 4053.4

《建筑楼梯模数协调标准》GBJ 101

《采暖通风与空气调节设计规范》GB 50019

《橡胶加工炼胶车间防尘规程》GB 21657

《粉尘防爆安全规程》GB 15577

《爆炸和火灾危险环境电力装置设计规范》GB 50058

《恶臭污染物排放标准》GB 14554

《大气污染物综合排放标准》GB 16297

《工业企业厂界环境噪声排放标准》GB 12348

《工业企业噪声控制设计规范》GBJ 87

《建筑照明设计标准》GB 50034

《机械工业职业安全卫生设计规范》JBJ 18

《激光产品的安全　第 1 部分:设备分类、要求和用户指南》GB 7247.1

《放射卫生防护基本标准》GB 4792

中华人民共和国国家标准

橡胶工厂职业安全与卫生设计规范

GB 50643 - 2010

条 文 说 明

制 定 说 明

《橡胶工厂职业安全与卫生设计规范》GB 50643 经住房和城乡建设部 2010 年 11 月 3 日以第 826 号公告批准发布。

本规范制定过程中，编制组进行了广泛的调查研究，总结了我国橡胶工业多年来在职业安全与卫生设计方面的实践经验，同时参考了国外橡胶工厂职业安全与卫生设计的先进技术和先进理念。

本规范中各专业指标和参数等是依据近几年国家有关职业安全与卫生设计标准并结合橡胶工程设计行业的实际提出的，其适宜性尚需今后在实践中进一步验证。

为便于广大设计、施工、科研、学校等单位有关人员在使用本规范时能正确理解和执行条文规定，《橡胶工厂职业安全与卫生设计规范》编制组按章、节、条顺序编制了本规范的条文说明，对条文规定的目的、依据以及执行中需注意的有关事项进行了说明，对强制性条文的强制性理由做了解释。但是，本条文说明不具备与标准正文同等的法律效力，仅供使用者作为理解和把握标准规定的参考。

目　次

4

1 总　则

1.0.1 根据《中华人民共和国安全生产法》和《中华人民共和国职业病防治法》，结合橡胶工厂建设项目的特点，制定本规范。制定本规范的目的是在正确的设计思想指导下，努力创造适宜的安全环境和劳动条件，最大限度地保障职工的安全与健康，提高劳动生产率，并符合国家及地方对建设项目的职业安全与卫生的有关规定。

1.0.3 本条规定了橡胶工厂职业安全与卫生设计的原则。设计时应从全局出发，统筹兼顾，结合橡胶工厂具体工程的实际情况进行职业安全卫生设施的设计。在工程中积极采用先进的工程技术和防治措施，优化设计方案，做到安全可靠、保障健康、技术先进、经济合理。

3 一般规定

3.0.1 橡胶工厂设计中应体现清洁生产原则，使用无毒、无害或低毒、低害的原材料，宜从源头抓起。应积极推广新工艺、新技术、新材料、新设备。

2 术　语

2.0.1、2.0.2 橡胶用不同的加工方式加工时，会达到不同的温度（120℃、140℃），使橡胶和多种配料中可挥发的碳氢化合物在不同的胶温时挥发到大气中。橡胶和各种配料在密闭式炼胶机中捏合，胶温达到140℃～155℃，在密炼机中的时间约为2min左右，散发极少量带有橡胶味的密炼热烟气。

胶温为120℃左右，混炼胶片在开炼机、冷（热）喂料挤出机等设备再加工时，温度升至120℃，碳氢化合物只有部分残留的继续挥发，散发微量带有橡胶味的炼胶热烟气。

密炼、炼胶产生带橡胶味热烟气，其主要成分是复合恶臭和非甲烷总烃。

橡胶制品硫化时一般时间长、温度高，生成的许多新的挥发碳氢化合物在160℃～180℃时基本逸出。国外实验室、现场硫化时实测胶料失重在0.04%～0.08%，其挥发量应为硫化时胶料的失重重量。硫化热烟气中化学成分主要有脂肪烃、异硫氰酸盐、酮、亚硝胺、噻唑、醛胺醛硫化物等200多种物质，其中近100种已被定量，其他100多种物质含量小于5×10^{-8}g/l。

4 厂址选择及厂区总平面布置

4.1 厂址选择

4.1.1、4.1.2 厂址的安全，关系到职工在生产劳动过程中的安全，要选择安全的厂址，保证其不受自然灾害及人为影响，应全面考虑选厂地区的自然条件及四邻情况。

设计应有充分可靠的依据和原始资料。在选择厂址时，应把暴雨、雷暴、台风等自然灾害和滑坡、泥石流、喀斯特溶洞、断层、地震等特殊地质条件对厂址的影响作为重要因素来考虑。应避免选在受洪水威胁或地方病严重的地区，并避免与现有或拟建的飞机场、电台、通讯电视设备、雷达导航设施以及工业区域内的其他厂房互相产生不良影响。必须在地面标高低于洪水（潮位）水位的区域建厂时，应有可靠的防洪措施。

以厂址整体角度看待工业卫生问题，厂址应避开对人身健康产生有害影响的地区，以保障职工的健康。

4.1.3、4.1.4 风向对灰尘、有害气体的传播有很大作用，故应从风向方面注意厂址同尘、毒危害较严重的工厂及邻近的城镇、居住区的位置关系。

关于厂区同居住区之间的防护距离问题，现越来越被重视，但目前国家尚无具体标准，因此，条文中未作详细规定。工业企业和居住区之间必须设置足够宽度的卫生防护距离，按GB 11654～GB 11666、GB 18053～GB 18083及其他相关国家标准执行。

4.2 厂区总平面布置

4.2.1 橡胶工厂总平面设计本着安全生产、卫生健康、节约能源、节约用地、提高土地利用率等方面，根据橡胶工厂的工艺流程、工厂的组成、生产特点和相互关系，明确功能分区；结合交通运输方式和自然条件，合理地布置生产设施、辅助生产及公用工程设施、仓储设施、运输设施、行政办公及生活服务设施的相对位置，做到生产流程顺畅短捷、运输简便、工程管线最短、采光通风良好、防火防爆等防护距离得当，从而提高工厂的经济效益。

总平面布置既要对各项设施平面布置的合理性给予充分重视，又要与建筑群体的平面布置与空间景观协调，结合绿化和现场环境进行构思和研究，为橡胶工厂创造良好的安全生产环境。

4.2.5 本条为强制性条文。根据橡胶工厂的工艺流程和生产特点明确功能分区，危险品库、硫磺库、胶浆房属于重点防火场所，为保障安全生产应远离火源、集中布置，应从全局出发，统筹兼顾，做好防火设计。

5 职业安全

5.1 防火、防爆及防雷

5.1.1 有爆炸危险性气体的场所为胶浆房、燃气调压站。

5.1.2 橡胶工厂常用辅料理化性质、危险特性见表1～表8。

表 1 硫磺理化性质、危险特性

标识	英文名：Sulfur		分子式：S		分子量：32.06
			危险性类别：4.1类		火灾危险性类别：乙类
	危规号：41501		UN 编号：1350		CAS 号：7704-34-9
理化性质	外观与性状		淡黄色脆性结晶或粉末，有特殊臭味		
	熔点(℃)	120		临界温度(℃)	1040
	沸点(℃)	444.6		临界压力(MPa)	11.75
	相对密度(水为1)	1.96～2.07		相对密度(空气为1)	—
	饱和蒸汽压(kPa)	0.13(183.8℃)		燃烧热值(kJ·mol^{-1})	—
	最小引燃能量(mJ)		15		
	溶解性		不溶于水，微溶于乙醇、醚，易溶于二硫化碳		
燃烧爆炸、危险性	燃烧性	易燃		闪点(℃)	207
	引燃温度(℃)	232		爆炸下限	35mg/m³
	危险特性		与卤素、金属粉末等接触剧烈反应。硫磺为不良导体，在储运过程中易产生静电荷，可导致硫尘起火。粉尘或蒸汽与空气或氧化剂混合形成爆炸性混合物		
	燃烧分解产物		氧化硫		
	稳定性		稳定		
	聚合危险		不聚合		
	禁忌物		强氧化剂		
	灭火方法		遇小火用砂土闷熄。遇大火可用雾状水灭火。切勿将水流直接射至熔融物，以免引起严重的流淌火灾或引起剧烈的沸溅。消防人员须戴好防毒面具；在安全距离外，在上风向灭火		

表 2 炭黑的理化性质、危险特性

化学组成		火灾危险性类别	丙类	分子量	—
碳含量可达90%～99%，其他还有氧、氢及少量的硫以及其他杂质		真密度(g/cm³)	1.8～2.0	性状	黑色微细颗粒
		燃点	高温一般为280℃。当在过剩氧大于10%情况下，容易发生自燃引起爆炸	爆炸极限	当在过剩氧大于10%情况下，容易发生自燃引起爆炸
		燃烧热值(kJ·mol^{-1})	110.525	—	—
		倾注密度	—	—	—
		最小点燃能	—	—	—
		危险特性		易燃。遇明火燃烧，其粉尘与空气可形成爆炸性混合物，与点火源有燃烧爆炸危险，久置炭黑堆垛仓内部会绝热自燃，并有大量一氧化碳逸出，有人员中毒和火灾爆炸危险	

表 3 天然橡胶的理化性质及危险特性

分子结构式		火灾危险性类别	丙类	分子量	3 万～1000 万
$\{CH_2 \quad CH_2\}_n$ $CH_3 \quad C=C \quad H$		密度(kg·m^{-2})	906～916	性状	无固定形状的弹性固体
		燃点	高温燃点120℃	爆炸极限	遇 360℃ 明火易引起燃烧
		玻璃化温度(℃)		—69～—74	
		燃烧热值[kJ·(kg·K)$^{-1}$]		1.905	
		击穿电压(MV·m^{-1})		20～30	
		体积电阻(Ω·m)		(1～6)×10^{12}	
		危险特性		可燃。遇明火和高热燃烧，其粉尘与空气可形成爆炸性混合物，遇点火源有燃烧爆炸危险。易产生静电	

表 4 天然气理化性质、危险特性

标识	中文名：天然气(甲烷，沼气)
	UN 编号：1971
	危险货物编号：21007
	危险品类别：第2.1类 易燃气体
理化性质	主要成分：甲烷
	性状：无色无臭气体
	熔点(℃)：—182.5
	沸点(℃)：161.5
	相对密度：0.589
	溶解性：微溶于水，溶于醇、乙醚
燃烧爆炸危险特性	燃烧性：极易燃烧
	闪点(℃)：—188
	引燃温度(℃)：538
	爆炸极限(V/V)(%)：5.3～15
	危险特性：极易燃。蒸汽能与空气形成爆炸性混合物，遇热源和明火有燃烧爆炸的危险
	禁忌物：强氧化剂、氟、氯
泄漏应急处理	迅速撤离泄漏污染区人员至上风处，并进行隔离，严格限制出入。切断火源

表 5 正己烷(溶剂汽油)理化性质、危险特性

标识	英文名：略		分子式：CH₃(CH₂)₄CH₃		分子量：86.2
			危险性类别：3.1类		火灾危险性类别：甲类
	危规号：31005		UN 编号：1208		CAS 号：—
	外观与性状		无色有轻微气味的挥发性液体		
理化性质	熔点(℃)	—95		临界温度(℃)	234.7
	沸点(℃)	69		临界压力(Pa)	3.03×10^6
	相对密度(水为1)	0.6603		相对密度(空气=1)	3
	饱和蒸汽压(kPa)	13.3(15.81℃)		燃烧热值(kJ·mol^{-1})	4159.1
	最小引燃能量(mJ)		无资料		
	溶解性		不溶于水，溶于醇和醚		

续表5

	燃烧性	极易燃	闪点(℃)	—22
	引燃温度(℃)	260	爆炸极限(%)	1.1～7.5
燃烧爆炸、危险性	危险特性		极易燃,蒸汽与空气能形成爆炸性混合物。受热或遇着火、爆炸危险。在火场中受热燃气有爆炸危险	
	灭火方法		小面积可用雾状水扑救,面积较大时用干粉、泡沫、二氧化碳、1211、水泥、砂土灭火;用水冷却火场中的容器,用雾状水保护消防人员;用砂土堵住逸出液体	

表6 含一级易燃溶剂的胶粘剂理化性质、危险特性

标识及理化性质	UN 编号	1133	化学类别及火灾危险性类别	甲B
	CAS 编号	—	危险性类别	第3.2类中闪点易燃液体
	危险货物编号	32196	外观与性状	各种色泽的液体或黏稠液体
	溶解性	溶于苯等有机溶剂	危险特性	易燃。遇高温、明火、氧化剂有引起燃烧的危险
	闪点(℃)	≥23		
健康危害		蒸汽有毒,能刺激呼吸道		

表7 酚醛树脂理化性质、危险特性

标识及理化性质	UN 编号	1866	化学类别及火灾危险性类别	甲B
	CAS 编号	—	危险性类别	第3.2类中闪点易燃液体
	危险货物编号	32197	外观与性状	红棕色透明液体
	溶解性	溶于丁醇	危险特性	遇高温、明火、氧化剂有引起燃烧的危险
	闪点(℃)	≥23		
健康危害		高浓度时有麻醉作用		

表8 柴油理化性质及危险特性表

标识	中文名	柴油 10#、0#、—10#、—20#
	UN 编号	2924
	危险货物编号	
	危险品类别	丙类可燃液体
理化性质	主要成分	C15—C23 脂肪烃和环烷烃
	性状	无色或淡黄色液体
	凝点(℃)	≤0、0、—10、—20	相对密度(水为1):0.85
	沸点(℃)	200～365
	溶解性	不溶于水,与有机溶剂互溶
燃烧爆炸危险特性	燃烧性	易燃烧
	闪点(℃)	≥55
	引燃温度(℃)	350～380
	爆炸极限(V/V)(%)	1.5～6.5
	危险特性	其蒸汽与空气可形成爆炸性混合物。遇明火易燃烧爆炸
	燃烧产物	CO、CO₂、H₂O
	禁忌物	强氧化剂
储运		储存要保持容器密封,要有防火、防爆技术措施,严禁使用易产生火花的机械设备和工具。灌装时应注意流速,且有接地装置,防止静电积聚

生产类别分类:

1)甲类易燃液体、气体:闪点低于28℃液体;溶剂汽油、胶浆、酚醛树脂等;燃气锅炉使用的天然气。

2)乙类易燃液体、固体:闪点大于28℃,但小于60℃液体;硫磺和炭黑为乙类易燃固体。

3)丙类可燃固体:纺织帘子布、天然橡胶、丁苯橡胶、丁基橡胶、丁腈橡胶、化学添加剂、包装材料等为丙类可燃固体。

所有厂房、库房、辅助用房的消防设计应符合现行国家标准《建筑设计防火规范》GB 50016 的规定。厂房内计算机房,应配备

化学灭火器。变电所、控制室应设火灾自动、报警设施和轻便灭火装置。

5.2 防电气伤害

5.2.1 车间内供配电设备宜与其他设备有明显颜色区别,有助于非电气人员接触电气设备,防止触电危险,便于设备的维护。

5.2.2 根据《工作场所有害因素职业接触限值 第2部分:物理因素》GBZ 2.2—2007 第6.2节的规定:频率50Hz时,8h工作场所工频电场职业接触限值为电场强度不大于5kV/m。橡胶工厂车间变电所高压电源一般为10(6)kV,只要办公室等人员密集场所不贴邻车间变电所布置,工作场所电场强度就不会大于5kV/m。

5.3 防机械伤害

5.3.2 防护网(罩)宜为黄色;警告人们特别注意的器件、设备及环境部位应以黄色与黑色相间条纹表示。

5.3.3 紧急停止按钮、停止操作杆、紧急停止开关等紧急制动装置应设置在操作者机械作业活动范围内随时可触及到的位置。

5.3.4 人员能够触及的生产设备的传动外露部位包括:裁断机的裁刀部位、传动带、转轴、传动链、联轴节、带轮、齿轮、飞轮、链轮等;安全防护装置如:防护罩、限位器、故障紧急停止装置或其他防护装置。

5.3.5 输送装置每隔30m左右(一般间隔25m～35m)应装有紧急停止按钮,最大间距不得超过50m。

5.3.6 输送装置下方有人员时应设置网架。

5.3.7 防护设施宜为黄色或黄色与黑色相间条纹。

5.4 防坠落伤害

5.4.2～5.4.4 钢直梯攀登时危险性大,因而一般当攀登高度超过3.5m时,人的足部可能超过2.0m的坠落高度,应设护笼。当攀登高度更高时,为了攀登人员中间休息,宜设梯间平台。这些应结合工程具体情况考虑。另外,为了安全和方便,在梯上端应设扶手。

钢斜梯和钢直梯均应有足够的强度,以保证劳动者的安全。

5.4.6 坠落高度基准面指通过最低坠落着落点的水平面,高度在2m以上时应设防护栏杆是根据现行国家标准《高处作业分级》GB 3608 中规定 2.0m 以上属高处作业和《生产设备安全卫生设计总则》GB 5083 中规定 2.0m 以上的平台必须设防坠落的栏杆、安全圈及防护板的规定制定的。

防护栏杆能阻止人员无意超出防护区域。因而,防护栏杆的高度应超出人体站立时的重心高度,一般应在1.05m～1.20m。同时,防护栏杆的立杆或横杆间距其中一应能阻止人员无意滑落,这个尺寸不宜大于0.25m。防护栏杆还应有足够的强度,按照有关统计资料,单人的推、拉力一般在300N～400N,由于橡胶工程中人员并不集中,防护栏杆的承载能力一般可按500N/m设计。

5.4.7 工程中这些部位容易发生坠落伤人事故,因而应设防护栏杆。设置的盖板可为钢盖板或铁栅盖板,并应设有供活动式临时防护栏杆固定用的槽孔等。

5.4.8 设备检修时,往往会形成很多孔、坑,为了避免在此期间发生坠落伤人事故,设计上应设有临时安装防护栏杆的槽孔,或在孔、坑内侧周围设螺栓等。以往工程对此一般没有考虑。

5.5 防烫伤

5.5.1 工艺生产用蒸汽温度超过60℃,为防止人员烫伤,应进行保温。

5.5.3 生产废汽和安全阀排放蒸汽都直接排入大气,可不保温,但是为了防止人员烫伤,在人可触及的地方应进行保温。

5.5.4 表面温度高于60℃可能造成人员的烫伤，因此在能够进行保温的情况下都需要进行保温。但是有些设备按照工艺生产的要求可以不进行保温或设备本身需要散热，可不对整个设备进行保温或不保温。例如，锅炉房的连续排污膨胀器，设备本身需要散热，如果对整个设备保温不仅增加投资而且影响设备本身的散热效果，因此可以在人可以触及的地方进行部分保温，或者整个设备都不进行保温，为防止人员烫伤，应该在设备附近设置防烫伤警示标志。

生产过程中使用到高温蒸汽和热水的设备，有些在操作过程中可能造成人员烫伤，例如轮胎生产中的硫化机，在定型和开模时有蒸汽可能喷出造成人员烫伤，因此需要设立防烫伤警示标志。

6 职业卫生

6.1 防烟尘

6.1.1 本条说明如下：

8 目前大厂房的送排风机均在屋面上，无论如何布置均可能有一部分排风会少量混入到送风机中，故按卫生规范作本款规定。

9 排风罩是通风除尘非常重要的部件，需研究烟尘的运动轨迹，用最少的风量取得最佳收集烟尘的效果。局部机械排风系统各类排风量应参照现行国家标准《排风罩的分类及技术条件》GB/T 16758的要求。

6.1.2 本条说明如下：

6 密炼机平台下顶栓前后的敞口，主要为安装、检修下顶栓用。与压片机和挤出压片机相连，在卸料时此处的外逸烟气较多并带一定的粉尘，同时卸料会把挤出压片机内的空气挤出。为此必须将此处封闭，而设置的围挡和排风罩需考虑检修、拆卸和移动方便。

12 《袋式收尘器手册》(八)橡胶精炼用密闭式混合机的收尘装置中介绍：

吸气量：300m³/min　35℃。

气体温度：5℃～35℃。

气体成分：含有下述粉尘的大气。

粉尘成分：炭黑及其他药品。

含尘浓度：炭黑150kg/d，药品30kg/d(24h运行)。

粉尘粒径分布见表9：

表9　粉尘粒径分布

炭黑	μm	0.3～1	1～3	3～5	5～10	>10
	%	25～35	10～20	10～15	20～25	5～30
药品	μm	约0.01				

粉尘比重见表10：

表10　粉尘比重

比重指标 名称	真密度(g·cm⁻³)	表观密度(g·cm⁻³)
炭黑	1.80～1.85	0.35～0.50
药品	1.00～5.00	0.20～1.00

除尘器的过滤速度：1.0m/min以下。

13 目前仍有一些中小型橡胶厂采用开炼机混炼，有条件的应改用密炼机混炼。必须采用开炼机混炼的，需放置在单独的小室内进行，小室必须负压运行，排出空气必须经过过滤。

14 密炼热烟气源：密炼机投料口、下顶栓前后的敞口、挤出压片机等；炼胶热烟气源：开炼机、皂液槽、压延机、压片机、滤胶机、挤出机机头等；硫化热烟气源：各式硫化设备，如鼓式硫化机、单(双)模硫化机、硫化罐等。以上设备宜根据设备情况设置局部排风或区域性排风。

6.2 防噪声及防振动

6.2.5 除土建要在基础设计上采取减振措施外，基础与振动设备间还要加设减振垫等。

6.2.7 隔声设计应遵守下列规定：

1 对分散布置的高噪声设备，宜采用隔声罩。

2 对集中布置的高噪声设备，宜采用隔声间。

3 对难以采用隔声罩或隔声间的某些高噪声设备，宜在声源附近或受声处设置隔声屏障。

4 对不需要人员始终在设备旁操作的高噪声车间和站房，如炼胶车间、动力站、空压站、水泵房等设置隔声值班室或控制室。

6.3 防暑防寒

6.3.1 大型炼胶车间一层的烟尘量最大，如一侧紧靠原材料库，另一侧紧靠大车间，一楼几乎无对室外的外窗，无论对消防和通风均是不利的。如留出一条通道，二层再用过街通道与原材料库相连，这将大大改善炼胶车间一层的操作条件。

6.3.2 本条说明如下：

1 对于排风量过大的设备，如胶片冷却装置，尤其是在寒冷和严寒地区，过大的排风会引起室温过低，消耗大量能源、不经济，采用吹吸式能较好地解决此问题，同时也解决夏季车间内过热，对胶片冷却效果不佳的问题。

4 硫化工段，是橡胶工厂的热车间，全面降温将消耗大量能源，效果也不明显，建议加大通风量，采用蒸发型冷气机在干热的夏季能利用水蒸发可降温4℃～5℃和在适当的位置安装带空调的休息岗亭等局部处理的措施。

6.4 采光和照明

6.4.2 目前我国橡胶工厂自动化程度不高，各工序物料基本为人工搬运，叉车的使用比较普遍，工作区与交通区相邻，存放区内叉车的使用也比较频繁，且交通区所占面积较小。因此保证交通区、存放区的照度对于安全生产是很有必要的。

6.4.3 当气体放电灯由交流50Hz电源供电时，随着交流电压和电流的周期性变化，气体放电灯的光通量和工作面上的照度也产生频率为100Hz的脉动，这种现象称为频闪效应(或闪烁现象)。频闪效应对照明的危害主要表现在以下两方面：①人眼对物体的分辨能力下降，尤其当物体处于转动或晃动状态时，会使人产生错觉，影响生产和工作；②当脉动闪烁频率与灯光下旋转物体的转速

(或转动频率)一致或成整数倍时,人眼会将旋转物体看成静止、倒转、运动(旋转)速度缓慢。

橡胶工厂里机加工设备比较多,由于目前我国橡胶工业生产加工工艺的不同,所要求的照明光源也有不同,光源主要为荧光灯、金属卤化物灯、显色改进型高压钠灯,这些灯都存在频闪效应。因此采取防止频闪效应措施是很有必要的。

防止频闪效应的主要措施有:

1)灯具三相错开供电。对于采用气体放电光源的工作场所,可将其同一或不同灯具的相邻灯管分接在不同相别的线路上;

2)用电子镇流器,频率高了闪动会减弱;

3)采用直流供电。目前部分大功率紧凑型荧光灯自带整流装置,可以满足要求。但此类光源的寿命和其他光源相比较短。

6.4.4 对于采用显色改进型高压钠灯照明的生产车间,根据部分厂的改造结果,如果采用自然光作为补充,对于改善照明环境有着明显的作用。

6.5 防辐射、防腐蚀

6.5.1 在橡胶工厂中,放射性元素测厚是指对压延工序胶片厚度进行检测;激光探伤检测通常指子午线轮胎、航空轮胎的质量检测;X光检测是针对以钢丝为骨架材料的子午胎。

6.5.2 在橡胶工厂中,腐蚀品类包括:葵酸钴、硫酸、盐酸、硝酸、甲酸、水醋酸、氢氟酸、氨水等,分别用在试验室酸碱实验、防腐衬里的酸洗、乳胶制品中氨水的防腐处理和工厂中的水处理系统。

7 职业安全与卫生设施

7.1 生产过程的不安全因素与职业危害

7.1.1 制定职业安全卫生设施的目的是改善作业卫生环境,提高作业防护条件,保护和增进员工身体健康,提高劳动生产效率,促进企业的经济发展。硫磺、天然气、正己烷、柴油的健康危害见表11～表13。

表11　硫磺健康危害

毒性及健康危害	接触限值	中国MAC:未制定标准	美国TVL-TWA:未制定标准
		前苏联MAC:6mg/m³	美国TLV-STEL:未制定标准
	侵入途径	吸入、食入、经皮吸收	毒性:—
	健康危害	因其能在肠内部分转化为硫化氢而被吸收,故大量口服可导致硫化氢中毒。急性硫化氢中毒的全身毒作用表现为中枢神经系统症状,有头痛、头晕、乏力、呕吐、供济失调、昏迷等。本品可引起眼结膜炎、皮肤湿疹。对皮肤有弱刺激性。生产中长期吸入硫粉尘一般无明显毒性作用	

表12　天然气健康危害

毒性及健康危害	最高允许浓度(mg/m³):300
	侵入途径:吸入
	健康危害:甲烷对人基本无毒,但浓度过高时,使空气中氧含量明显降低,使人窒息。当空气中甲烷达25％～30％时,可引起头痛、头晕、乏力,注意力不集中,呼吸和心跳加速,供给失调。若不及时脱离,可致窒息死亡

表13　柴油危害特性

毒性及健康危害	低毒物质
	侵入途径:吸入、食入、经皮肤吸收
	健康危害:急性中毒,对中枢神经系统有麻醉作用;轻度中毒症状有头晕、头痛、恶心、呕吐。高浓度吸入出现中毒性脑病。极高浓度吸入引起意识突然丧失,反射抑呼吸停止。可伴有中毒性周围神经病及化学性肺炎。吸入呼吸道可引起吸入性肺炎。溅入眼内可致角膜溃疡、穿孔,甚至失明。皮肤接触致急性接触性皮炎,甚至灼伤。吞咽可引起急性胃肠炎,并可引起肝、肾损害。慢性中毒:神经衰弱综合症、植物神经功能紊乱、周围神经病。严重中毒出现中毒性脑病
防护措施	工程控制:密闭操作,全面通风,工作现场严禁火种身体防护:穿防静电工作服手防护:戴耐油手套

含一级易燃溶剂的胶粘剂健康危害:蒸汽有毒,能刺激呼吸道。

酚醛树脂健康危害:高浓度时有麻醉作用。

7.2 安全与卫生设施

7.2.7 在生产、储存、运输过程中,存在易燃、易爆、有毒、有害物料,一旦发生意外事故有可能造成人员伤害或财产损失。因此,应建立事故的应急预案。

应急预案应根据企业的基本情况制订,明确指挥机构,明确职责分工,建立救援队伍,设置装备和信息系统。

制订重大事故应急和救援预案,应具体描述意外事故和紧急情况发生时所采取的措施,并对职工进行宣讲、训练。

中华人民共和国国家标准

水利水电工程劳动安全与工业卫生
设 计 规 范

Code for design of occupational safety and health
of water resources and hydropower projects

GB 50706 - 2011

主编部门：中 华 人 民 共 和 国 水 利 部
批准部门：中华人民共和国住房和城乡建设部
施行日期：2 0 1 2 年 6 月 1 日

中华人民共和国住房和城乡建设部公告

第 1091 号

关于发布国家标准《水利水电工程
劳动安全与工业卫生设计规范》的公告

现批准《水利水电工程劳动安全与工业卫生设计规范》为国家标准,编号为 GB 50706—2011,自 2012 年 6 月 1 日起实施。其中,第 4.2.2、4.2.6、4.2.9、4.2.11、4.2.13、4.2.16、4.5.7、4.5.8、5.6.1、5.6.7、5.6.8、5.7.1、5.7.2、5.7.3、5.9.2 条为强制性条文,必须严格执行。

本规范由我部标准定额研究所组织中国计划出版社出版发行。

中华人民共和国住房和城乡建设部
二〇一一年七月二十六日

前　言

本规范是根据住房和城乡建设部《关于印发〈2008 年工程建设标准规范制订、修订计划(第二批)〉的通知》(建标〔2008〕105 号)的要求,由水利部水利水电规划设计总院、长江水利委员会长江勘测规划设计研究院会同有关单位共同编制完成。

本规范共分 6 章和 1 个附录,主要内容包括:总则、基本规定、工程总体布置、劳动安全、工业卫生、安全卫生辅助设施等。

本规范中以黑体字标志的条文为强制性条文,必须严格执行。

本规范由住房和城乡建设部负责管理和对强制性条文的解释,水利部负责日常管理,水利部水利水电规划设计总院负责具体技术内容的解释。在执行本规范过程中,请各单位结合工程实践,认真总结经验,并将意见和建议反馈水利部水利水电规划设计总院(地址:北京市西城区六铺炕北小街 2—1 号;邮政编码:100120;电子邮箱:jsbz@giwp.org.cn),以供今后修订时参考。

本规范主编单位、参编单位、主要起草人和主要审查人:

主 编 单 位:水利部水利水电规划设计总院
　　　　　　长江水利委员会长江勘测规划设计研究院
参 编 单 位:北京市水利规划设计研究院
主要起草人:覃利明　王治明　邵剑南　钱宜伟　高军华
　　　　　　郭澄平　涂　宁　刘茂祥　杨晓林　梁　波
　　　　　　颜家军　邵　年　于庆奎　马卫军　胡宏敏
　　　　　　赵　峰　曾祥胜　冉星彦　顾小明　雷俊荣
　　　　　　汪新宇
主要审查人:张汝石　刘志明　刘咏峰　巩劲标　雷兴顺
　　　　　　刘凤权　于庆贵　冯真秋　范建章　殷　勇
　　　　　　毛文然　李学勤　马东亮　符夏碧　熊　杰

目 次

Contents

5

1 总　则

1.0.1 为贯彻"安全第一,预防为主"的方针,做到"劳动安全卫生设施必须与主体工程同时设计、同时施工、同时投入生产和使用"的要求,保障劳动者在劳动过程中的安全与健康,制定本规范。

1.0.2 本规范适用于新建、改建和扩建的水利水电工程的劳动安全与工业卫生的设计。

1.0.3 水利水电工程劳动安全与工业卫生设计,应结合工程情况,积极慎重采用先进的技术措施和设施,做到安全可靠、经济合理。

1.0.4 水利水电工程劳动安全与工业卫生的设计,除应符合本规范外,尚应符合国家现行有关标准的规定。

2 基本规定

2.0.1 劳动安全与工业卫生设计应根据设计阶段的要求,阐明设计原则、设计方案,分析和预测可能存在的危险、有害因素的种类和危害程度,提出合理可行的安全对策及措施。

2.0.2 工程设计中所选用的设备和材料均应符合国家现行有关劳动安全与工业卫生标准的规定。

2.0.3 从国外引进的设备,应符合本规范提出安全卫生设施和技术装备的要求,对达不到要求的部分由国内设计配套。

2.0.4 水利水电工程安全标志设置的场所及类型应符合本规范附录 A 的规定。安全标志的制作应符合现行国家标准《安全标志及其使用导则》GB 2894 和《安全色》GB 2893 的有关规定。

3 工程总体布置

3.1 水工建筑物

3.1.1 工程总体布置设计,应根据工程所在地的气象、洪水、雷电、地质、地震等自然条件和周边情况,预测劳动安全与工业卫生的主要危险因素,并对各建筑物、交通道路、安全卫生设施、环境绿化等进行统一规划。当工程存在特殊的危害劳动安全与工业卫生的自然因素,且工程布置无法避开时,应进行专题论证。

3.1.2 工程附近有污染源时,宜根据污染源种类和风向,避开对生活区、生产管理区所带来的不利影响。

3.1.3 建筑物间安全距离、各建筑物内的安全疏散通道及各建筑物进、出交通道路等布置,应符合防火间距、消防车道、疏散通道等的要求。

3.1.4 建筑物内的基础廊道、观测廊道、交通廊道等的出入口,不应少于 2 个。出入口位置应选择在安全地段或采取可靠的防护措施。

3.1.5 观测廊道、交通廊道等廊道内应有照明设施和良好的通风条件。

3.1.6 交通洞、交通廊道的出入口宜避开泄洪雾化区。当不能避开时,应采取防护措施,并应设置安全标志。

3.1.7 工程范围内人员经常通行、作业的临近高边坡的交通道路、场地等,应采取安全防护措施。

3.1.8 抗震设计烈度 8 度及以上的地下工程交通进出口部位,宜采取放缓洞口边坡度、岩面喷浆锚固或衬砌护面、洞口适当向外延伸等措施,进出口建筑物应采用钢筋混凝土结构。

3.1.9 有冰冻危害的地区,地面厂(泵)房、生产生活用房,不应设置在雪崩危险地段,并应避开高边坡以及地下水位高、冬季多雪且有深积雪或土的冻胀性强的地段。

3.1.10 船闸闸室内两侧闸墙应设置爬梯,单侧两爬梯之间的间隔距离不得超过 50m。

3.1.11 在建筑物周围及道路两侧和其他适当地方,宜种植树木、花草绿化环境,绿化设计应符合安全、卫生要求。

3.2 机电和金属结构设施

3.2.1 高压架空进、出线不宜跨越通航建筑闸首、闸室和引航道锚泊区。当确有困难必须跨越时,应适当采取提高架空线路的设计安全系数的措施。

3.2.2 架空进、出线跨越门机运行区段时,应校验架空线对门机的电气安全净距。

3.2.3 开关站架空进、出线初期投运时,应满足枢纽其他部位施工的安全或采取限制相关大型施工设备工作范围的措施。

3.3 临时建筑物

3.3.1 施工设施场地布置应远离爆破作业影响区(飞石等),并宜避开滑坡、泥石流、山洪、塌岸等存在危险源的位置。当无法避开时,应设置安全防护设施。

3.3.2 施工营地宜布置在料场作业区、砂石加工系统,以及主要爆破开挖作业区的常年最大频率风向的上风向。

3.3.3 砂石料加工系统、混凝土拌和楼系统、金属结构制作厂等噪声严重的施工设施,宜远离居民区、学校、施工生活区。当受条件限制不能满足时,应采取降噪措施。

3.3.4 导流工程围堰的进出基坑施工道路,应符合防汛避洪人员安全撤离的要求。

3.3.5 炸药库距居民区、人口密集区的安全距离,以及雷管库与炸药库间的安全距离,均应符合现行国家标准《爆破安全规程》

GB 6722的有关规定。

3.3.6 油库库址的选择,应符合环境保护和防火安全的要求,其位置宜在生产生活区常年最小频率风向的上风向,并应远离有明火或散发火花的地点。

4 劳 动 安 全

4.1 防机械伤害

4.1.1 工程的防机械伤害设计,应符合现行国家标准《机械安全 防护装置 固定式和活动式防护装置设计与制造一般要求》GB/T 8196、《生产设备安全卫生设计总则》GB 5083、《生产过程安全卫生要求总则》GB 12801和《起重机械安全规程 第1部分:总则》GB 6067.1等的有关规定。

4.1.2 机械上外露的开式齿轮、联轴器、传动轴、链轮、链条、传动带、皮带轮等易伤人的活动零部件,宜装设防护罩或设置安全运行区。

4.1.3 轨道式机械设备应装有行车声光警示信号装置。设备最大外缘与建筑物墙柱之间经常有人通行时,净距应大于0.8m。

4.2 防电气伤害

4.2.1 配电装置电气安全净距应符合现行行业标准《水利水电工程高压配电装置设计规范》SL 311的有关规定。当配电装置电气设备外绝缘最低部位距地面小于2.5m(室内2.3m)时,应设置固定遮栏。

4.2.2 **采用开敞式高压配电装置的独立开关站,其场地四周应设置高度不低于2.2m的围墙。**

4.2.3 在初期发电过渡方案设计中,对人员易触及的初期投运配电装置的带电部位,应设置相应的防护围栏和安全标志。

4.2.4 干式变压器与配电柜布置在同一房间时,干式变压器应设置防护围栏或防护等级不低于IP2X的防护外罩。

4.2.5 不同用途和不同电压的电气设备使用一个总接地网时,接地电阻应符合其中最小值的要求。

4.2.6 **地网分期建成的工程,应校核分期投产接地装置的接触电位差和跨步电位差,其数值应满足人身安全的要求。**

4.2.7 电力设备外壳应接地或接零。在中性点直接接地的低压电力网中,电力设备的外壳宜采用接零保护。在潮湿场所或条件特别恶劣场所的供电网络中,电力设备的外壳应采用接零保护。

4.2.8 对接地网的高电位可能引向地网外,或将地网外低电位引向地网内的设施或装置,应采取隔离措施。

4.2.9 在中性点直接接地的低压电力网中,零线应在电源处接地。

4.2.10 用于接零保护的零线上不得装设熔断器和断路器,只有当断路器动作且同时切断相线时可装设断路器。

4.2.11 安全电压供电电路中的电源变压器,严禁采用自耦变压器。

4.2.12 独立避雷针不应设在人经常通行的位置旁。避雷针的接地装置与道路或出入口等的距离,不宜小于3m。小于3m时,应采取均压等防护措施。

4.2.13 独立避雷针、装有避雷针或避雷线的构架,以及装有避雷针的照明灯塔上的照明灯电源线,均应采用直接埋入地下的带金属外皮的电缆或穿入埋地金属管的绝缘导线,且埋入地中长度不应小于10m。装有避雷针(线)的构架物上,严禁架设通信线、广播线和低压线。

4.2.14 桥式起重机宜采用封闭型安全滑触线。

4.2.15 误操作可能导致人身触电或伤害事故的设备或回路,应设置电气闭锁装置或机械闭锁装置等防护措施。

4.2.16 易发生爆炸、火灾造成人身伤亡的场所应装设应急照明。

4.2.17 水轮机室、发电机风道和廊道的照明器,当安装高度低于2.4m,且照明器的电压超过现行国家标准《特低电压(ELV)限值》GB/T 3805规定值时,应设置防止触电设施。携带式作业灯应符合现行国家标准《特低电压(ELV)限值》GB/T 3805的有关规定。

4.2.18 未能有效防止运行人员接触的交流单芯电缆任意一点非直接接地处的金属护层,正常运行条件下的感应电压不得大于50V。六氟化硫全封闭组合电器、气体绝缘输电线路和封闭母线外壳以及构支架上可能产生的感应电压,正常运行条件下不应大于24V,故障条件下不应大于100V。

4.2.19 电气设备的外壳和钢构架在正常运行中的最高温升,应符合下列规定:

1 运行人员经常触及的部位不应大于30K;

2 运行人员不经常触及的部位不应大于40K;

3 运行人员不触及部位不应大于65K,并应有明显的安全标志。

4.3 防坠落伤害

4.3.1 重力坝、拱坝的坝顶下游侧和未设防浪墙的上游侧,应设置防护栏杆等安全设施。

4.3.2 工程的楼梯、坑池、孔洞和坠落高度超过2m的平台周围,均应设置防护栏杆或盖板。楼梯、平台均应采取防滑措施。

4.3.3 水工建筑物闸门(门库)的门槽、集水井、吊物孔、竖井等处,应在孔口设置盖板或防护栏杆。

4.3.4 上人屋面、室外楼梯、阳台、外廊等临空处,应设置女儿墙或固定式防护栏杆。临空高度小于24m时,防护栏杆高度不应低于1.05m;临空高度在24m及24m以上时,防护栏杆高度不应低于1.10m。

4.3.5 桥式起重机轨道梁的门洞应设门,并应设置安全标志。沿桥式起重机轨道设置的走道应设扶手。

4.3.6 枢纽建筑物的掺气孔、通气孔、通风孔、调压井,应在其孔口设置防护栏杆或网孔盖板,网孔盖板应能防止人脚坠入。

4.3.7 垂直升船机提升楼(塔)幕近船厢两侧的安全疏散通道,应设置仅能向疏散方向单向开启的门或防护栏杆。

4.3.8 活动式交通桥(通道),当其移开后形成的交通通道开口处,应设置相应的活动防护横杆或采取其他防护措施,并应设置安全标志。

4.3.9 工程使用的固定式钢直梯或钢斜梯,应根据电气安全和水力冲击等因素,满足劳动者工作安全的要求。钢直梯应设置护笼,并应根据高度需要和布置场所条件设置带有防护栏杆的梯间平台。钢斜梯应设置带有防护栏杆的梯间平台。

4.3.10 桥式起重机、门式起重机轨道两端端部应设置缓冲、止挡结构。

4.4 防气流伤害

4.4.1 泄水、排沙、引水建筑物和输供水压力管道上的掺气孔(阀)和通气孔(阀)的孔口,不应指向工作人员工作或经常通行的部位,并应高于水库校核洪水位。

4.4.2 空气压缩系统的压力释放装置的管口位置,不应造成对工作人员的伤害。

4.5 防洪防淹

4.5.1 工程的防洪设计应符合国家现行标准《防洪标准》GB 50201、《水利水电工程等级划分及洪水标准》SL 252、《水电枢纽工程等级划分及设计安全标准》DL 5180 的有关规定。

4.5.2 厂房位置宜避开冲沟口,对可能发生的山洪、泥石流等应采取防护措施。

4.5.3 厂房交通洞的进口宜位于校核洪水位以上,进口宜做成反坡。进口高程若低于校核洪水位,应采取可靠的防洪、防淹措施。

4.5.4 通向厂区建筑物外部的各种孔洞、管沟、通道、电缆廊道(沟)的出口,其位置应高于厂房下游洪水位。当出口高度低于下游洪水位时,工程应采取防淹措施。

4.5.5 地面厂房机组检修排水与厂内渗漏排水系统宜分开设置,若共用一套排水设施,应采取防止尾水倒灌水淹厂房的安全措施。地下厂房的机组检修排水系统和厂内渗漏排水系统应分开设置。

4.5.6 排水系统的出水口宜设置在正常尾水位以上。对有冰冻的工程,排水管出口宜设置在最低尾水位和最大冰冻层厚度以下,且应采取防止检修排水管尾水倒灌厂房的措施。

4.5.7 机械排水系统的排水管管口高程低于下游校核洪水位时,必须在排水管道上装设逆止阀。

4.5.8 防洪防淹设施应设置不少于 2 个的独立电源供电,且任意一电源均应能满足工作负荷的要求。

4.5.9 对引水压力管道为明管型式的电站,宜将厂房布置在免受事故水流直接冲击的方向。当不能避开时,应设置防冲、排水等保护设施。

4.6 防强风和防雷击

4.6.1 露天工作的起重机应装有显示瞬时风速的风级风速报警仪。当风力大于工作状态的计算风速设定值时,风速仪应发出报警信号。

4.6.2 对露天工作的轨道式起重机,应安装可靠的夹轨钳和锚定装置或铁鞋,其夹轨钳和锚定装置或铁鞋应各自独立承受非工作状态下的最大风力。

4.6.3 防雷电设计应符合国家现行标准《建筑物防雷设计规范》GB 50057、《交流电气装置的过电压保护和绝缘配合》DL/T 620 的有关规定。

4.7 交通安全

4.7.1 工程区内的永久性公路设计应符合现行行业标准《公路工程技术标准》JTG B01 的有关规定,并应根据公路的任务、性质、运输量、沿线地形、地质等因素,确定公路等级及技术标准。

4.7.2 对视距不良、急弯、陡坡等路段应设置路面标线及必需的视线诱导标志。路侧有悬崖、深谷、深沟、江河湖泊等路段,应设置路侧护栏、防护墩。平面交叉应设置标志和必需的交通安全设施。

4.7.3 连续长陡下坡路段、危及行车安全路段,应设置避险车道。

4.8 防火灾防爆炸伤害

4.8.1 工程的防火、防爆设计应符合国家现行标准《水利水电工程设计防火规范》SDJ 278、《建筑设计防火规范》GB 50016、《爆炸和火灾危险环境电力装置设计规范》GB 50058 的有关规定。

4.8.2 压力容器的设计与选型,应符合现行国家标准《钢制压力容器》GB 150 的有关规定。

4.8.3 地面厂房的发电机层或水泵站的电机层,其安全出口不应少于 2 个,且应有 1 个直通户外地面。地下厂房的发电机层应设置 2 个通至层外地面的安全出口,并应至少有 1 个直通户外地面。

4.8.4 集中控制室、单元控制室、主控制室等人员集中的房间,围护结构和装饰材料应符合耐火极限要求;穿墙、穿楼板电缆及管道四周的孔洞,应采用不燃烧材料堵塞;楼梯、门等应符合疏散要求。

4.8.5 总油量超过 100kg 的油浸变压器应安装在单独的变压器间内,并应设置防火、灭火设施。

4.8.6 主、副厂房和厂区地面建筑物及室外电气设备周围、通航建筑物的闸室两侧应设置消防设施。工程若设有专用的通航拖轮,应具有消防救援功能。垂直升船机的提升楼(塔),在靠近船厢两侧沿垂直方向应分层设置安全疏散通道。

4.8.7 长度大于 7m 的配电装置室,应有 2 个出口;长度大于 60m 时,应增加 1 个出口。

4.8.8 室外独立的露天油罐及易燃易爆材料仓库,应设置直击雷保护设施。其直击雷保护应采用独立避雷针,严禁在建筑物或设备上装设避雷针,并应采取防止感应雷和防静电的措施。

4.8.9 爆炸危险场所电力装置的防护应符合下列要求:

1 在爆炸危险场所内,应少用携带式电气设备。当必须采用时,其电源线路应采用移动电缆或橡套软线。

2 事故排风电动机应为防爆式电动机,事故启动按钮等控制设备应设置在发生事故时便于操作的地方。

3 照明设施应符合国家现行有关照明防爆的规定。在爆炸危险场所内必须装设电源插座时,应选用防爆型插座。

4 电缆线路的进线装置、中间接线盒和分支盒,应按其所处地点的防爆等级采用隔爆或防爆型。

5 在有爆炸危险、特别潮湿及有可能受到机械损伤的场所,照明线路应采用穿钢管(电线管)敷设。

4.8.10 油浸式变压器及压力油、气罐应设置泄压装置。泄压面应避开运行巡检工作的部位。

4.8.11 蓄电池室及油化验、处理室等应设置机械通风装置,室内空气不应再循环。

4.8.12 厂房、泵房内主要通道、楼梯间、消防电梯及安全出口处,均应设置应急照明及疏散指示标志。

5 工业卫生

5.1 防噪声防振动

5.1.1 水利水电工程各类工作场所的噪声限制值，宜符合表5.1.1的规定。

表 5.1.1 水利水电工程各类工作场所的噪声限制值（A声级）

序号	场所类别			噪声限制值(dB)
1	夜班人员休息室（室内背景噪声级）			55
2	集中控制室和主要办公场所（室内背景噪声级）	(1)中央控制室、开关站集控室、通信值班室、计算机房	在机组段外	60
			在机组段内	70
		(2)生产管理楼内办公室、会议室、试验室		
		(3)船闸、升船机、泄水闸、冲沙闸集控室		60
3	一般控制室和附属房间（室内背景噪声级）	(1)机组控制室、空调控制室、深孔、底孔控制室； (2)配电柜室、继电保护屏室、直流柜室、通信设备室； (3)电气试验室、电气检修间； (4)修配厂所属办公室、试验室、会议室		70
4	作业场所和生产设备房间	(1)发电机（泵站机组）层、水轮机层、蜗壳层； (2)空压机室、风机室、水泵房、空调制冷设备室； (3)变压器室、电抗器室、励磁盘室； (4)油处理室； (5)启闭机室、充泄水阀门室、管道调压阀室、调压井室		85（每天连续接触噪声8h）

注：1 未列入的场所可按相似的场所取噪声限制值。
　　2 工作人员每天接触噪声不足8h的场所，可根据实际接触噪声的时间，按接触时间减半、噪声限制值增加3dB的原则，确定其噪声限制值，但最大值不超过115dB。
　　3 本表所列的室内背景噪声级，系在室内无声源发声的条件下，从室外经由墙、门、窗（门窗启闭状况为常规状况）传入室内的室内平均噪声级。

5.1.2 发电机层、柴油发电机房、空压机室、高压风机室等场所，需设置运行值班室时，应设隔声值班室。

5.1.3 噪声水平超过85dB，而运行中只需短时巡视的局部场所，运行巡视人员可使用临时隔声防护具。

5.1.4 水轮发电机组的盖板、进人门宜采取减振、隔声措施。

5.1.5 柴油发电机组、空压机、高压风机应布置在单独房间内，必要时应设置减振、消声设施。

5.1.6 中央控制室不宜布置在机组段的尾水平台上。

5.2 防电磁辐射

5.2.1 水利水电工程各类工作场所的防电磁辐射设计，应符合现行国家标准《电磁辐射防护规定》GB 8702 的有关规定。

5.2.2 330kV 及以上电压的配电装置设备围栏外的静电感应场强（离地 1.5m 空间场强），不宜超过 10kV/m，少部分地区可允许达到 15kV/m；配电装置围墙外侧处（非出线方向，围墙外为居民区时）的静电感应场强，不宜大于 5kV/m。

5.2.3 330kV 及以上的架空进、出线跨越门式起重机运行区段时，门式起重机上层通道的静电感应场强不应超过 15kV/m。

5.2.4 在接触微波（频率为 300MHz～300GHz 的电磁波）辐射的工作场所，对作业人员的辐射防护要求，应符合现行国家标准《作业场所微波辐射卫生标准》GB 10436 的有关规定。

5.3 采光与照明

5.3.1 采光设计应充分利用天然采光。照明设计及各类工作场所最低照度标准，应符合现行行业标准《水力发电厂照明设计规范》DL/T 5140 的有关规定。

5.3.2 正常照明熄灭后，下列场所应设置应急照明：
1 需继续确保工作正常进行的场所；
2 需确保处在潜在危险中人员安全的场所；

3 需确保人员安全疏散的出口和通道；
4 应急照明应选用快速点燃的光源。

5.3.3 在亮度相差较大的进厂交通隧洞入口处，照度应保证必要的视觉连续性，宜采用过渡照明；照明器布置应根据地面、墙面及顶部对照明亮度的要求设置，且不得产生眩光。

5.4 通风及温度与湿度控制

5.4.1 水利水电工程各类工作场所的室内空气参数，应符合现行行业标准《水利水电工程采暖通风与空气调节设计规范》SL 490 和《水力发电厂厂房采暖通风与空气调节设计技术规程》DL/T 5165 的有关规定。

5.4.2 地下厂房、封闭式厂房和泵站水下部位采用空气调节的值班场所，当每个工作人员所占容积小于 20m³ 时，每人每小时补充的新风量应大于 30m³；当每个工作人员所占容积为 20m³～40m³ 时，每人每小时补充的新风量应大于 20m³。当每个工作人员所占容积大于 40m³ 时，可允许由门窗渗入的空气换气。

5.4.3 地下厂房、封闭式厂房和泵站等潮湿部位的值班场所，应设置满足工作环境所需的通风和除湿设备。

5.4.4 移动式起重机的司机室应采用封闭式。严寒地区且在冬季有运行要求的司机室，应配置取暖设施；炎热地区且在夏季有运行要求的司机室，应配置降温设施。

5.5 防水和防潮

5.5.1 水力发电厂厂房及泵站厂房的水轮机层、蜗壳层、主阀室、水泵层等水下部位，宜采用以排湿为主的通风方式。地下厂房、坝内厂房以及封闭式厂房，可根据工程地质、水文地质条件和工程布置情况，采取防渗、防潮措施。

5.5.2 顶部或侧墙可能产生渗漏的工作场所和设备房间，应采取相应的排水、防湿措施。

5.5.3 水电站、泵站潮湿且布置有电气设备的部位，应采取防水防潮工程措施，必要时应配备除湿器。

5.6 防毒防泄漏

5.6.1 六氟化硫气体绝缘电气设备的配电装置室及检修室，必须装设机械排风装置，其室内空气中六氟化硫气体含量不应超过 6.0g/m³，室内空气不应再循环，且不得排至其他房间内。室内地面孔、洞应采取封堵措施。

5.6.2 六氟化硫电气设备配电装置室，低位区宜配置六氟化硫气体泄漏报警装置。

5.6.3 气体灭火气瓶间应采用机械通风方式，并应定时自动排风。

5.6.4 蓄电池室、油罐室、油处理室、六氟化硫全封闭式组合电器室，应保持负压通风。

5.6.5 水厂加氯（氨）间和氯（氨）库的布置，应设置在净水厂最小频率风向的上风侧，与工程其他建筑的通风口应保持一定距离，并应远离居住区。

5.6.6 水厂加氯（氨）间宜布置在独立的建筑物内。当与其他车间联合布置时，应设置隔墙，并应有通向室外的外开人行安全门。室内采暖应为无明火方式，并应远离氯（氨）气瓶和投加设备。

5.6.7 水厂的液氯瓶、联氨贮存罐应分别存放在无阳光直接照射的单独房间内。加氯（氨）间和氯（氨）库应设置泄漏检测仪及报警装置，并应在临近的单独房间内设置漏氯（氨）气自动吸收装置。

5.6.8 水厂加氯（氨）间和氯（氨）库，应设置根据氯（氨）气泄漏量自动开启的通风系统。照明和通风设备的开关应设置在室外。加氯（氨）间和氯（氨）库外部应备有防毒面具、抢救设施和工具箱。

5.6.9 事故排烟设施的设置及要求，应符合现行行业标准《水力发电厂厂房采暖通风和空气调节设计技术规程》DL/T 5165 的有关规定。

5.7 防止放射性和有害物质危害

5.7.1 工程使用的砂、石、砖、水泥、商品混凝土、预制构件和新型墙体材料等无机非金属建筑主体材料,其放射性指标限值应符合表5.7.1的规定。

表5.7.1 无机非金属建筑主体材料放射性指标限值

测定项目	限 值
内照射指数 I_{Ra}	≤1.0
外射指数 I_r	≤1.0

5.7.2 工程使用的石材、建筑卫生陶瓷、石膏板、吊顶材料、无机瓷质砖粘接剂等无机非金属装修材料,其放射性指标限值应符合表5.7.2的规定。

表5.7.2 无机非金属装修材料放射性指标限值

测定项目	限 值
内照射指数 I_{Ra}	≤1.0
外射指数 I_r	≤1.3

5.7.3 工程室内使用的胶合板、细木工板、刨花板、纤维板等人造木板及饰面人造木板,必须测定游离甲醛的含量或游离甲醛的释放量。

5.7.4 工程室内使用的人造木板游离甲醛含量或游离甲醛释放量,其限值应符合下列规定:

　　1 当采用干燥器法测定游离甲醛释放量时,游离甲醛含量限值 E 不得大于1.5mg/L;

　　2 当采用穿孔法测定游离甲醛含量时,干的材料游离甲醛含量限值不得大于9.0mg/100g。

5.7.5 工程室内用水性涂料挥发性有机化合物和游离甲醛含量限值,应符合表5.7.5的规定。

表5.7.5 室内用水性涂料中挥发性有机化合物和游离甲醛限值

测定项目	限 值
VOC_s(g/L)	≤200
游离甲醛(g/kg)	≤0.1

5.7.6 工程室内用溶剂型涂料,按规定的最大稀释比例混合后,测定的总挥发性有机化合物和苯的含量限值,应符合表5.7.6的规定。

表5.7.6 室内用溶剂型涂料中挥发性有机化合物和苯的含量

测定项目	VOC_s(g/L)	苯(g/kg)
醇酸漆	≤550	≤5
硝基清漆	≤750	≤5
聚氨酯漆	≤700	≤5
酚醛清漆	≤500	≤5
酚醛磁漆	≤380	≤5
酚醛防锈漆	≤270	≤5
其他溶剂型涂料	≤600	≤5

5.7.7 工程室内装修中使用的木地板及其他木质材料,严禁采用沥青、煤焦油类防腐、防潮处理剂。

5.7.8 工程室内装修时,不应采用聚乙烯醇缩甲醛胶粘剂。

5.7.9 工程中使用的能释放氨的阻燃剂、混凝土外加剂,氨的释放量不应大于0.1%;能释放甲醛的混凝土外加剂,其游离甲醛含量不应大于0.5g/kg。

5.7.10 在室内,不应采用石棉、脲醛树脂泡沫塑料作为保温、隔热和吸声材料。

5.7.11 室内装修采用的稀释剂和溶剂,严禁使用苯、工业苯、石油苯、重质苯及混合苯。

5.8 防尘防污

5.8.1 配电装置室地面应采用不易起尘埃的硬质材料。

5.8.2 机械通风系统进风口宜设置在室外空气比较洁净的地方,并应设置在排风口的上风侧。尘埃、风沙严重地区的通风系统进风口,宜设置过滤器。

5.8.3 风沙严重地区的外墙门窗应做密封处理。

5.8.4 变压器事故油坑及透平油、绝缘油罐挡油槛内的油水,应经油水分离后,水体再排入地面排水沟网。

5.8.5 地下厂房采用燃油发电机备用电源时,应配置低污染、有废气净化装置的柴油机,汽油机械不宜进洞。

5.9 水利血防

5.9.1 血吸虫病疫区的水利水电工程,应符合现行行业标准《水利血防技术导则(试行)》SL/Z 318的有关规定。

5.9.2 血吸虫病疫区的水利水电工程,应设置血防警示标志。

5.9.3 血吸虫病疫区新建饮水工程应选择地下水或无钉螺的地表水作为水源。饮用水源应加强保护,宜采用管道输水。

5.9.4 血吸虫病疫区的水井应砌筑井台,并应加设井盖。井台的高程应高于当地最高内涝水位,井台四周应设置排水沟。

5.10 饮水安全

5.10.1 饮用水水源的选择宜远离工程垃圾堆放场、生活污水排放点,并宜布置在其上游侧。

5.10.2 生活饮用水中不得含有总大肠菌群、耐热大肠菌群、大肠埃希氏菌等病原微生物。水质的微生物指标、毒理指标、感官性状和一般化学指标、放射性指标等常规指标及限值,应符合现行国家标准《生活饮用水卫生标准》GB 5749的有关规定。

5.10.3 凡与生活饮用水接触的输配水设备和防护材料不得污染水质,管网末梢水水质应符合现行国家标准《生活饮用水卫生标准》GB 5749的有关规定。

5.10.4 生活饮用水应采用混凝、絮凝、消毒、氧化、pH调节、软化、灭藻、除氟、氟化等方法进行水质化学处理。化学处理剂带入饮用水中的有毒物质为现行国家标准《生活饮用水卫生标准》GB 5749规定的物质时,有毒物质的允许限值不得大于相应规定限值的10%。

5.11 环境卫生

5.11.1 工程建设环境卫生设计应符合国家现行有关工业企业设计卫生标准的规定。

5.11.2 生产管理区、生活区、废渣垃圾堆放场、生活污水排放点的选址,应在工程总体规划、总体布置中确定。生产管理区与生活区之间宜保持一定的安全、卫生防护距离,并应进行绿化。

5.11.3 生活区、生产管理区应设置污水排放管沟,并应避免污水直接排至地面。污水及废水的排放应按现行国家标准《室外排水设计规范》GB 50014的有关规定执行。

6 安全卫生辅助设施

6.0.1 声级计、温度计、照度计、振动测量仪、电磁场测量仪等监测仪器设备和必要的安全卫生宣传设备,应根据工程规模和特点在相应的工作场所配置。

6.0.2 防护工具应根据工程运行的需要配置。

6.0.3 工程设计中应根据实际情况设置生产卫生用室和生活卫生用室等辅助用室,辅助用室应根据枢纽总体布置和运行管理的需要结合各建筑物的布置确定。生产卫生用室应包括医务室、安全教育室、环境监测室等,生活卫生用室应包括更衣室、厕所和浴室等。

6.0.4 在工程主体建筑物的工作场所附近,宜根据工作特点和实际需要设置休息室、盥洗室。

6.0.5 厕所的设置应根据枢纽总体布置、各建筑物的布置、运行管理、检修工作和运行人员数量合理设置。厕所污水应经处理后排放。

本规范用词说明

1 为便于在执行本规范条文时区别对待,对要求严格程度不同的用词说明如下:

    1)表示很严格,非这样做不可的:

        正面词采用"必须",反面词采用"严禁";

    2)表示严格,在正常情况下均应这样做的:

        正面词采用"应",反面词采用"不应"或"不得";

    3)表示允许稍有选择,在条件许可时首先应这样做的:

        正面词采用"宜",反面词采用"不宜";

    4)表示有选择,在一定条件下可以这样做的,采用"可"。

2 条文中指明应按其他有关标准执行的写法为:"应符合……的规定"或"应按……执行"。

附录 A 安全标志设置场所及类型

表 A 安全标志设置场所及类型

标志名称	安全色	设置场所	标志内容
禁止标志	红色	(1)闸门门槽(门库)防护栏杆 (2)泄水(进水口)等建筑物的掺气孔、通气孔和调压井孔口设置的防护栏杆	禁止跨越
		(3)活动式交通桥当其移开后形成的交通通道开口处	交通桥提起时禁止通行
		(4)电缆廊道入口处,油系统房间进入处	禁止烟火
		(5)泄洪雾化区域内的交通通道(廊道)出入口	泄洪时禁止通行
警告标志	黄色	(1)电气设备的防护围栏	当心触电
		(2)温度超过65K的设备外壳或构架	当心高温伤人
		(3)集水井、吊物孔周围的防护栏杆 (4)进、出桥机轨道梁的门洞处 (5)超过2.0m的钢直梯上端	当心坠落
		(6)机修间、修配厂车间入口处	当心机械伤人
		(7)超过55°的钢斜梯	当心滑跌
		(8)主要交通道口	当心车辆
		(9)疫区水塘、沟渠边	当心钉螺血吸虫
指令标志	蓝色	(1)水轮机水车室入口 (2)发电机风洞进人处 (3)高压空压机室	请戴护耳器
提示标志	绿色	(1)消防设施	消火栓、灭火器、消防水带
		(2)安全疏散通道	安全通道、太平门

引用标准名录

《室外排水设计规范》GB 50014
《建筑设计防火规范》GB 50016
《建筑物防雷设计规范》GB 50057
《爆炸和火灾危险环境电力装置设计规范》GB 50058
《防洪标准》GB 50201
《钢制压力容器》GB 150
《安全色》GB 2893
《安全标志及其使用导则》GB 2894
《特低电压(ELV)限值》GB/T 3805
《生产设备安全卫生设计总则》GB 5083
《生活饮用水卫生标准》GB 5749
《起重机械安全规程 第1部分:总则》GB 6067.1
《爆破安全规程》GB 6722
《机械安全 防护装置 固定式和活动式防护装置设计与制造 一般要求》GB/T 8196
《电磁辐射防护规定》GB 8702
《作业场所微波辐射卫生标准》GB 10436
《生产过程安全卫生要求总则》GB 12801
《水利水电工程等级划分及洪水标准》SL 252
《水利水电工程高压配电装置设计规范》SL 311
《水利血防技术导则(试行)》SL/Z 318
《水利水电工程采暖通风与空气调节设计规范》SL 490
《交流电气装置的过电压保护和绝缘配合》DL/T 620
《水力发电厂照明设计规范》DL/T 5140

《水力发电厂厂房采暖通风与空气调节设计技术规程》DL/T 5165

《水电枢纽工程等级划分及设计安全标准》DL 5180

《水利水电工程设计防火规范》SDJ 278

《公路工程技术标准》JTG B01

5

中华人民共和国国家标准

水利水电工程劳动安全与工业卫生
设 计 规 范

GB 50706-2011

条 文 说 明

5

制 定 说 明

《水利水电工程劳动安全与卫生设计规范》GB 50706—2011，经住房和城乡建设部 2011 年 7 月 26 日以第 1091 号公告批准发布。

为便于广大设计、施工、科研、教学等单位有关人员在使用本规范时能正确理解和执行条文规定，规范编制组按章、节、条顺序编制了本规范的条文说明，对条文规定的目的、依据以及执行中需注意的有关事项进行了说明，并着重对强制性条文的强制性理由作了解释。但是，本条文说明不具备与规范正文同等的法律效力，仅供使用者作为理解和把握规范规定的参考。

目　　次

5

1 总 则

1.0.1 本条着重阐述制定本规范的目的。

我国历来十分重视劳动安全,国务院颁发的《建筑安装工程安全技术规程》[(56)国议周字第40号文]中指出:"……改善劳动条件,保护劳动者在生产中的安全和健康,是我们国家的一项重要政策……"。

1978年《中共中央关于认真做好劳动保护工作的通知》(中发〔1978〕67号)中规定:"今后凡是新建、改建、扩建的工矿企业和革新挖潜的工程项目,都必须有保证安全生产和消除有毒有害物质的设施。这些设施要与主体工程同时设计、同时施工、同时投产(以下简称"三同时"),不得消减……"。

1979年国务院批转国家劳动总局、卫生部《关于加强厂矿企业防尘防毒工作的报告》(国发〔1979〕100号)的通知中规定:"……新的建设项目,要认真做到劳动保护设施与主体工程同时设计、同时施工、同时投产,搞好设计审查和竣工验收工作……"。

1984年《国务院关于加强防尘防毒工作的决定》(国发〔1984〕97号)中规定:"今后各地区、各部门的基本建设项目和全厂性的技术改造,其尘毒治理和安全设施必须与主体工程同时设计、审批,同时施工,同时验收、投产使用"。

2002年6月第九届全国人民代表大会常务委员会第二十八次会议审议通过了《中华人民共和国安全生产法》,进一步从法律角度明确了安全生产的相关要求。

按照《中华人民共和国安全生产法》第三条"安全生产管理,坚持安全第一、预防为主的方针",第二十四条"生产经营单位新建、改建、扩建工程项目(以下统称建设项目)的安全设施,必须与主体工程同时设计、同时施工、同时投入生产和使用。安全设施投资应当纳入建设项目概算"的规定,在工程建设中贯彻党和政府的安全生产和劳动保护政策,其中"三同时"中以"同时设计"最为关键,必须认真贯彻执行。

本规范的编制,总结了水利水电工程建设中近年来发生的问题和工程技术的发展,引进了国外先进的安全与卫生理念,以期满足新时期水利水电工程劳动安全与工业卫生设计的需要,促进国民经济的可持续发展,以及和谐社会建设。

1.0.2 劳动安全与工业卫生设计直接涉及劳动者的切身安全与健康,为此改建和扩建工程(包括除险加固)与新建工程同等对待。

1.0.3 强调了劳动安全与工业卫生设计应结合工程具体情况综合考虑,合理确定设计方案规模,积极慎重地采用新技术、新设施。建设标准要符合国情,既不能标准过低影响安全运行,又不宜标准过高增加大量的工程投资,脱离当前的实际水平。

1.0.4 劳动安全与工业卫生设计规范是关系到劳动者切身安全和健康的一部标准,涉及工程建设的方方面面,本规范的相关条文多数来自于其他相关标准、规范,为避免以点盖面,本条文强调了在执行本标准的同时,"尚应符合国家现行有关标准的规定"。

2 基 本 规 定

2.0.1 本条规定了水利水电工程设计阶段中劳动安全与工业卫生设计的工作深度。鉴于目前我国水利水电工程分为水利行业和水电行业归口管理的特点,且水利工程与水电工程项目设计阶段的划分不同,为适应两者的情况,本规范没有特别强调设计阶段。

水利项目设计阶段分为项目建议书阶段、可行性研究报告阶段、初步设计阶段、招标设计阶段和施工设计阶段,与之对应的水电项目设计阶段为预可行性研究报告阶段、可行性研究报告阶段、招标设计阶段和施工设计阶段。各阶段设计深度需符合各行业的有关规定。

2.0.3 由于各国对劳动安全与工业卫生的规定不尽相同,若一昧按本规范的规定对引进设备进行要求,可能引进设备不能达到,或者增加过多的费用,对此应分析比较,必要时由国内设计进行配套。

2.0.4 在易发生危险和存在不安全因素的部位设置安全标志,是为了引起工作人员的注意,防患于未然。安全标志分为禁止标志、警示标志、指令标志和提示标志四类。为便于设计人员执行本条规定,在附录A中列出了安全标志设置的场所和类型。工程设计中,还可以根据具体情况增设,注意做到醒目、易懂。

3 工程总体布置

3.1 水工建筑物

3.1.1 厂址的安全,关系到劳动者在生产劳动过程中的安全,要选择安全的厂址,保证其不受自然灾害及人为影响,应全面考虑选厂地区的自然条件及四邻情况。

在工程总体布置中,除满足功能和工程安全的要求外,还应考虑生产人员的劳动安全和工业卫生要求。

3.1.2 以厂址整体角度看待工业卫生问题,厂址应避开对人身健康产生有害影响的地区,以保障劳动者的健康。

关于厂区同居住区之间的防护距离问题,现已越来越被重视,但目前国家尚无具体标准,本条文中也未作详细规定。

3.1.3 为了限制火灾事故的影响范围,及时有效地消灭火灾事故并安全疏散工作人员,指出了枢纽总体布置和交通道路规划时应考虑的主要因素。

3.1.4 从洞室工作人员安全的角度考虑,并根据国内已建水利水电工程的实际情况,提出了建筑物的各种廊道不应设置少于2个出入口,以便于运行维护人员通行安全和便利,同时一旦发生危险也便于工作人员安全迅速撤离。

3.1.5 本条文是从廊道工作环境和通风等方面考虑的。受建筑物的限制,大坝廊道内采光、通风条件较差,湿度较大,应采取相应的措施,为运行人员创造安全、卫生的工作环境。

3.1.6 泄洪时产生的雾化严重时会致人缺氧窒息,此时应对该区域内的交通通道(廊道)的出入口设置防止人员误入的安全措施。如设置栏杆或另设安全通道,并设置安全警示标志以引起人员注意。

3.1.7 为防止高边坡掉落石块、滑坡等引起的伤害事故，当紧邻高边坡地段下面有道路和工作厂区时，应根据枢纽地质条件和坡顶山体情况，必要时应采取砌石、喷锚、清除危石、孤石等各种防护措施，或坡顶设实体挡墙，其高度一般不低于0.5m。

3.1.8 震害表明，在强烈地震作用下，隧洞进出口易受灾害，易出现洞口塌陷、堵塞等震害现象，且受害最重。为保证疏散、救援通道畅通，对地下结构的进出口提出采取加固措施的要求。

3.1.9 冰冻冻土地区的地面厂房，特别是抽水泵站的泵房，这些建筑若布置在高边坡下或高地下水位地段，常常由于土坡的强烈冻胀、崩塌、滑坡，危及厂（泵）房，或发生管道上抬变形。这种事故曾在我国东北地区一些工程中发生过。积雪深的地段，特别是有雪崩危险的地段将对地面厂（泵）房产生过大的雪荷载。

3.1.10 船闸闸室应设置作为紧急情况下的逃生爬梯。目前国内船闸闸室内铁爬梯均采用嵌入式凹入墙内，其平面尺寸有0.3m×0.7m（面向墙面）和0.7m×0.7m（面向上、下游）。前者适合墙高小于15m，后者适合墙高大于15m。国内船闸一般闸墙高16m～40m，遇险者不可能一口气爬到顶，中途需要休息，因此选用后者相对较安全。此外，两爬梯之间的间隔距离也不应过大。目前我国葛洲坝1#、2#船闸两爬梯之间的间隔距离为100m，赣江万安船闸为70m，汉江王甫州船闸为49m，三峡船闸为48m。且近年来各方面都越来越重视对人身安全的保护，因而新建的王甫州船闸和三峡船闸两爬梯之间的间隔距离基本限制在不大于50m的范围。

3.2 机电和金属结构设施

3.2.1 通航建筑的闸首、闸室和引航道锚泊地为船舶通行区和待航编队区，为船舶密集区，相对航道而言停留时间较长，为避免断线引起的人员伤害事故，需提高线路设计的安全系数。

目前世界上仅有中国三峡连续五级船闸和塞尔维亚铁门船闸有高压电力架空线路跨越闸室的案例。三峡工程左岸电厂500kV高压架空出线，从船闸第三闸室上空跨越。为确保通航安全，架空线路设计采取了适当提高导地线安全系数等的安全措施。

3.2.2 门机为活动式启闭设备，其体型尺寸较高。当在门机运行区段内有架空进、出线跨越时，应对门机顶部处在最高点的避雷针与导线间的电气距离进行校验，避免出现门机顶端电气净距不足或门机上层通道场强水平超标的情况，本条提出应考虑这方面的问题，以引起设计人员的注意。

3.2.3 水电站初期投运时，其架空进、出线可能存在部分投运的情况，而此时其他部位还需继续施工，这些部位往往环境比较杂乱，为了防止初期投运线路对这些施工部位发生电气伤害事故，需根据工程具体情况，采取强制限制相关大型施工设备工作范围等措施，以满足其施工安全的要求。这种情况在我国许多大型工程建设中都曾经遇到过，均作出了限制相关大型施工设备工作范围等要求。

3.3 临时建筑物

3.3.1 泥石流、滑坡、流沙、溶洞、活断层等地段或地区是不良地质地段，其中泥石流、滑坡现象较多。

泥石流、滑坡是以往山区建厂中曾多次发生又较难解决的问题，不仅给企业造成重大的经济损失，而且还危及生产人员人身安全。如江西某选矿工业场地，由于大面积开挖而引起滑坡，使部分建筑物变形，整治一年，工程费高达500万元。又如某农机厂，厂址在受泥石流威胁地区，一次特大的暴雨引发了该地区的泥石流，泥石流溢出排洪沟，冲进煤气站和锅炉房，堵塞了管道，冲毁了厂外铁路专用线140m及一个高约25m，宽约3m的大型截流坝，造成工厂停产和重大直接经济损失。

3.3.2 现行国家标准《制定地方大气污染物排放标准的技术方法》GB/T 3840，对卫生防护距离的确定作了比较科学的规定。在工程建设总体规划中，应按国家现行标准设置卫生防护距离执行。卫生防护距离的大小，与工艺生产技术水平和对污染的治理水平以及当地气象条件等因素有关。

对产生粉尘的生产设施的布置，主要考虑两个因素，一是充分利用自然条件，使其生产过程中产生的粉尘物质能尽快地扩散掉，以改善自身的运行环境条件；二是尽量避免或减少对周围其他设施的影响和污染。布置不当，势必造成危害。为此，生产设施应布置在生活区和厂区全年最小频率风向的上风侧，且地势开阔、通风条件良好的地段。

3.3.4 为保证水利水电工程施工安全渡汛，围堰下基坑施工道路应能满足大型设备和人员快速撤离的要求。在国内某工程中，曾发生遭遇超设计标准洪水，且通道狭窄，大型设备避洪不及时，造成不必要的经济损失。

3.3.6 汽油等闪点低于28℃的油品，最容易挥发，在其周围极易形成爆炸混合气体，一遇明火就会引起爆炸或燃烧。不应使库内泄漏的油品及散发的油气蔓延到有外露火焰或赤热表面的固定地点或有飞火的烟囱或室外的砂轮、电焊、气焊（割）等固定地点，以防被明火或散发的火花引燃。

4 劳动安全

4.1 防机械伤害

4.1.2 机械上外露的活动零部件，如开式齿轮、联轴器、传动轴、链轮、链条、传动带、皮带轮等，有条件的均宜装设防护罩。但难以装设的，如升船机的卷筒和大型门机，桥机卷筒等，都未装设防护罩，实际设计中需区别对待。

4.1.3 轨道式机械设备操作室虽然可以看见地面人员，但在机组检修时，附近人员较多，为防止伤人意外事故的发生，应设置行车声光警示信号装置。

4.2 防电气伤害

4.2.1 配电装置布置中的电气安全净距是防止运行人员在操作维护中发生触电事故，保证运行人员安全的基本。现行行业标准《水利水电工程高压配电装置设计规范》SL 311中对电气安全净距均作了明确规定，为此明确要求按该规范执行。

为防止运行人员触及带电体，要求电气设备外绝缘最低部位距地面有一定距离，该距离是保证运行人员举手时，手与带电裸导体之间的净距不小于A1［带电部分与接地部分之间距离（mm）］值，即举手高度不超过电气设备外绝缘最低部位。一般运行人员举手后总高度不超过2.3m，室外条件较差，另增加0.2m的裕度。当距离不够时，应设置固定遮栏以阻止运行人员触及带电体。

工程中的固定遮栏有栅状遮栏、网状遮栏和板状遮栏等。栅状遮栏间距一般200mm，允许人员手臂误入，伸入长度不超过750mm；网状遮栏网孔不应大于40mm×40mm，允许人员手指误入，考虑施工误差30mm后，伸入长度不超过100mm；板状遮栏仅考虑误差 30mm。因而,不同的遮栏对电气设备外绝缘最低部位的距离应不同,应相应满足上述伸入长度或误差尺寸要求。

4.2.2 对远离厂房的独立开关站,为避免附近居民误入有触电危险的场所,所以设置围墙主要是防止无关人员随意进出。人的举手高度一般为 2.3m 左右,2.2m 高即能防止外人翻越围墙。本条是强制性条文,必须严格执行。

4.2.3 初期发电其环境条件往往比较差,一部分设备投入运行,而另一部分设备继续安装,运行人员、安装人员、管理人员混杂,因此,初期发电期间的安全防护应更加重视。以往工程设计中对初期发电的安全防护问题方面考虑不够,致使初期发电期间曾出现人员触电伤亡事故。如某电厂初期发电时,曾因安装人员误爬上已带电的母线,当其走下母线时,因手触墙壁造成接地而遭电击倒下,落于母线电压互感器室,造成短路被电死。因而,除了加强必要的运行管理外,在初期发电过渡方案设计中,对于那些投运设备应采取防护围栏分隔并设安全标志,使其位于安全区域之内,以免发生类似事故。

4.2.4 干式变压器本身不自燃,即使发生短路事故,亦无火灾的危险,因而,常将干式变压器和配电柜布置在同一房间内,以节省场地和电缆。若干式变压器和配电柜布置在同一房间内,为防止运行人员触及变压器带电部位,干式变压器应设防护围栏或外罩,其防护等级不应低于 IP2X。IP2X 级防护能防止手指或直径大于 12mm 的固体异物进入。

4.2.6 当系统发生接地短路故障时,接地装置的接触电势及跨步电势值应小于人体安全所允许的要求,以保证人身安全。对接地装置未全部施工完毕而投产发电的工程,应对已形成的接地装置可能出现的最大接触电势及跨步电势进行校核,并测量接触电位差、跨步电位差,以保证安全运行。校核采用的接地短路电流值应为初期发电时电网可能出现的最大值。本条是强制性条文,必须严格执行。

4.2.7 在中性点直接接地的低压电力网中,电力设备外壳采用接零保护,可以迅速有效地切除故障。为确保人身安全,应优先使用接零保护方式。在潮湿或条件特别恶劣的场所,一旦设备外壳上长时间带有较高电位,当运行人员一旦触及将会危及人身安全。因此,这些场所特别强调了应采用接零保护。

4.2.8 在接地短路故障时,为防止转移电位引起的危害,对可能将接地网的高电位引向厂外或将低电位引向厂内的设施,应采取隔离措施。例如:向厂外供电的低压线路采用架空线,其电源中性点不在厂内接地,改在厂外适当的地方接地;对外的通信设备加隔离变压器;通向厂外的管道采用绝缘段等。

4.2.9 低压配电网中的零线是不允许中断的,零线设在电源处时能有效地避免任意线路切除或负载侧配电装置检修,低压配电网中其他部分失地运行。本条是强制性条文,必须严格执行。

4.2.10 低压配电网中的零线是不允许中断的。否则,当中断零线的设备一相碰壳后,可能由于短路电流较小,使保护器不会切断电源,外壳长期呈高电位,容易发生人身触电事故。

4.2.11 安全电压供电网络的电源变压器,它应保证无论在任何正常工作条件下,还是在故障条件下,都能在触及它的输出电压时,其值均不大于规定的安全电压值。为此,要求供电电源的输入电路与输出电路必须实行电路上的隔离。自耦变压器的输入和输出电路上是连通的,当绕组内部短路时,二次电压可能达到一次电压值,这是不允许的。本条是强制性条文,必须严格执行。

4.2.12 独立避雷针设在人经常通行的道路或出入口等地方,当落雷时,对行走人员是很危险的。为防止事故发生,应避免出现这种情况。国外有关资料提出避雷针(线)的接地引下线和集中接地装置与车间门口及人行道的距离不小于 2.5m 就很安全,同时要求避雷针应装设在行人不到或很少到的地方。国内有关过电压标准规定的这个距离为 3m,一般还是能够做到的。当该距离不足 3m 时,应采取防护措施。工程中一般采取均压措施,或辅设砾

石、沥青等高电阻材料的地面。

4.2.13 照明灯安装在装有避雷针(线)的构架上,或安装在独立避雷针上,或在照明灯塔上装设避雷针。当这些避雷针(线)落雷时,照明灯电源线上会感应很高电位。为防止人身和设备发生危险,照明灯电源线应采用金属外皮电缆或将导线穿入金属管中,并埋入地中长度在 10m 以上,使其衰减,才能与屋内低压配电装置或 35kV 及以下配电装置的接地网相连。并规定了严禁在避雷针(线)构架上装设通信线、广播线和低压线,以保证人身和设备安全。本条是强制性条文,必须严格执行。

4.2.14 密封型安全滑线安装方便,使用安全,运行可靠,增加造价不多,应优先采用。如若仍采用敞开式滑线,滑线应布置在驾驶室的对侧,可防止运行操作人员误触滑线。

4.2.16 在易发生爆炸、火灾的危险场所,为避免照明系统停电导致次生事故发生或事故时便于工作人员能顺利撤出危险场所或继续工作,该类场所必要处应装设应急照明。易发生爆炸、火灾的危险场所多指厂内透平油库及油处理室、油浸变压器室、蓄电池室等,其他的应急照明安装地点见现行行业标准《水利发电厂照明设计规范》DL/T 5140。本条是强制性条文,必须严格执行。

4.2.17 本条所列场所照明器,一般较容易发生触电事故。为防止人身触电事故的发生,应有安全防护措施。因而,一般采用安全电压供电,或采用电压为 220V 带安全防护的照明器。

1 检修照明一般采用随手携带的安全灯(行灯)。这种灯因随手携带容易发生触电事故。因而,这种灯的电压应限制在现行国家标准《特低电压(ELV)限值》GB/T 3805 的规定值。

2 水轮机室、发电机风道和廊道等场所,因环境条件限制,照明器的安装高度受到限制;对于水轮机室,往往比较潮湿,当照明器的安装高度较高时容易发生触电事故。按人举手所达高度 2.3m,另考虑照明器具尺寸加 0.1m,总高度为 2.4m。廊道中照明器的安装高度一般也难以达到 2.4m,且廊道范围一般较广,且采用特低电压安全照明器很难实现。上述部位当采用 220V 电压的照明器时,应采用带有安全防护罩的照明器。

4.2.18 考虑到单芯电力电缆、GIS 和母线的中间导体和外壳是一对同轴的两个电极,当电流通过中间导体时,在外壳会感应电压,GIS 本体的支架、电缆的外皮与外壳连接后也有感应电压,感应电压过高将危及人身安全。根据工程实践,本条规定了单芯电力电缆、GIS 和母线外壳感应电压要在安全规定的范围之内。

4.2.19 本条文中给出的温升限值是相对环境温度 40℃ 而言的。本条提出的温升限值主要是参考现行国家标准《建筑物电气装置 第4-42 部分:安全防护 热效应保护》GB 16895.2 制定的。

GB 16895.2 标准规定了伸臂范围可触及设备部分在正常运行中的最高温度限值,可作为所有设备的最高温度限制,如下:

需要接触的但非手握的部分,当为金属材料时,最高温度限制为 70℃;当为非金属材料时,最高温度为 80℃。

正常操作中不需要接触的部分,当为金属材料时,最高温度限制为 80℃;当为非金属材料时,最高温度限值为 90℃。

电气设备的外壳一般是金属的,故经常触及部位和不经常触及部位的温升分别取为 30K 和 40K。

4.3 防坠落伤害

4.3.2 设置防护栏杆或盖板和采取防滑措施均是为了防止工作人员的意外坠落或滑倒伤害。高度在 2m 以上时应设防护栏杆是根据现行国家标准《高处作业分级》GB 3608—2008 中规定 2m 以上高处作业和《生产设备安全卫生设计总则》GB 5083—1999 中规定 2m 以上的平台必须设防坠落的栏杆、安全圈及防护板的规定制定的。

防护栏杆应能阻止人员无意超出防护区域。因而,防护栏杆的高度应超出人体站立时的重心高度,一般应在 1.05m~1.2m。同时,防护栏杆的立杆或横杆间距其中之一应能阻止人员无意滑

落,这个尺寸不宜大于0.25m。防护栏杆还应有足够的强度,按照有关统计资料,单人的推、拉力一般在300N～400N,由于水利水电工程中人员并不集中,防护栏杆的承载能力一般可按500N/m设计。

4.3.3 水利水电工程中,这些部位容易发生坠落伤人事故,因而应设防护栏杆。当栏杆影响工作而在孔口上设盖板时,设置的盖板可为钢盖板或铁栅盖板,并应设有供活动式临时防护栏杆固定用的槽孔等。

4.3.4 为防止巡视人员在屋顶边沿坠落,应设女儿墙或防护栏杆。女儿墙或防护栏杆1.05m的基本高度数值是按照一般人的重心确定的。对于更高建筑物,从安全心理上考虑,女儿墙或防护栏杆的高度也应适当加高。

4.3.5 由于桥式起重机轨道梁一般比较窄,所以进出桥式起重机轨道梁的门洞处很危险,特别当桥式起重机偏离门洞时,为了阻止人员随意进出,而造成坠落事故,应设置门或防护栏杆,同时设置安全警示标志,以引起有关人员注意。

由于工作需要,工作人员沿着轨道行走的情况是存在的,但走道往往又很窄很长,因此,应采取防护措施。在轨道梁上方的墙壁上沿走道设置防护扶手在工程中是可行的,如果布置位置许可,在走道坠落侧设防护栏杆更好。

4.3.7 垂直升船机塔柱在靠近船厢侧的安全疏散通道处设置固定式防护栏杆,有碍船厢发生火灾事故时人员疏散,而正常情况下又确需防止人员坠落伤害事故。因而,标准明确了应设置仅能向疏散方向开启的门或防护栏杆。

4.3.8 水利工程中有的通航建筑物坝段设有活动式交通桥。当通航时移开活动交通桥后,会形成无遮拦的开口,行驶的车辆或人员若不能及时刹车或停止通行,可能导致危险的发生。特别是处在弯道段的开口处,应采取相应的防护措施。采用防护横杆容易实现连锁运行,即交通桥(通道)移开时,横杆连锁落下,起着遮拦作用,交通桥(通道)复原时,横杆也移开复原。同时配安全标志,以引起行驶车辆及人员注意。

4.3.9 工程中有些需要上人的较高部位,但又不能设置常规楼梯,为了工作方便和安全,在这些部位宜设固定式钢直梯或固定式钢斜梯。由于这些部位往往比较窄小或附近有电气设备或在正常运行时有水流冲击,因而,应充分考虑电气安全距离或考虑水力冲击振动对钢梯的损坏等问题,以保证劳动者的安全。

钢直梯攀登时危险性大,因而一般当攀登高度超过3.5m时,人的足部可能超过2.0m的坠落高度,应设护笼。当攀登高度更高时,为了攀登人员中间休息,应设梯间平台,这些应结合工程具体情况考虑。另外,为了安全和方便,在梯上端应设扶手。

钢斜梯和钢直梯均应有足够的强度,以保证劳动者的安全。

4.3.10 本条是防止桥式起重机、门式起重机运行中超出行走轨道造成安全事故而采取的措施。是根据《起重机械安全规程 第1部分:总则》GB 6067.1 的有关规定制定的。"大车(小车)轨道末端需安装挡架,缓冲器安装在挡架或起重机上,当起重机与轨道末端挡架相撞时,缓冲器必须保证起重机能比较平稳的停车而不至于产生猛烈的冲击"。

4.4 防气流伤害

4.4.1 泄水、引水建筑物和输供水压力管道上的掺气孔(阀)和通气孔(阀),在泄水或进水时会产生负压,有可能把人或物吸进孔内,故应尽量避免设置在工作人员经常通行的部位。

4.4.2 水电站压缩空气系统按其最高工作压力划分为高压、中压和低压三个压力范围。10MPa 以上为高压,1.0MPa～10MPa 为中压,1.0MPa 以下为低压。压缩空气流经的压力容器和设备,一般使用压力释放装置保护其安全,当其压力超过整定值时,压力释放装置将自动启动以卸压,为避免卸压时高压射流对人体造成伤害特制定本条。

4.5 防洪防淹

4.5.2 位于冲沟口附近的厂房应详细研究山洪的影响,要注意洪水量和泥石淤积问题,应根据情况采取相应防御措施。

4.5.3 山区河流、洪水有暴涨暴落情况,若洪水历时短或有其他困难时,厂房进出洞口亦可布置在非常运用洪水位以下,而在洞口加设防洪门、防洪堤及人行安全通道等措施。

4.5.5 从安全出发,检修排水与厂房渗漏排水应分开设置。我国已建中型水电厂中有许多是共用一套排水设备形式,此条强调应采取安全措施。考虑到地下厂房引水管道或尾水管道较长,而且水淹厂房的危害性和处理难度较地面厂房大,故地下厂房的检修排水和厂内渗漏排水系统应分开设置。

4.5.6 为避免尾水沿排水管路倒灌进入厂房,宜将出水口设置在正常尾水位以上。对冰冻地区的工程,为避免管道被冰块阻塞或遭受冻胀破坏,出口宜设置在最低尾水位和最大冰冻层厚度以下,此时尚需采取防止尾水倒灌进入厂房的措施。

4.5.7 出水口高程低于下游洪水位的排水管道上装设逆止阀,可有效地防止下游洪水倒灌厂房。本条是强制性条文,必须严格执行。

4.5.8 防洪防淹设施的正常运用关系到千百万人的民生,本条从防洪安全角度出发,对防洪防淹设施的供电电源提出了要求。对特别重要且无法以手动方式开启闸门的泄洪设施,经论证可设第三个电源。本条是强制性条文,必须严格执行。

4.5.9 岸边式地面厂房位置选择与引水方式密切相关,应综合考虑。为了防止压力管道或闸阀破裂影响厂房安全,宜将厂房位置避开压力管道事故水流的直接冲击。当难以避开时,可考虑修筑能将事故水流导离厂房的围护建筑物,或其他加固建筑物。

4.6 防强风和防雷击

4.6.1 瞬时风速报警仪能够显示工作状态的风载,一旦超过设备运行计算风速设定值时,风速报警仪及时发出报警信号,以保障运行人员安全。

4.6.2 夹轨钳和锚定装置或铁鞋可防止设备在非工作状态下移动。对露天工作的轨道式起重机,安装可靠的防风夹轨钳和锚定装置或铁鞋,能够有效地防止非工作状态下遭遇强风吹动带来的伤害事故。

4.7 交通安全

4.7.3 水利水电工程常有大宗设备材料运输,山区连续长陡下坡路段,失控的大型车辆冲出路基造成重大事故的案例经常发生。针对当前人、车、路的现状,解决这一问题较好的工程措施就是设置避险车道,并配套设置动态和静态引导标志、警告标志、护栏及其他防护设施,必要时在连续长陡下坡路段的起始前设置试制动车道等安全措施。此外,避险车道一般应结合地形和废方处理等,设置在长下坡的下半部路段。

4.8 防火灾防爆炸伤害

4.8.4 集中控制室、单元控制室、主控制室等是运行人员比较集中的地方,又是工程的"心脏",其安全是极为重要的。为保证人身安全,所以特别强调以上部位一定要严格遵守防火规范的要求。严密封堵电缆穿墙和楼板孔洞,是防止火灾蔓延的重要手段,对保障人身安全有重大意义。

4.8.5 对于带油电气设备,在一定程度上危险程度与其油量的多少密切相关。目前新建、改建的工程室内很少使用带油设备,即便仍使用油浸电压互感器和电流互感器,其油量均在60kg 以下,绝大部分只有5kg～10kg。虽然火爆事故时有发生,且爆炸时的破坏力也不小,但爆炸时向上扩展的较多,事故损害基本上局限在间隔范围内。因此,设计需重点关注油量在100kg 以上的油浸变压器的防火。

4.8.6 船舶火灾由船舶自备灭火设施施救。当闸室内的船舶失火时，闸室两侧设置消火栓可保护船闸及闸门安全，同时可对失火船只进行灭火支援。有的船闸配备了专用的过闸拖轮，拖轮兼顾消防灭火功能增加投资有限，但却大大提升了船闸消防施救能力，是一举多得的好事。

为了防止船舶经升船机过坝时船舶失火，便于船舶内人员能安全疏散，在升船机提升楼两侧应分层设置安全疏散通道；疏散通道层间距离考虑船厢至通道间架梯方便，不宜太高，结合通航工程情况，一般疏散通道层高不宜大于7m。

4.8.7 配电装置室长度大于7m、小于60m时，应有2个出口，长期以来一直按此执行，并无异议。考虑到从维护走廊、操作走廊或防爆走廊的任一点到出口的距离不大于30m，规定了当配电装置长度大于60m时，除两端头的出口外，应增加出口。

4.8.8 有火灾危险的建筑物或设备应在直击雷的保护范围内，以防止雷击造成可燃物着火或易燃物爆炸的严重后果。装设独立避雷针，以保护直击雷，避雷针位置与建筑物或设备要有足够的距离，以防止感应过电压引起同样后果，且静电也可使易燃易爆材料仓库出现险情，因而从防火、防爆出发，对防静电设计提出了要求。

静电接地电阻值一般不应大于30Ω。普通工程电气接地装置的接地电阻值一般均小于30Ω，故无需另设防静电接地装置，可以直接与工程的总接地装置连接。

4.8.9 携带式电气设备在经常移动中易发生断线及短路事故，产生火花引起爆炸、危及人身安全。所以，在爆炸危险场所应少用携带式电气设备。

爆炸危险场所安装的事故排风风机，是为了在事故发生时运行人员能立即启动该风机，将事故状态下有可能出现的有害气体迅速排出，以保证运行人员能安全撤出事故场所或处理事故。因此，电动机应为防爆式电动机，并应将该风机的启动或事故按钮设置在发生事故时便于操作的地方。

爆炸危险场所内使用的照明灯具、开关、照明线路、电缆线路、电源插座等，从选型到安装及敷设，均应满足防爆的有关要求，以免因产生电火花引起爆炸事故。

4.8.11 蓄电池室、油化验、处理室等房间在运行过程中有可能产生油气、氢气等可燃性气体，通风是为排除有害气体，确保安全运行。

5 工业卫生

5.1 防噪声防振动

5.1.1 本条是根据现行国家标准《工业企业噪声控制设计规范》GBJ 87的规定，结合水利水电工程特点编制。

表5.1.1中数值是依据已有水利水电工程噪声实测值或采取一些措施后可以达到的数值制定的。如主机段以外的中央控制室和主机段的中央控制室，应控制在60dB以内，但实际上主机段的中央控制室较难做到，本规范已根据实际情况作了适当放宽。

噪声级采用A声级是因为A声级计计权网络测量数值在1000Hz以下有较大的衰减，其测量数值和人主观感觉量的相关性较好，所以对工业噪声和环境噪声通常采用A声级评价。

由于设备的噪声量级在有关规范中均有相应的规定，如国家现行标准《大中型水轮发电机基本技术条件》SL 321和《水轮发电机基本技术条件》GB/T 7894中规定："额定功率大于25000kVA的水轮发电机在发电机盖板上距凸出部分1m处的平均声压级，应不超过85dB(A)"，变压器和电抗器的噪声量级在相应国标中也作出了具体规定，因而这些设备的噪声应符合相应标准的规定。

水利水电工程中，水轮发电机组、自备发电机组、空压机、风机、水泵、电动机、变压器、断路器等均为噪声和振动的重点防治设备，因而，一方面应使这些设备的噪声振动水平符合相关标准的要求；另一方面，由于有的设备难以达到要求，或有的标准值较高，如水轮发电机组上风盖板处标准规定的噪声值达85dB(A)，水车室的达90dB(A)，对此，必要时应提出相应允许限值或采取相应防护措施，以满足工作场所的噪声要求。

5.1.2 发电机层、柴油发电机房、空压机房、高压风机房等噪声大的场所，一般不设现场运行值班室。若现场需设置运行值班室时，应设置隔声值班室，以减少对值班人员的危害程度。

5.1.3 某些局部场所，运行人员巡视时间少，可按巡视时间长短，噪声可允许大于85dB，但有的场所，如运行发电机的风洞内，可能接近噪声级最高限制值115dB(A)，这种情况可采用配带防声耳塞、耳罩等防护用具的防护措施。

5.1.4 水轮发电机组是一个大的振动及噪声源。因此，与水轮发电机组有联系的设施采取减振隔声措施，能有效地降低周边的噪声水平。水车室的噪声相当严重，自身减低噪声难以做到，因此，宜采取隔声措施，如在适当处设门。当进入水车室的通道较长时，其本身若已具有隔声作用，也可无需再采取设门等措施。

5.1.5 柴油发电机组、空压机、高压风机布置在单独房间内，可以减少对周围其他场所的影响。当这些设备仍不能满足噪声和振动要求时，应设减振、消声设施。

5.1.6 机组运行时的振动较大，当中央控制室设在尾水平台上时，机组运行的振动有时还会引起门、窗一同振动，为减少由此对运行人员带来的烦躁影响，工程应采取相应的隔振、减振或阻尼措施。

5.2 防电磁辐射

5.2.2 超高压电场对人体的影响主要表现在对人体神经系统、血液循环系统、生殖系统、血微量元素及生化代谢等功能有一定影响。目前，我国尚未制定超高压电场卫生标准，国际上尚无统一标准与规定。1980年意大利专家代表国际大电网会议工作小组作的报告中，提出关于电场对生物的影响，认为10kV/m是一个安全水平。前苏联提出，电场强度为10、15、20kV/m时，作业时间应分别限制在3h、1.5h和10min以内。

我国对330kV～500kV变电所静电感应场强水平作了大量

的实测、模拟与计算工作。实测结果,大部分场强水平在10kV/m以内,10kV/m~15kV/m场强水平在2.5%以下,各电气设备周围的最大空间场强大致为3.4kV/m~13kV/m。

配电装置内设备周围一般为运行人员巡查和操作地段,工作时间是有限的,因此,电场强度定为10kV/m,少数部分地区允许达到15kV/m,对人体的影响是可以接受的。

围墙外的静电感应水平,是从对生活在该区居民的影响考虑的。按330kV~500kV变电所静电感应实测试验,空间场强在3kV/m~5kV/m以下,一般对人的麻电感觉的机会已没有或小了;另一方面离330kV~500kV带电体20m~30m以外的地区,静电感应场强通常已降低到3kV/m~5kV/m以下。

5.2.3 当330kV及以上的架空进、出线跨越门式起重机运行区段时,门式起重机上层通道处的静电感应场强水平可能较大,对此提出限制值,以引起设计重视。

5.3 采光与照明

5.3.2 设置应急照明的部位,一般均为需要连续照明以确保人员和设施安全,为此强调了光源应为快速点燃的光源。应急照明一般采用白炽灯、卤钨灯、荧光灯,这些照明灯可在正常照明断电后几秒达到标准流明值,疏散照明还可采用发光二极管照明(LED)。但高强度气体放电灯达不到上述要求。

5.3.3 在进厂交通隧洞的进口段,洞外与洞内光照的亮度和照度差别很大,突然变化,进出隧洞人员和汽车司机的眼睛很难适应,以至出现汽车撞到行人和汽车相撞。因此,在隧洞进口段设过渡段照明,以适应进出隧洞人员的视力变化。

5.4 通风及温度与湿度控制

5.4.1 温度和湿度控制是从防暑、防寒、防潮湿方面,保障工作人员的工作环境及身心健康为目的。水利水电工程各类工作场所的室内空气参数在现行行业标准《水利水电工程采暖通风与空气调节设计规范》SL 490和《水力发电厂厂房采暖通风与空气调节设计技术规程》DL/T 5165中都有明确的规定。

5.4.3 潮湿部位的值班场所往往潮湿闷热,为了改善值班工作环境,需设置通风和除湿设备。

5.4.4 为了改善司机室的工作环境,现行行业标准《水利电力建设用起重机》DL/T 946—2005第3.29.6条规定"司机室应防雨并通风良好,当司机室内温度大于35℃时,应采取防暑降温措施;当司机室内温度小于—5℃时,应设置取暖装置"。

5.5 防水和防潮

5.5.1 水利水电工程中处于水位线以下的水下部位(房间)一般比较潮湿,有的还有渗漏,采取防渗、排水、排湿等措施以改善这些部位的潮湿状况。本规范从防渗、防潮湿出发,对通风和土建设计提出原则要求。

5.5.2 地下厂房及地下洞室顶部和较多湿蒸汽的部位易产生水滴,不仅造成地面积水,还会引起设备故障,造成安全事故,应采取相应措施,防止水滴导致电气设备绝缘水平降低带来的危害。

5.5.3 电厂内一些房间和部位的潮湿问题是很多电厂普遍存在的现象。为解决潮湿问题,首先要与土建和其他专业配合,杜绝产生潮湿的湿源。对电厂内明敷管道和设备的外壁温度低于夏季室内空气露点温度的,用保温方法提高壁面温度,防止表面结露。

5.6 防毒防泄漏

5.6.1 纯六氟化硫气体是无毒、无味、不燃并有优良的冷却特性,其绝缘强度大大高于传统的绝缘气体,用于电气设备可免除火灾的危险,但在电弧作用下,六氟化硫会发生分解,形成低氟化合物,如SF_2、S_2F_2、SF_4、S_2F_{10}及HF,这些物质有毒,若由于密封不严或大修解体,室内六氟化硫气体含量也不允许超过标准允许值,因

此,应采取相应排风措施。

室内空气中六氟化硫气体含量是按现行国家标准《车间空气中六氟化硫卫生标准》GB 8777—88规定的最高允许浓度为$6g/m^3$制定的,监测检验方法采用气相色谱法。

室内必须装设机械通风,且室内空气不允许再循环,以保证室内空气的新鲜程度和限制六氟化硫气体含量。由于六氟化硫气体密度为6.164g/L(1bar,20℃时),比空气大得多,可能泄漏出的六氟化硫气体沉淀在地面上,而且可能是有毒气体,考虑到工作人员巡视和检修时,头低下的位置一般在0.3m以上,因而,通常设计的室内通风管道吸风口的顶部距室内地面在0.3m以下。同理,对于室内地面的孔、洞应封堵,以防止六氟化硫气体渗漏到其他房间。

本条是强制性条文,必须严格执行。

5.6.2 六氟化硫气体的密度较空气大得多,泄漏的六氟化硫气体一般沉积在室内的低位区,在低位区设置六氟化硫泄漏报警仪可以检测空气中六氟化硫气体浓度和探测GIS室的六氟化硫气体含量,保证GIS室运行环境的安全。

5.6.4 蓄电池、油罐室、油处理室、六氟化硫封闭式组合电器室及六氟化硫贮罐室室内应保持负压。因为这些房间放散有害气体,为防止其扩散形成对周围环境和邻近房间的污染,室内保持负压,一般采用机械排风量大于机械送风量的方法,或采用机械排风自然进风的通风方式。

5.6.5 本条是加氯(氨)间和氯(氨)库位置的一般规定。加氯间和氯库对其他建筑任何通风口的距离一般不小于25m,贮存氯瓶的氯库对其他建筑边界一般不少于20m。

5.6.6 在大型发电厂的水处理中,为了防止有机物或微生物的生长繁殖,满足生产生活水质要求,一般设有加氯系统,而目前大部分发电厂均使用液氯。液氯汽化即是氯气,氯气是一种黄绿色气体,对呼吸器官有强烈刺激性,有剧毒,氯气外逸时,会使人中毒、窒息,甚至死亡。

从防火、防爆安全考虑,加氯间采暖为无明火方式。

5.6.7 现行行业标准《工业企业设计卫生标准》GBZ 1规定,室内空气中允许氯气浓度不得超过$1mg/m^3$,故加氯间(真空加氯间除外)和氯库应设有泄漏检测仪及报警装置。

当室内空气含氯量大于或等于$1mg/m^3$时,自动开启通风装置;当室内空气含氯量大于或等于$5mg/m^3$时,自动报警并关闭通风系统;当室内空气含氯量大于或等于$10mg/m^3$时,自动开启漏氯吸收装置。漏氯检测仪的测定范围为$1mg/m^3$~$15mg/m^3$。

氨是有毒的、可燃的,比空气轻,氨瓶间、仓库的安全措施和氯库相似,但还需有防爆措施。

本条是强制性条文,必须严格执行。

5.6.8 本条是关于加氯(氨)间和氯(氨)库设置通风系统和安全防范措施的规定,是强制性条文,必须严格执行。

5.6.9 火灾时装饰材料的燃烧常伴随着释放出大量的有毒气体,统计的火灾死亡人数中烟熏死亡人数最高可高达80%。火灾排烟设施是降低烟熏死亡人数的重要手段,因而在此强调了事故防排烟设计应按现行行业标准《水力发电厂厂房采暖通风与空气调节设计技术规程》DL/T 5165的规定执行。

5.7 防止放射性和有害物质危害

5.7.1 建筑材料中所含的长寿命天然放射性核素会放射γ射线,直接对室内构成外照射危害。γ射线外照射危害的大小与建筑材料中所含放射性同位素的比活度直接相关,还与建筑物空间大小、几何形状、放射性同位素在建筑材料中的分布均匀性等相关。

本条系按照现行国家标准《民用建筑工程室内环境污染控制规范》GB 50325的规定编制,材料放射性指标的测试方法应符合现行国家标准《建筑材料放射性核素限量》GB 6566的规定。

本条是强制性条文,必须严格执行。

5.7.2 无机非金属建筑装修材料制品(包括石材等),连同无机粘接剂一起,主要用于贴面材料。由于材料使用总量(以质量计)较少,因而宽了对该类材料的放射性指标的限制。

本条是强制性条文,必须严格执行。

5.7.3、5.7.4 这两条系根据《室内装饰装修材料 人造板及其制品中甲醛释放限量》GB 18580编制。饰面人造木板是预先在工厂对人造木板表面进行涂饰或复合面层,不但可避免现场涂饰产生大量有害气体,而且可有效地封闭人造板中的甲醛向外释放,是欧美国家鼓励采用的材料。穿孔法可以测试板材中所含游离甲醛总量,干燥器法可以测试板材释放到空气中游离甲醛浓度。穿孔法和干燥器法测定游离甲醛释放量是目前常用的测定方法,条文中的限值系参考日本标准制定的。

胶合板、细木工板采用穿孔法测定游离甲醛含量时,因在溶剂中浸泡不完全,而影响测试结果。采用干燥器法可以解决这个问题,且该方法操作简单易行,测试时间短,所得数据为游离甲醛释放量。

刨花板、中密度纤维板保留了采用穿孔法测定游离甲醛含量的传统方法。

第5.7.3条是强制性条文,必须严格执行。

5.7.5 水性涂料挥发性有害物质较少,尤其是建设部淘汰以聚乙烯醇缩甲醛为胶结材料的水性涂料后,污染室内环境的游离甲醛有了大幅度降低。本条文是对水性涂料挥发性有害物质的限值要求。

5.7.6 室内用溶剂型涂料含有大量挥发性有机化合物,现场施工时对室内环境污染很大,但数小时后即可挥发90%以上,1周后就很少挥发了。因此,在避免受众进行涂饰施工、增加与室外通风换气、加强施工防护措施的前提下,目前仍可使用符合现行标准的室内用溶剂型涂料。随着新材料、新技术的发展,将逐步采用低毒性、低挥发量的涂料。

5.7.7 沥青、煤焦油类防腐、防潮处理剂会持续释放污染严重的有毒气体,故严禁用于室内木地板及其他木质材料处理。

5.7.8 聚乙烯醇缩甲醛胶粘剂甲醛含量较高,若作为用于粘贴壁纸等的材料,释放出大量的甲醛迟迟不能散尽,市面上已有低污染的胶可以替代,因而应限制使用107胶等聚乙烯醇缩甲醛胶粘剂。

5.7.9 混凝土外加剂的防冻剂采用能挥发氨气的氨水、尿素、硝铵等之后,建筑物内释放量测定方法应符合现行国家标准《混凝土外加剂中释放氨的限量》GB 18588的规定;游离甲醛的测定方法应符合现行国家标准《室内装饰装修材料 内墙涂料中有害物质限量》GB 18582的规定。

5.7.10 石棉、脲醛树脂泡沫塑料价格低廉,且具有很好的保温、隔热、吸声功能。但脲醛树脂泡沫塑料作为室内保温、隔热、吸声材料时会持续释放出甲醛气体,故应采用其他类型的材料。

石棉是国际公认的一级致癌物,其最大危害来自于它的纤维,一旦被吸入人体,石棉纤维可多年积聚在人体内,附着并沉积在肺部,可能造成肺癌等疾病。

5.7.11 本条是按现行国家标准《涂装作业安全规程 安全管理通则》GB 7691—2003第2.1节“禁止使用含苯(包括工业苯、石油苯、重质苯,不包括甲苯、二甲苯)的涂料、稀释剂和溶剂”的规定制定的,混合苯也含有大量苯,故也禁止使用。

5.8 防尘防污

5.8.1 本条是对地面材料选择的原则要求,一般采用高强度等级混凝土或水磨石地面即可以满足要求。

5.8.4 水利水电工程中凡是有油的部位,不允许直接排入地面水体。现行国家标准《污水综合排放标准》GB 8978—1996对石油类规定的最高允许排放浓度为:一级标准5mg/L;二级标准10mg/L;三级标准20mg/L。当经过油水分离,符合排放要求后可排入地面水体。

5.8.5 地下厂房通风条件较差,废气不易排出,要求配置低污染、有废气净化装置的柴油机械。

5.9 水利血防

5.9.1 2006年3月22日,国务院第129次常务会议通过的《血吸虫病防治条例》(国务院令第463号)第十二条要求在血吸虫病防治地区实施兴建水利、能源等大型建设项目,以及开展血吸虫病防治工作,应当符合相关血吸虫病防治技术规范的要求。本条为在血吸虫病防治地区实施水利、水电工程建设进行水利血防设计的原则性规定。

5.9.2 《血吸虫病防治条例》规定,建设单位在血吸虫病疫区兴建水利水电工程时,应事先提请省级以上疾病预防控制机构对施工环境进行卫生调查,并要求设立醒目的血防警示标志,以预防、控制血吸虫病对健康人体的感染。本条是根据此《条例》制定的,且是强制性条文,必须严格执行。

5.9.3 血吸虫病疫区新建饮水工程不应直接从疫区疫水中取水,应选择工程区上游无钉螺水域的地表水(地表水如河流、湖泊、水库、塘堰等)取水;若工区上游水域等地表水体或岸线发现血吸虫,不能作为饮用水源,可取地下水作为水源。输水工程通过疫区时宜采用管道输水,避免输送时水质受到污染。

5.9.4 在水井砌筑井台,井台高度应高出当地内涝水位,并在井台周边修排水沟,是保持井台干燥,避免钉螺孳生。加设井盖,防止起风将虫卵及其他污染物刮入水井污染水体。

5.10 饮水安全

5.10.2 本条规定了生活饮用水中不得含有总大肠菌群、耐热大肠菌群、大肠埃希氏菌等病原微生物,水质的微生物指标、毒理指标、感官性状和一般化学指标、放射性指标等常规指标及限值。

5.10.3 本条文引自现行国家标准《生活饮用水输配水设备及防护材料的安全性评价标准》GB/T 17219—1998第3.1条。强调了管网末梢水水质要求应符合现行国家标准《生活饮用水卫生标准》GB 5749的规定。

5.10.4 本条规定是为避免因采用化学处理剂处理水质而再次污染生活饮用水。

5.11 环境卫生

5.11.1 本条规定具体可参考国家现行标准《工业企业设计卫生标准》GBZ 1的相关规定执行。

5.11.2 本条是根据现行国家标准《工业企业设计卫生标准》GBZ 1—2002第4.2.1.1款和第4.2.1.3款的规定编制。办公区、生活区的基本卫生要求在工程总体布置设计阶段应统一考虑。办公区和生产区同生活区之间设置一定的安全、卫生防护距离,并进行绿化,有利于改善环境卫生,提高人们的生活质量。

6 安全卫生辅助设施

6.0.3 辅助用室主要包括生产卫生用室(医务室、安全教育室、环境监测室)和生活用室(更衣室、厕所和浴室)。水利水电工程类型各异,规模不同,所处地理位置和环境也各有差别,因此应视具体情况按实际需要和使用方便的原则确定设置辅助用室。对于水电厂生产值班人员不多,在生产场所一般只设简易用室和用品,主要在城镇生活区由城镇统一解决。

水利水电工程中主体建筑物有的相距很远,有的工程中设有集中的生活管理区,所以,辅助用室应根据枢纽总体布置、各建筑物布置和运行管理统一考虑。辅助用室是工作人员生产、生活所必需的,辅助用室应具备良好的卫生环境。

6.0.4 休息室的作用:工作之余的休息场所;提供茶水;进餐之用。当作为进餐之用时,对防止餐食垃圾乱扔乱倒,改善工作场所的卫生环境是有利的。为维护不吸烟人员身体健康,应将吸烟和非吸烟区分开。

6.0.5 厕所的设置,在以往工程中偏少,这对于值班和维修工作人员的工作和生活都不方便,本条根据已建工程的经验对厕所作出了要求。厕所污水则必须经过污水处理符合有关标准后,才允许排至地面水体。

5

中华人民共和国国家标准

人造板工程职业安全卫生设计规范

Code for design of occupational safety and health
in wood based panel engineering

GB 50889 - 2013

主编部门：国　　家　　林　　业　　局
批准部门：中华人民共和国住房和城乡建设部
施行日期：2　0　1　4　年　3　月　1　日

中华人民共和国住房和城乡建设部公告

第 102 号

住房城乡建设部关于发布国家标准
《人造板工程职业安全卫生设计规范》的公告

现批准《人造板工程职业安全卫生设计规范》为国家标准，编号为 GB 50889—2013，自 2014 年 3 月 1 日起实施。其中，第 5.1.2 条为强制性条文，必须严格执行。

本规范由我部标准定额研究所组织中国计划出版社出版

发行。

中华人民共和国住房和城乡建设部
2013 年 8 月 8 日

6

前　　言

本规范是根据原建设部《关于印发〈2005 年工程建设标准规范制订、修订计划（第二批）〉的通知》（建标函〔2005〕124 号）的要求，由国家林业局林产工业规划设计院会同有关单位共同编制完成。

本规范在编制过程中，编制组经深入调查研究，结合人造板工程的特点和实际，并在广泛征求意见的基础上，反复讨论、修改和完善，最后经审查定稿。

本规范共分 8 章，主要技术内容包括：总则、术语、厂址选择与总平面布置、卫生要求、职业安全、职业卫生、安全色及安全标志、辅助用室等。

本规范中以黑体字标志的条文为强制性条文，必须严格执行。

本规范由住房和城乡建设部负责管理和对强制性条文的解释，由国家林业局林产工业规划设计院负责具体技术内容的解释。本规范在执行过程中，请各单位总结经验，积累资料，随时将意见

和有关资料寄送国家林业局林产工业规划设计院（地址：北京市朝阳门内大街 130 号，邮政编码：100010），以供今后修订时参考。

本规范主编单位、参编单位、主要起草人和主要审查人：

主 编 单 位：国家林业局林产工业规划设计院

参 编 单 位：大亚人造板集团有限公司
　　　　　　　福建福人木业有限公司
　　　　　　　苏州苏福马机械有限公司
　　　　　　　首都经济贸易大学

主要起草人：牛京萍　肖小兵　喻乐飞　邱　雁　米泉龄
　　　　　　 冯良华　张发安　许焕义　罗谋思　崔宇全
　　　　　　 廖勇勤　于建亚　张建辉　孟　超　陈红兵
　　　　　　 薛建利　张和据　沈　毅　郭森民

主要审查人：刘忠辉　杜滨宁　蒋剑春　陈天全　杨湘蒙
　　　　　　 陈雄伟　黄　钢

目　次

6

Contents

1 总　则

1.0.1 为贯彻"安全第一、预防为主、综合治理"的方针,体现"以人为本"的原则,确保人造板工程设计符合职业安全卫生要求,保障劳动者在生产过程中的安全与健康,制定本规范。

1.0.2 本规范适用于以木质原料为主的新建、扩建或改建的人造板工程职业安全卫生设计。

1.0.3 人造板工程职业安全卫生设施,应与主体工程同时设计。

1.0.4 建设项目各阶段职业安全卫生设计,应符合国家有关建设工程劳动安全卫生相关要求。

1.0.5 各专业设计应采取职业安全卫生技术措施,做到技术先进、安全可靠、经济合理,提高本质安全。

1.0.6 人造板工程职业安全卫生设计,除应符合本规范外,尚应符合国家现行有关标准的规定。

2 术　语

2.0.1 职业安全卫生　occupational safety and health

以保障劳动者在职业活动过程中的安全与健康为目的的工作领域及在法律、技术、设备、组织制度和教育等方面所采取的相应措施。

2.0.2 人造板　wood based panel

以木材为原料,经一定机械加工分离成各种单元材料后,施加或不施加胶粘剂和其他添加剂胶合而成的板材或模压制品。主要包括胶合板、刨花(碎料)板、纤维板和细木工板。

2.0.3 纤维板　fiberboard

以木材为原料经加工分离成纤维,施加或不施加各类添加剂,成型热压而制成的板材。

2.0.4 胶合板　plywood

由三层或三层以上奇数层的单板按对称原则、相邻层单板纤维方向互为直角组坯胶合而成的板材。

2.0.5 刨花板　particle board

将木材或非木材植物加工成刨花(碎料),施加胶粘剂和其他添加剂成型热压而成的板材。

2.0.6 热压　hot pressing

对板坯施加压力,同时传递热量,经一定时间使其形成符合标准的人造板的过程。

2.0.7 砂光　sanding

采用磨削使人造板表面光洁、厚度均匀的加工过程。

3 厂址选择与总平面布置

3.1 厂　址　选　择

3.1.1 厂址选择应根据建厂地区地质、地形、地貌、水文、气象等自然条件,以及企业与周边区域的相互影响等因素,经多方案比选,择优确定。

3.1.2 厂址宜位于城镇、居民区全年最小频率风向的上风侧,且地势开阔、通风地段。

3.1.3 厂址选择应明确废水、废渣、废气、噪声等污染物排放的地点、途径和方式。

3.1.4 厂区与居住区之间宜根据健康影响评估结果设置卫生防护距离。

3.2 总　平　面　布　置

3.2.1 原料堆场、生产区、生活区以及其他相关设施用地应根据生产规模、工艺流程、交通运输以及防火、安全、卫生等要求,结合地区规划、场地自然条件、周边环境进行功能分区,并应符合现行国家标准《工业企业总平面设计规范》GB 50187 的有关规定。

3.2.2 生产厂房宜布置在工程地质条件好、地基承载力高、通风采光良好的区域。

3.2.3 散发有害气体、粉尘、噪声、蒸汽的车间应布置在厂区全年最小频率风向的上风侧。

3.2.4 厂区建筑物布置应结合工程的具体情况,将高噪声区与低噪声区分开布置,并应充分利用地形、声源指向性和绿化减小噪声危害。

3.2.5 厂区内通道宽度,除应根据生产工艺、交通运输、工程管线、施工安装、竖向设计等因素确定外,还应满足防火、卫生、安全间距的要求。

3.2.6 厂区建、构筑物及堆场、储罐间的防火间距应符合表 3.2.6 的规定。

表 3.2.6　厂区建、构筑物及堆场、储罐间的防火间距(m)

序号	项目名称	其他厂房(除甲类生产外) 耐火等级 一、二级	三级	其他仓库(除甲类物品外) 耐火等级 一、二级	三级	一个木材原料堆场储量(m³) 1000≤V<10000	V≥10000	甲醛贮罐(总储量 m³) 200~1000	1000~5000
1	削片间、刨片主车间	10	12	10	12	15	20	20	25
2	人造板主车间	10	12	10	12	15	20	20	25
3	成品库	10	12	10	12	15	20	20	25
4	合成树脂车间	10	12	10	12	15	20	20	25
5	甲醛贮罐区 (200~1000)m³	20	25	20	25	30	40	30	40
	甲醛贮罐区 (1000~5000)m³	25	30	25	30	30	40	40	40
6	供热站	10	12	10	12	30	40	25	25
7	干燥棚 <5000t	6	8	6	8			15	25
8	干燥棚 >5000t	8	10	8	10	25		20	40
9	中心变(配)电站 >10t,≥50t	15	20	15	20	≥50		40	50
10	化工库、物料库	12	12	12	12	15	20	20	25

注:除满足上述防火间距要求外,尚应符合现行国家标准《建筑设计防火规范》GB 50016 的有关规定。

3.2.7 原料堆场布置应远离明火或有火花散发的地点。

3.2.8 人造板生产厂房、成品库、木材原料周边宜设置环形消防车道。

3.2.9 木材原料堆场每隔 120m～150m 应设大于 10m 的中间纵、横防火通道，宜与环行消防车道相通。

3.2.10 散发粉尘、有害气体、噪声的车间与生活区之间应设置卫生防护绿化带，厂区绿化设计应结合安全、卫生要求进行。

3.2.11 扩建或改建的人造板工程总平面布置，应全面分析原厂区职业安全卫生状况，改善其不合理布局，并应提出改进方案。

续表 4.2.1

生产车间及车间辅助用房名称	冬季采暖室内计算温度(℃)
调胶间、施胶间	≥16
成型、铺装、热压间	≥18
毛板处理间	≥12
砂光与裁板间	≥10
磨刀间、维修间	≥16
实验室	≥16
变配电室、开关柜间与控制室	≥16

4.2.2 采暖地区办公室等其他生产辅助用室的冬季温度，宜符合表 4.2.2 的规定。

表 4.2.2 生产辅助用室的冬季温度

辅助用室名称	温度(℃)
办公室、休息室、就餐场所	≥18
浴室、更衣室、妇女卫生室	≥25
厕所、盥洗室	≥14

4.2.3 人造板生产线作业地点日最高温不应大于 35℃。

4.2.4 工作人员经常停留或靠近的高温壁板，其表面平均温度不应大于 40℃，瞬间最高温度不宜大于 60℃。

4.3 噪 声

4.3.1 厂区内各类非噪声工作地点的噪声声级的设计要求应符合表 4.3.1 的规定。

表 4.3.1 非噪声工作地点的噪声声级的设计要求

序号	工作地点名称	卫生限值 dB(A)
1	人造板生产线中心控制室、观察室(有电话通信要求)	≤75
2	车间所属办公室、实验室、设计室	≤70
3	厂部所属办公室、监测化验室、会议室	≤60
4	工人倒班宿舍、职工教育室	≤55

4.3.2 工作场所劳动者每周工作 5d，每天工作 8h 噪声职业接触限值为 85dB(A)。

4.4 采光和照明

4.4.1 工作场所采光设计应按现行国家标准《建筑采光设计标准》GB/T 50033 的有关规定执行。

4.4.2 工作场所照明设计应按现行国家标准《建筑照明设计标准》GB 50034 的有关规定执行。

4 卫 生 要 求

4.1 通 风

4.1.1 人造板生产车间应有自然通风或设置机械通风设施。

4.1.2 工作场所有害因素职业接触限值应符合表 4.1.2 的规定。

表 4.1.2 工作场所有害因素职业接触限值

序号	物质名称	时间加权平均容许浓度(mg/m³)	短时间接触容许浓度(mg/m³)	最高容许浓度(mg/m³)
1	氢氧化钠	—	—	2
2	氨	20	30	—
3	尿素	5	10	—
4	甲醛	—	—	0.5
5	木粉尘	3	—	—
6	酚醛树脂粉尘	6	—	—

4.2 温 度

4.2.1 采暖地区，各生产车间及辅助用房冬季工作地点的采暖温度，应符合表 4.2.1 的规定。

表 4.2.1 冬季工作地点的采暖温度

生产车间及车间辅助用房名称	冬季采暖室内计算温度(℃)
削片间、筛选间	≥7
刨片间	≥12
旋切间	≥12
水洗间、热磨间	≥10
干燥、分选与打磨间	≥12
纤维贮存间	≥7
胶液和添加剂制备间	≥16

5 职业安全

5.1 防火、防爆

5.1.1 建筑结构设计应符合下列规定:

1 人造板生产线单项工程生产、贮存的火灾危险性类别及建、构筑物耐火等级应符合表5.1.1的规定。

表5.1.1 人造板生产线单项工程生产、贮存的火灾危险
类别及建、构筑物耐火等级

序号	工程名称	生产、贮存类别	耐火等级
1	原料堆场	丙类	—
2	削片间	丙类	二级
3	刨片间	丙类	二级
4	刨花干燥与分选间	丙类	二级
5	刨花板车间	丙类	二级
6	纤维制备与干燥间	丁类	二级
7	纤维板车间	丙类	二级
8	胶合板车间	丙类	二级
9	化工原料库	丙类	二级
10	成品库	丙类	二级
11	机修车间	戊类	二级
12	供热站	丁类	二级
13	压缩空气站、风机间	戊类	三级

2 人造板工程建筑设计应符合现行国家标准《建筑设计防火规范》GB 50016的有关规定。

3 干刨花仓应室外布置。

5.1.2 安全装置设计应符合下列规定:

1 刨花干燥设备必须配备防火和防爆装置。

2 纤维干燥系统、干纤维输送系统和砂光粉输送系统必须设置火花探测与自动灭火装置。

3 干刨花仓、干纤维料仓、砂光粉仓、干燥旋风分离器必须设置防爆设施。

5.1.3 电气装置设计应符合下列规定:

1 人造板生产车间、成品库应为丙类建筑。车间内输配电线路、灯具、火灾事故照明、疏散指示标志和火灾报警装置的设计,应符合现行国家标准《建筑设计防火规范》GB 50016的有关规定。

2 原料堆场内宜采用电缆线路埋地敷设。需设置架空线路时,架空线路与堆垛最近水平距离不得少于杆高的1.5倍。

3 原料堆场内应选用带护罩、封闭式的安全灯具。灯具与堆垛最近水平距离不应小于2m以上,且灯具下方不得堆放可燃物。

4 电缆夹层宜设置火灾报警装置。

5 电缆沟通过变配电所、电器室的部位,应设防火隔墙。电缆穿过变配电所、电器室的墙壁、顶棚、楼板或穿出配电柜时,应采用防火材料封堵。

6 成品库照明不应设置卤钨灯等高温照明器。

5.1.4 消防给水设计应符合下列规定:

1 人造板工程消防用水,可由城市给水管网、天然水源或消防水池供给。选用的水源和取水方式,应确保消防用水的可靠性。

2 厂区消防给水系统设计和灭火器配置应符合现行国家标准《建筑设计防火规范》GB 50016和《建筑灭火器配置设计规范》GB 50140的有关规定。

3 厂房、成品库房、原料堆场周围应设置环状给水消防管网,环状管网的输水管不应少于两条,管道应采用阀门分成若干独立

段,每段内室外消火栓数量不应大于5个。

4 原料堆场应设消防值班及工、器具控制室。

5.2 防电气伤害

5.2.1 防触电设计应符合下列规定:

1 正常不带电而事故时可能带电的配电装置及电气设备外露可导电部分,应符合现行国家标准《交流电气装置的接地设计规范》GB/T 50065的有关规定,并应设计可靠的接地装置。

2 临时性及移动设备的配电线路,应设置剩余电流动作保护装置。

3 人造板生产线通道、设有紧急停车按钮的场所以及控制室、配电室应设应急照明,其照度值应符合现行国家标准《建筑设计防火规范》GB 50016的规定。

4 凡采用安全电压的场所,安全电压标准应符合现行国家标准《特低电压(ELV)限值》GB/T 3805的有关规定。

5 I类灯具的外露可导电部分应可靠接地。

5.2.2 防雷设计应符合下列规定:

1 人造板生产车间厂房防雷设计应符合现行国家标准《建筑物防雷设计规范》GB 50057的有关规定。

2 露天设备、梯架、储罐、电气设施应设置防直击雷装置。

3 架空管道以及变配电装置和低压供电线路终端,应采取防雷电波侵入的防护装置。

4 钢结构厂房可利用钢结构屋面作为防雷接闪装置,并可利用钢柱作为引下线。

5.2.3 接地设计应符合下列规定:

1 人造板工程应设置工作接地、设备保护接地、设备防静电接地、等电位接地以及建筑物防雷接地。

2 人造板工程的接地应符合现行国家标准《交流电气装置的接地设计规范》GB/T 50065的有关规定,保护措施应与配电系统的接地方式相协调。

5.2.4 防静电设计应符合下列规定:

1 应根据生产工艺要求、作业环境特点和物料的性质采取相应的防静电措施。

2 设备各部位金属部件应可靠连接。

3 在建筑物及设备的安装位置应设置静电接地连接端子,进行等电位联结并接地。

5.3 防机械伤害

5.3.1 人造板生产线宜选用机械化、自动化程度高的设备。设备自身应配置可靠的监控、连锁、制动、信号、紧急开关等安全装置。

5.3.2 人造板生产线设备布置时,应按生产工艺流程及劳动安全要求,保证设备与设备之间、设备与建筑物之间有足够的间距,以满足操作、设备安装、检修及安全生产的要求。

5.3.3 各种机械传动装置、高速旋转设备、可动零部件处应配置安全防护装置,安全防护装置应坚固、可靠。

5.3.4 设备水平移动所形成的开口处,应设置随设备移动的罩体,或设置易于拆卸的安全盖板,或不妨碍作业的安全栏杆,罩体、安全盖板和安全栏杆应坚固、可靠。

5.3.5 高压容器设备应设置安全阀及压力表。

5.4 防坠落、防滑

5.4.1 操作者进行操作、维护、调节、检查的高处作业位置应设置供站立的平台、扶梯、防坠落装置。

5.4.2 楼梯、平台、架空人行通道、升降口、吊装孔、坑池边等有坠落危险的场所应设防护栏杆或盖板。

5.4.3 平台、栏杆和梯子的设计,应符合现行国家标准《固定式钢梯及平台安全要求 第3部分:工业防护栏杆及钢平台》GB 4053.3、

《固定式钢梯及平台安全要求 第1部分:钢直梯》GB 4053.1和《固定式钢梯及平台安全要求 第2部分:钢斜梯》GB 4053.2的有关规定。

5.4.4 梯子、平台和易滑倒的操作面,应采取防滑措施。

5.4.5 管线系统的设计应安全可靠,并应便于检查和维修。

6 职业卫生

6.1 防寒、防暑

6.1.1 人造板工程防寒与防暑控制应符合现行国家标准《工业企业设计卫生标准》GBZ 1和《采暖通风与空气调节设计规范》GB 50019的有关规定。

6.1.2 人造板生产车间的朝向宜根据夏季主导风向对厂房能形成穿堂风或自然通风的风压作用确定。

6.1.3 作业地点的日最高温度大于35℃时,应采取局部降温和综合防暑措施,并应减少高温作业时间。

6.1.4 人造板生产线控制室宜配置空气调节设施,温度以低于室外温度7℃~8℃为宜,但不宜低于26℃。

6.1.5 要求设计集中采暖车间,当每名工人占用的建筑面积大于50m²时,工作地点和休息地点可设局部采暖设施。

6.1.6 生产车间内宜设置饮水供应设施。

6.2 防尘、防毒

6.2.1 人造板工程通风除尘设计应符合现行国家标准《工业企业设计卫生标准》GBZ 1和《采暖通风与空气调节设计规范》GB 50019的有关规定。

6.2.2 人造板生产工艺的选择应满足安全卫生的要求,并应选用先进的生产工艺、技术和无害或低害的原料。

6.2.3 在设备选型上宜采用机械化、自动化高的设备。

6.2.4 车间内粉尘、有害气体的输送或贮存应采取密闭措施,严禁无组织排放。密闭形式应根据工艺流程、设备特点、生产工艺、安全要求及便于操作、维修等因素确定。

6.2.5 除尘设计应符合下列规定:

　　1 砂光粉、细小纤维、木屑等细小木粉收集的废料应集中循环回用或妥善处理。

　　2 人造板工程产生粉尘的工作场所应设清扫设施。

　　3 有粉尘散发的砂光、锯边和铺装设备处应设置除尘系统;其他有粉尘散发的设备处宜设置除尘系统。

　　4 在除尘系统中,砂光粉、木粉、纤维等细小物料的分离应采用布袋除尘器,其余物料的分离宜采用旋风除尘器。

　　5 除尘系统的输送管道宜以负压状态运行。

　　6 除尘系统中的分离器出料口处应设置回转阀。

6.2.6 通风设计应符合下列规定:

　　1 热压机、卸板机上方应设置排气装置,排气罩的罩口平均风速宜为0.45m/s~0.70m/s。在严寒和寒冷地区,排气罩宜封闭。

　　2 翻板冷却机上方应设置排气装置,排气罩的罩口平均风速宜为0.45m/s~0.70m/s。

　　3 实验室产生有害气体的地方应设机械通风装置,通风量宜按4次/h~10次/h换气次数设计。

　　4 胶液和添加剂制备间应设置机械通风装置,通风量宜按4次/h~10次/h换气次数设计。

　　5 胶合板车间涂胶与组坯工段应设置机械通风装置。

　　6 成品库宜设机械通风装置。

　　7 有毒或酸碱等强腐蚀性介质的工作场所,其墙壁、地面应满足防腐、清洗要求,并应配置冲洗设施。

6.3 防噪声、防振动

6.3.1 人造板工程噪声控制设计应符合现行国家标准《工业企业设计卫生标准》GBZ 1和《工业企业噪声控制设计规范》GBJ 87的有关规定。

6.3.2 采暖、通风和空气调节系统的消声与隔振设计应符合现行国家标准《采暖通风与空气调节设计规范》GB 50019的有关规定。

6.3.3 人造板生产过程和设备产生的噪声,应首先从声源上进行控制,设备选型时宜选用噪声较低的设备。

6.3.4 对噪声较大的设备应采取隔声措施,工艺允许远距离控制的噪声较大设备,可设置隔声控制室。

6.3.5 削片工段、刨片工段宜与其他工段隔开布置。

6.3.6 空气压缩机、鼓风机、引风机、真空泵等设备应采取隔声、消声或减振措施。

6.3.7 对采取技术措施或噪声控制措施仍不能达到国家噪声标准要求的,应合理设计劳动作息时间,配备个人防护用品。

6.4 防辐射

6.4.1 热磨系统、铺装成型机、断面密度测定仪的γ射线料位计控制区的范围,应根据放射源的强度确定,放射源控制区内应设明显警示标志。

6.4.2 电离辐射防护应符合现行国家标准《电离辐射防护与辐射源安全基本标准》GB 18871的有关规定。

6.4.3 热媒温度大于50℃的有机热载体管、热空气管、热水管、蒸汽管和凝结水管,均应采取隔热措施或防烫伤措施。

7 安全色及安全标志

7.1 安全色

7.1.1 凡需要迅速发现并引起注意以防发生事故的场所、设备，应涂安全色，安全色使用应符合现行国家标准《安全色》GB 2893 的有关规定。

7.1.2 各种管道的刷色和符号应按现行国家标准《工业管道的基本识别色、识别符号和安全标识》GB 7231 的有关规定执行。

7.1.3 消防设备、器材、设施以及严禁人员进入或接触的危险区域的防护装置，应采用红色。

7.1.4 皮带轮及其防护罩、设备转动轴、坑口及电气设备护栏、低矮的过梁、超过 55°钢斜梯及超过 2m 的钢直梯、高温设备外壳等危险处，应采用黄色。

7.1.5 人造板生产线的生产区域应以黄色警告线标出。

7.1.6 车间内的安全通道、太平门、工具箱、更衣箱、消防设备和其他安全防护设备的指示标志，应采用绿色。

7.2 安全标志

7.2.1 凡容易导致安全事故的场所或发生事故后需要疏散的场所，应设置安全标志，安全标志应符合国家现行标准《安全标志及其使用导则》GB 2894 的有关规定。

7.2.2 产生火灾、高温、高压、触电、意外伤害等场所应设置相应的禁止标志。

7.2.3 厂区道路交叉道口、道路路口、道路转弯处等应设置相应的警告标志。

7.2.4 存在粉尘、有害气体、噪声、放射源的作业地点及产生坠落、静电、腐蚀等场所应设置相应的指令标志。

7.2.5 生产场所与作业地点的紧急通道和紧急出入口应设置醒目的提示标志。

8 辅助用室

8.0.1 人造板生产车间卫生特征分级应为 3 级。辅助用室的设置应符合现行国家标准《工业企业设计卫生标准》GBZ 1 的有关规定。

8.0.2 浴室宜设置在车间附近或在厂区集中设置。

8.0.3 生产车间的存衣室可与休息室合并设置，便服、工作服可同室存放。

8.0.4 车间内应设置盥洗室或盥洗设备。

8.0.5 原料堆场可设休息室、厕所。

8.0.6 人数最多班组女工大于 100 人的企业，应设妇女卫生室。

本规范用词说明

1 为便于在执行本规范条文时区别对待，对要求严格程度不同的用词说明如下：

1）表示很严格，非这样做不可的：
  正面词采用"必须"，反面词采用"严禁"；

2）表示严格，在正常情况下均应这样做的：
  正面词采用"应"，反面词采用"不应"或"不得"；

3）表示允许稍有选择，在条件许可时首先应这样做的：
  正面词采用"宜"，反面词采用"不宜"；

4）表示有选择，在一定条件下可以这样做的，采用"可"。

2 条文中指明应按其他有关标准执行的写法为："应符合……的规定"或"应按……执行"。

引用标准名录

《建筑设计防火规范》GB 50016

《采暖通风与空气调节设计规范》GB 50019

《建筑采光设计标准》GB/T 50033

《建筑照明设计标准》GB 50034

《建筑物防雷设计规范》GB 50057

《交流电气装置的接地设计规范》GB/T 50065

《工业企业噪声控制设计规范》GBJ 87

《建筑灭火器配置设计规范》GB 50140

《工业企业总平面设计规范》GB 50187

《工业企业设计卫生标准》GBZ 1

《安全色》GB 2893

《安全标志及其使用导则》GB 2894

《特低电压(ELV)限值》GB/T 3805

《固定式钢梯及平台安全要求 第1部分:钢直梯》GB 4053.1

《固定式钢梯及平台安全要求 第2部分:钢斜梯》GB 4053.2

《固定式钢梯及平台安全要求 第3部分:工业防护栏杆及钢平台》GB 4053.3

《工业管道的基本识别色、识别符号和安全标识》GB 7231

《电离辐射防护与辐射源安全基本标准》GB 18871

6

中华人民共和国国家标准

人造板工程职业安全卫生设计规范

GB 50889-2013

条 文 说 明

制 定 说 明

《人造板工程职业安全卫生设计规范》GB 50889—2013,经住房和城乡建设部 2013 年 8 月 8 日以第 102 号公告批准、发布。

本规范在编制过程中,编制组进行了广泛深入的调查研究,认真总结了工程设计及施工现场的实践经验,同时参考了国外相关标准和先进经验,取得了制定本标准所必要的重要参数。

为便于广大设计、施工、科研、学校等单位有关人员在使用本标准时能正确理解和执行条文规定,《人造板工程职业安全卫生设计规范》编制组按章、节、条顺序编制了本标准的条文说明,对条文规定的目的、依据以及执行中需注意的有关事项进行了说明,还着重对强制性条文的强制性理由做了解释。但是,本条文说明不具备与规范正文同等的法律效力,仅供使用者作为理解和把握标准规定的参考。

6

目　次

6

1 总　则

1.0.1 本条主要叙述制定本规范的目的。"安全第一、预防为主、综合治理"是我们国家在安全生产和职业病防治工作中始终坚持的方针。《国务院关于进一步加强安全生产工作的决定》（国发〔2004〕2号）更加强调了安全生产工作的重要性，它将安全生产工作和"三个代表"重要思想紧密结合在一起，明确指出"搞好安全生产工作，切实保障人民群众生命和财产安全，体现了最广大人民群众的根本利益，反映了先进生产力的发展要求和先进文化的前进方向"。工程设计是工程建设的先导，坚持以人为本，树立全面、协调、可持续的科学发展观，也是新时期人造板工程设计领域安全生产工作的重要指导思想。

近年来，随着人造板工业新工艺、新技术、新产品的出现和生产规模化、复杂化程度的提高，生产过程中新的危险、有害因素在不断产生，事故的危害程度呈现增大态势，安全生产工作已引起人们足够重视，相应地也对职业安全卫生技术措施提出了更新、更高的要求。但目前在人造板工程建设中，国内尚未有一套适合当前发展形势、具有指导性的职业安全卫生设计规范。

本规范的制定明确了设计单位的职责，使设计人员在设计过程中有章可循，确保工程项目的设计符合职业安全卫生的要求，保障劳动者在生产过程中的安全与健康。

本规范是在对我国人造板工程职业安全卫生现状进行调查，了解并掌握人造板工程中存在的事故或事故隐患，针对事故发生的原因和条件，总结现有生产实践经验的基础上提出的。

1.0.2 本设计规范内容主要针对纤维板、刨花板及胶合板，不包括细木工板及制胶工程。

1.0.3 2002年6月29日，中华人民共和国第70号主席令颁布了《中华人民共和国安全生产法》，2001年10月27日，中华人民共和国主席令第60号颁布了《中华人民共和国职业病防治法》明确规定新建、改建、扩建工程的劳动安全卫生设施、职业病防护设施必须与主体工程"同时设计、同时施工、同时投产和使用"、"建设项目安全设施的设计人、设计单位应当对安全设施设计负责"。贯彻"三同时"，设计是关键，只有在设计阶段充分考虑各项安全卫生设施，按照可行性研究和安全评价的要求，使设计人员严格执行设计规定，从设计做起，落实设计责任，才能从根本上改善劳动条件，保障主体工程的安全卫生条件，最大限度地减少和消灭工程投产后的安全隐患和尘毒危害，保障劳动者的安全和健康。

1.0.4 1996年，中华人民共和国劳动部令第3号《建设项目（工程）劳动安全卫生监察规定》，明确提出了工程设计单位应对建设项目职业安全卫生设施的设计负技术责任，建设项目职业安全卫生设计应按各阶段的要求进行，并对初步设计阶段编制的《职业安全卫生专篇》范围和深度作出了规定，以确保"劳动安全卫生预评价报告"及其审批意见所确定的各项措施得到落实。

2004年，国务院作出了"关于投资体制改革的决定"，转变政府管理职能，确立企业的投资主体地位。随着投资体制改革的不断深入，按照"谁投资、谁决策、谁受益、谁承担风险"的原则，在国家宏观调控下，市场机制对经济活动的调节作用越来越强，多元投资主体地位正在逐步确立。与此同时，中央和地方政府也逐渐缩小了工程项目审批范围，对于企业不使用政府投资建设的项目，一律不再实行审批制，而是区别不同情况实行核准制和备案制。鉴于部分工程项目，包括人造板项目，业主在前期阶段，并未委托咨询设计单位编制项目可行性研究报告这一情况，因此本规范对可行性研究阶段的职业安全卫生设计未作统一规定。如工程项目要求编制可行性研究报告及履行相应审批手续，则还应遵照国家有关规定在可行性研究阶段对职业安全卫生做论证。

1.0.5 人造板工程设计包括工艺、建筑、结构、电气、给排水、暖通等多个专业，职业安全卫生的各项技术措施是在各专业设计中体现的，只有各个专业都认真执行有关的安全卫生标准，才能通过设计手段尽可能使生产设备或生产系统本身具有安全性，即使在误操作或发生故障的情况下也不致造成严重事故，使工程设计达到技术先进、经济合理、安全可靠。

3　厂址选择与总平面布置

3.1　厂　址　选　择

3.1.1 厂址选择除考虑建设项目的经济性和技术合理性，并满足当地工业布局和城镇规划要求外，厂址所处的地理位置、周边环境、气象条件、地形、地貌、地质、水文等自然条件预测的主要危险因素如：洪水、海潮、飓风、滑坡、泥石流、断层、地震都会影响建厂的安全性。厂址的安全，关系到劳动者在生产过程中的安全，因此，厂址选定应全面考虑自然条件和四邻情况，保证其不受自然灾害和人为的影响。

3.1.2 风向对粉尘、有害气体的扩散和传播的影响作用很大，故应从风向方面考虑厂址的选择，一是应尽量避免或减少企业对厂址周围环境的影响；二是应充分利用自然条件，使企业生产过程中产生的废气、粉尘等有害物尽快扩散，以改善自身的环境条件，厂址位于窝风地段，会使企业散发的有害气体、烟尘无法较快地排除，而使企业受到污染。

3.1.3 人造板生产排放的主要污染物为木片水洗废水、螺旋挤压废水、蒸煮废水、游离甲醛废气、木质废料、木粉尘、噪声等，合理控制污染物的排放，减少二次污染，有利于人群安全与健康。

3.1.4 关于厂区与居住区之间的卫生防护距离问题，现越来越被重视，现行国家标准《工业企业设计卫生标准》GBZ 1明确指出：向大气排放有害物质的工业企业和居住区之间必须设置足够宽的卫生防护距离。目前国家已对制胶厂、油漆厂、水泥厂、石灰厂、塑料厂、以噪声污染为主的工业企业等制定了具体标准，对于人造板企业，可根据健康影响评估结果进行确定，以尽量减少有害物对居住区人群的危害。

3.2 总平面布置

3.2.2 合理确定建筑朝向,能有效地改善车间内工作环境,而且也有利于节约能源。

3.2.3 为了减少游离甲醛、游离酚气体、蒸气、木粉尘、噪声对厂区的污染,故应将此类车间布置在厂区全年最小风频的上风侧或主导风向的下风侧,布置不当,势必造成危害。

3.2.4 削片机、刨片机、旋切机、热磨机、锯边机、砂光机等生产设备是人造板厂主要的机械性噪声源,设备声压级均在95dB(A)以上,噪声是人造板企业的主要污染源,而且从声源入手治理噪声有一定难度,从总平面布置的角度控制厂区环境噪声是一项技术上可行,花钱最少的防噪方法,可利用噪声传播距离衰减原理、声源的指向特性、反射绕射特性、绿化来降低噪声。

3.2.5 确定通道宽度是总平面布置中比较重要的一环,既要满足生产要求,又要合理节约用地,必须同时符合建(构)筑物之间的防火间距、消防车道设置、通风、日照、采光等安全、卫生方面的要求。

3.2.6 虽然本规范的工程设计不包括合成树脂车间、甲醛罐区的内容,但在总平面设计中应考虑本工程建、构筑物与合成树脂车间、甲醛罐区的防火间距。

3.2.7 原料堆存通常以贮存原木、小径木、枝丫材、板皮板条、造材截头、木片等可燃物为主,由于木材的燃点低,一旦起火,燃烧速度快,辐射热强,难以扑救,特别是遇大风天气,飞火情况更加严重,容易造成很大损失。因此,为防止发生火灾飞火殃及厂区内其他建筑物及设施,故原料堆场宜布置在远离明火或散发火花的地点。

3.2.10 绿化对消除和减少生产过程中产生的粉尘、噪声、有害气体对厂区的污染,具有良好的效果。绿化设计应考虑生产、检修、运输、安全、卫生、防火等因素,以及在布置时要考虑与管架、电线、路面等的合理距离。

3.2.11 扩建、改建工程与新建工程一样,在平面布置中应考虑职业安全卫生方面的问题,在原工程职业安全卫生条件的基础上进行补充、调整,提出设计改进方案,以改善不合理布局。

4 卫生要求

4.1 通风

4.1.2 人造板生产使用的胶粘剂主要有脲醛树脂胶、三聚氰胺改性脲醛树脂胶、酚醛树脂胶等,使用的其他化工原料有硫酸铵、硝酸铵、氯化铵或六次甲基四胺、氢氧化钠、氨水、尿素等;生产过程中产生的有害物有游离甲醛气体、木粉尘等。表4.1.2所列物质的容许浓度限值是根据现行国家标准《工作场所有害因素职业接触限值 第1部分:化学有害因素》GBZ 2.1的规定制定的。对未制定PC-STEL的木粉尘、酚醛树脂粉尘,采用超标倍数控制其短时间接触水平的过高波动。

4.2 温度

4.2.1 当每名工人占用较大面积(50m²~100m²),轻作业时可低至10℃,中作业时可低至7℃,重作业时可低至5℃。

4.2.2 国内外卫生部门的有关研究结果表明,当人体衣着适宜、保暖量充分且处于安静状态时,室内温度20℃比较舒适,15℃是产生明显冷感的温度界限。

4.3 噪声

4.3.1 人造板生产线中心控制室、观察室通常布置在靠近生产线操作中心的位置,中心控制室内有电话通信要求,因此卫生限值标准是在同时满足现行国家标准《工业企业噪声控制设计规范》GBJ 87、《工业企业设计卫生标准》GBZ 1的要求下设定的。

室内背景噪声级,系指在室内无声源发生的条件下,从室外经由墙、门、窗(门窗启闭状况为常规状况)传入室内的室内平均噪声级。

4.3.2 工作场所劳动者噪声职业接触限值是根据现行国家标准《工作场所有害因素职业接触限值 第1部分:化学有害因素》GBZ 2.1的规定制定的。每周工作不是5d,或每天工作时间不等于8h,需计算40h或8h的等效声级。

5 职业安全

5.1 防火、防爆

5.1.1 本条是对建筑结构设计的规定。

1、2 人造板生产过程中使用的液体,其闪点均大于60℃;木材原料及成品、半成品均为可燃固体。根据现行国家标准《建筑设计防火规范》GB 50016的规定,有关单项工程的生产、贮存的火灾危险性类别为丙类。

3 干刨花仓室外布置有利于发生火灾或爆炸时减少损失。

5.1.2 本条是对安全装置设计的规定。

干燥的刨花、纤维及砂光粉遇火花极易燃烧,且细小的纤维及砂光粉浓度达到爆炸极限,有爆炸的危险,因此此类工段属于易燃、易爆危险区域,必须有严密的自控系统。设置的火花探测器、防爆螺旋、隔离仓、自动喷水等安全装置可起到及时发现火花、自动隔离、灭火的作用,防止火花危害下一工序。本条为强制性条文,必须严格执行。

5.1.3 本条是对电气设施设计的规定。

2 架空线易发生倒杆、断线及短路引起火灾事故,所以穿过堆料场的电缆宜采用直埋式,严禁架空线穿越堆料场。电气安全是人造板工程原料堆场防火设计的重点考虑环节,本条文是根据现行国家标准《建筑设计防火规范》GB 50016—2006中第11.2.1条关于易燃材料堆垛与架空线的最近水平距离不能小于电杆高度的1.5倍而确定。

4 电缆夹层是配电线路传输的通道,电缆的过载发热是发生火灾的隐患。

5 电缆沟、电缆桥架应避开高温、潮湿、环境恶劣的场所,在电缆沟、电缆桥架内敷设并经过高温、易燃等场所的动力线、控制线、信号线应采用阻燃电缆。

6 本款是根据现行国家标准《建筑设计防火规范》GB 50016—2006中第11.2.5条制定的。卤钨灯发光管体积小,灯管壁的工作温度高,如1000W的灯管温度高达500℃～800℃,当靠近木品质时,很容易被烤燃引起火灾。

5.1.4 本条是对消防给水设计的规定。

4 消防值班室及工、器具室的设置目的是便于消防工、器具的就近取用以及对消防工、器具的妥善管理。

5.2 防电气伤害

5.2.1 本条是对防触电设计的规定。

2 本款包含手持电动工具及插座。

4 工频50V及以下的电压为特低电压。其使用范围为:

(1)对于容易触及又无防止触电措施的固定或移动式灯具,其安装高度距地面为2.2m及以下,且有下列条件之一时,其使用电压不应超过24V:

1)特别潮湿的场所;

2)高温场所;

3)具有导电灰尘的场所。

(2)当工作场所地点狭窄,且作业者接触大面积金属物体,如锅炉、金属容器等时,使用的手提灯电压不应超过12V。

(3)对于50V及以下由安全电压供电的局部照明电源和手提灯电源,输入电路与输出电路必须实行电路上的隔离。

5.2.2 本条是对防雷设计的规定。

1 建筑物防雷设计,应在认真调查地质、土壤、气象、自然环境等因素、雷电活动规律以及被保护物的特点等基础上,详细研究防雷的形式并采取相应的防护布置。

5.2.3 本条是对接地设计的规定。

2 电力系统和电气设备的接地,按其目的分为工作接地、保护接地、系统接地和防静电接地等,根据电力系统及车间环境、设备种类等因素,采取不同的接地方法。

5.2.4 本条是对防静电设计的规定。

1 防静电设计应由工艺、设备、电气等专业相互配合,使生产过程中尽量不产生或少产生静电,并采取综合防静电措施,防止事故发生。

3 防止静电的产生以及对静电的处理有诸多措施,可见相关设计手册。

5.3 防机械伤害

5.3.1 设备选型应注重生产设备的专项安全卫生设计,从治"本"入手,消除因设备选型不当而对操作者造成的伤害事故以及尘、毒、噪声、辐射等的危害。

制动装置是为了加速制止工件转动,防止用手或其他手工方法制止工件转动的事故发生。过载保险装置是在机器的传动链中特意适当地加入薄弱构件,这种构件对正常载荷有足够的强度,而在过载时易被破坏,以保护机器设备。连锁装置是联系一个装置同另一个装置,主要用来保证一定的操作顺序,或者自动完成一定的操作程序,以防止误操作造成的事故。

5.3.2 合理布置机械设备,一方面便于操作、维护,另一方面在发生火灾或出现紧急情况时,便于人员撤离。因此在设计的同时,必须考虑足够的维修空间,通畅的人、货流通道,安装防护装置的适当位置,物料堆放位置及发展余地等,才能有效地避免危险隐患。

5.3.3 人造板生产过程中常发生机械伤害事故的作业有:削片机送料皮带跑偏、撕裂;减速机链条、皮带脱落、断裂;圆锯、纵横锯锯片脱落;机械剥取杂物飞溅等。传动、旋转装置在使用过程中,易发生危险,为防止发生人员伤害,明确规定主要机械设备安全防护要求。

5.3.5 高压容器设备设置安全阀及压力表,是为了防止高压系统超压操作而发生危险。

5.4 防坠落、防滑

5.4.1 在现行国家标准《高处作业分级》GB/T 3608—2008中规定:凡在坠落高度基准面2m以上(含2m)有可能发生坠落的作业,均称高处作业。在高处作业处由于因光线不良,会让不慎等因素容易发生坠落伤人事故,因此应设护栏、护板、安全圈等防护设施。

5.4.2 为阻止人员因光线不良、地面滑湿不慎超出防护区域,车间地坑、地沟、楼面洞口、架空走道、吊装口等危险场所附近必须设置安全防护栏杆或盖板。设置的盖板可为钢盖板或铁栅盖板。

5.4.3 据有关报道,工业致伤,其中1/5是摔伤,大多数是从楼梯和梯子上摔下的。梯子坡度不宜过陡,过陡容易摔伤。

5.4.4 梯子、平台及走板是操作人员容易发生坠落、跌伤的地方,尤其是冬天,防滑的措施更为必要,设计中的防滑措施有:采用厚度不小于4mm的花纹钢板或经过处理的普通A3F钢板等。

5.4.5 管线系统的配置不应对操作人员造成损害,室内管线系统设计应避免影响采光、通风,避免与门窗、设备等发生干扰,室外管线宜沿墙或柱架空敷设,地下风管应有管沟,沟盖板应与地坪标高一致;管线系统的支撑和隔热设施应安全可靠。

6 职 业 卫 生

6.1 防寒、防暑

6.1.4 为节约能源,城市建筑物夏季空调设定温度规定为不低于26℃。

6.2 防尘、防毒

6.2.5 专题调查实例显示,很多工厂将收集到的砂光粉、纤维、锯屑这部分生产废料送往热能中心作燃料,既减少污染又可节约能源。

生产线备料工段、铺装工段、锯边工段、砂光工段均会有粉尘排放,主要为木粉尘或涂有树脂的粉尘,对操作者可造成一定的危害,因此要加以治理。

6.2.6 实验室主要用于原、辅材料的分析化验,半成品的质量检测,胶料及成品物理机械性能和游离甲醛的测定和必要的工艺测试,室内会有游离甲醛气体的释放。

6.3 防噪声、防振动

6.3.5 削片机、刨片机的噪声在95dB(A)以上,而且从声源上很难治理,加装隔声罩又不便操作,只有采取建筑上用砖墙隔离的方法,以减少噪声对其他工段的影响。

6.3.6 空气压缩机运转时发出较大的噪声,产生较大的振动。为减少空气压缩机噪声对人耳的损害以及对车间仪表、仪器和设备正常工作的影响,应对其采取隔噪及减振措施。防振措施应根据空气压缩机的类型、位置、车间仪器仪表的允许振动要求、具体生产线的建(构)筑物条件以及地质、地形条件综合考虑。

6.4 防 辐 射

6.4.1、6.4.2 料位计要求按照国家有关标准进行设计制造,其壳外的放射剂量符合国家标准规定,所以不需另外安装防护装置。为引起操作人员对放射源的注意,需设明显的安全标志。随着具有放射性的仪器、仪表在自动控制上应用越来越多,在设计上应重视放射防护,做到放射防护装置不影响工艺设备运行,不造成对操作工人的危害,明确发射源控制区的范围。

7 安全色及安全标志

7.1 安 全 色

7.1.1 安全色是传递安全信息的颜色。为了使人们对周围存在的不安全因素环境、设备引起注意,需要涂以醒目的安全色,以提高人们对不安全因素的警惕。统一使用安全色,能使人们在紧急情况下,借助所熟悉的安全涵义,识别危险部位,尽快采取措施,提高自控能力,有助于防止事故的发生。

7.1.5 不可能在全部生产区域设防护屏栅,无防护屏栅处应设警告线,限定参观者及非生产人员的行走范围。

7.2 安 全 标 志

7.2.1 安全标志是由安全色、几何图形及图形符号构成,用以表达特定的安全信息。安全标志分为禁止标志、警告标志、指令标志、提示标志4类。

8 辅 助 用 室

8.0.1 人造板生产车间工人接触的有害物主要为木粉尘、涂有树脂的粉尘、游离甲醛气体,根据《工业企业设计卫生标准》GBZ 1要求,车间卫生特征分级可按3级设定。

中华人民共和国电力行业标准

火力发电厂职业安全设计规程

Code for the design of occupational safety
in fossil-fired power plant

DL 5053—2012

代替 DL 5053—96

主编部门：电力规划设计总院
批准部门：国　家　能　源　局
施行日期：2012年3月1日

国 家 能 源 局

公 告

2012 年 第 1 号

按照《能源领域行业标准化管理办法》(试行)的规定,经审查,国家能源局批准《承压设备无损检测 第7部分:目视检测》等182项行业标准(见附件),其中能源标准(NB)3项、电力标准(DL)81项和石油天然气标准(SY)98项,现予以发布。

附件:行业标准目录

国家能源局
二〇一二年一月四日

附件:

行业标准目录

序号	标准编号	标准名称	代替标准	采标号	批准日期	实施日期
……						
80	DL 5053—2012	火力发电厂职业安全设计规程	DL 5053—1996		2012-01-04	2012-03-01
……						

前 言

根据国家发展和改革委员会办公厅《关于下达2003年行业标准项目补充计划通知》(发改办工业〔2003〕873号)的安排,对《火力发电厂劳动安全与工业卫生设计规程》DL 5053—96(简称《安规》)的劳动安全部分进行修编。

根据国家对安全生产和职业卫生的所属管理,本次修编将《安规》拆分为两个规程,即《火力发电厂职业安全设计规程》和《火力发电厂职业卫生设计规程》,对《安规》的框架和结构进行了较大调整,对其内容进行了补充和完善。新的《火力发电厂职业安全设计规程》充分贯彻了《中华人民共和国安全生产法》和《中华人民共和国劳动法》的精神,根据火电厂的设计流程和生产工艺过程,本着以人为本的原则进行编制。

本标准共分8章和1个附录,主要内容包括:总则,基本规定,术语、厂址选择、规划及厂区总平面布置,建(构)筑物的安全防护设计,生产工艺系统安全防护设计,应急救援设备、设施及安全标志,安全教育设施及安全投资。

本标准中第4.1.2、4.4.1(2)为强制性条款,以黑体字标志,

必须严格执行。

本标准由国家能源局负责管理,由电力规划设计总院提出,能源行业发电设计标准化技术委员会负责日常管理,中国电力工程顾问集团东北电力设计院负责具体技术内容的解释。执行过程中如有意见或建议,请寄送电力规划设计总院(地址:北京市西城区安德路65号;邮政编码:100120),以供今后修订时参考。

本标准主编单位、参编单位和主要起草人:

主编单位:中国电力工程顾问集团东北电力设计院

参编单位:新疆电力设计院
中国电力工程顾问集团中南电力设计院

主要起草人:盛 利 王明环 王德彬 房继锋 朱晋文
龙 建 邹宗宪 刘志通 张 刚 谭红军
常爱国 万里宁 杨 眉 丛佩生 李慢忆
刘景炎 王庆波 徐 罡 胡长权 柳 恕
陈银洲 王向东

目　次

Contents

1 总　　则

1.0.1　为了防止和减少火力发电厂（简称火电厂）生产过程中的安全事故，保障劳动者的人身安全，根据《中华人民共和国劳动法》和《中华人民共和国安全生产法》的原则，制定本标准。

1.0.2　本标准适用于新建、扩建、改建、技术改造和引进的，以燃用固体化石为燃料的火力发电建设项目的职业安全设施及措施设计。

2 基本规定

2.0.1　火电厂职业安全设施及措施设计，应严格执行《中华人民共和国劳动法》中"新建、改建、扩建工程的职业安全卫生设施必须与主体工程同时设计、同时施工、同时投入生产和使用"的规定，全面贯彻"安全第一、预防为主、综合治理"的方针，在保证火电厂安全、经济运行的同时，为劳动者创造安全的工作条件和环境。

2.0.2　火电厂职业安全设施及措施设计，应在各工艺专业设计中落实的基础上，积极慎重地推广国内外先进技术，积极有效地采用成熟的新技术、新工艺和新材料。

2.0.3　火电厂各工艺系统的设计应以专业标准和规范为原则，并应符合本标准的要求。消防设计应符合现行国家标准《火力发电厂与变电所设计防火规范》GB 50229。

2.0.4　扩建、改建和技术改造的火电建设项目，其职业安全设施及措施设计，应结合原有电厂的总平面布置、建（构）筑物、生产工艺系统及其设备布置和运行管理等方面的特点，全面考虑、统一协调。其初步设计阶段职业安全设计专篇，应对扩建、技术改造工程所涉及原有电厂工艺系统的安全设施及职业安全状况作出评述。

2.0.5　火电建设项目工程设计的可行性研究、初步设计、施工图和竣工图等各设计阶段，应有职业安全设施及措施设计内容。

2.0.6　火电厂职业安全设施及措施设计除应执行本标准外，尚应符合现行国家有关的法规、规程及标准的规定。

3 术　　语

3.0.1　职业安全　occupational safety

以防止职工在职业活动过程中发生各种伤亡事故为目的的工作领域及在法律、技术、设备、组织制度和教育等方面所采取的相应措施。

3.0.2　地质灾害　geological disaster

由自然因素或者人为活动引发的危害人民生命和财产安全的山体崩塌、滑坡、泥石流、地面塌陷、地裂缝、地面沉降等与地质作用有关的灾害。

3.0.3　地质灾害易发区　geological disaster-prone area

指具备地质灾害发生的地质构造、地形地貌和气候条件，容易发生地质灾害的区域。

3.0.4　地质灾害危险区　geological hazard area

指已经出现地质灾害迹象，明显可能发生地质灾害且可能造成人员伤亡和经济损失的区域或者地段。

3.0.5　次生灾害　secondary disaster

指由地质灾害造成的工程结构、设施和自然环境破坏而引发的灾害，如水灾、爆炸、剧毒或强腐蚀性物质泄漏等。

3.0.6　气象灾害　meteorological disaster

大气对人类的生命和社会活动等造成的直接或间接的损害。一般包括天气、气候灾害和气象次生、衍生灾害。

3.0.7　天气、气候灾害　weather disaster

因台风（热带风暴、强热带风暴）、暴雨（雪）、雷暴、冰雹、大风、沙尘、龙卷、大（浓）雾、高温、低温、连阴雨、冻雨、霜冻、结（积）冰、寒潮、干旱、干热风、热浪、洪涝、积涝等因素直接造成的灾害。

3.0.8　气象次生、衍生灾害　weather derivative disaster

是指因气象因素引起的山体滑坡、泥石流、风暴潮、森林火灾、酸雨、空气污染等灾害。

3.0.9　地震基本烈度　basic-intensity earthquake

50年期限内，一般场地土条件下，场区可能遭遇超越概率为10%的烈度值。

3.0.10　抗震设防烈度　seismic fortification intensity

按国家规定的权限，批准作为一个地区抗震设防依据的地震烈度。

3.0.11　明火地点　open fire place

存在外露的火焰及赤热表面的场所。

3.0.12　散发火花地点　send-out spark place

指操作中砂轮、电焊、气焊（割）、电锯或手锯、非防爆电气设施及开关、有飞火的烟囱等固定地点。

3.0.13　接触电位差　contact potential difference

接地短路（故障）电流流过接地装置时，大地表面形成分布电位，在地面上离设备水平距离为0.8m处与设备外壳、架构或墙壁离地面的垂直距离1.8m处两点间的电位差。

3.0.14　跨步电位差　step potential difference

接地短路（故障）电流流过接地装置时，地面上水平距离为0.8m的两点间的电位差。

3.0.15　安全事故　accidents

指生产经营单位在生产经营活动（包括与生产经营有关的活动）中突然发生的，伤害人身安全和健康，或者损坏设备设施，或者造成经济损失的，导致原生产经营活动（包括与生产经营活动有关的活动）暂时中止或永远终止的意外事件。

3.0.16　安全标志　safety signs

用以表达特定安全信息的标志，由图形符号、安全色、几何形状（边框）或文字构成。安全标志分禁止标志、警告标志、指令标志和提示标志等四类。

3.0.17 安全预评价 safety assessment prior to start

在建设项目可行性研究阶段、工业园区规划阶段或生产经营活动组织实施之前,根据相关的基础资料,辨识与分析建设项目、工业园区、生产经营活动潜在的危险、有害因素,确定其与安全生产法律法规、标准、行政规章、规范的符合性,预测发生事故的可能性及其严重程度,提出科学、合理、可行的安全对策措施建议,作出安全评价结论的活动。

3.0.18 安全验收评价 safety assessment upon completion

在建设项目竣工后正式生产运行前或工业园区建设完成后,通过检查建设项目安全设施与主体工程同时设计、同时施工、同时投入生产和使用的情况或工业园区内的安全设施、设备、装置投入生产和使用的情况,检查安全生产管理措施到位情况,检查安全生产规章制度健全情况,检查事故应急救援预案建立情况,审查确定建设项目、工业园区建设满足安全生产法律法规、标准、规范要求的符合性,从整体上确定建设项目、工业园区的运行状况和安全管理情况,作出安全验收评价结论的活动。

4 厂址选择、规划及厂区总平面布置

4.1 厂址选择及规划

4.1.1 厂址选择应根据项目所处地区的地质、地震、水文、气象等自然条件和厂址周边环境对项目安全的影响,全面考虑防范措施,并应符合现行国家标准《大中型火力发电厂设计规范》GB/T 50660 的有关规定。对地质灾害易发区,应进行地质灾害危险性评估,提出建设场地适宜性的评价意见,采取相应的防范措施。抗震设防标准必须按照《中华人民共和国减灾法》和国家颁布的《中国地震动参数区划图》确定,根据工程具体条件,必要时应进行地震安全性评价。

4.1.2 严禁将厂址选择在强烈岩溶发育、滑坡、泥石流的地区或发震断裂地带;单机容量为 300MW 及以上或全厂规划容量为 1200MW 及以上的发电厂,不宜建在 50 年超越概率 10%的地震动峰值加速度为 0.4g、地震基本烈度为 9 度的地区。

4.1.3 选择(或地处)在台风、大风、暴雨(雪)、雷电、冰雹、沙尘暴、高温热浪等气象灾害多发区域新建、扩建、改建和技术改造的火电厂,厂区规划、主要建(构)筑物和有特殊要求的车间布置,应采取必要的措施,防止气象灾害以及由其引发的山洪、海洋等次生、衍生灾害对项目的影响。

4.1.4 厂址应避免与具有发生严重火灾、爆炸危险及泄漏的危险化学品生产、经营、储存使用的企业毗邻。当无法避免时,必须根据国家有关规定要求,保持足够的安全距离。

4.1.5 燃料以水路运输为主的火电厂,其码头的安全设施设计应符合国家现行标准《海港总平面设计规范》JTJ 211、《河港工程设计规范》GB/T 50192 以及有关消防要求。

4.1.6 新建火电厂采用山谷贮灰场时,贮灰场设计应充分考虑其对下游安全的影响。

4.2 厂区总平面布置

4.2.1 厂区总平面布置的原则

1 厂区总平面布置应考虑防火、防爆等因素,建(构)筑物的布置,应符合现行国家标准《工业企业总平面设计规范》GB 50187、《火力发电厂与变电所设计防火规范》GB 50229、《大中型火力发电厂设计规范》GB/T 50660 和行业标准《火力发电厂总图运输设计技术规程》DL/T 5032 的规定。

厂区铁路、道路及装卸设施的设计,应符合现行国家标准《工业企业厂内铁路、道路运输安全规程》GB 4387 的规定。

2 生产过程中有易燃或爆炸危险的建(构)筑物和贮存易燃、可燃材料的仓库等,宜布置在厂区的边缘地带,同时应考虑上述设施对厂区外部的影响。

如项目与具有发生严重火灾、爆炸危险及危险化学品泄漏的其他生产或贮存的企业毗邻,上述建(构)筑物及设施应布置在远离危险源的厂区边缘地带。

3 厂区场地设计标高应符合现行国家标准《大中型火力发电厂设计规范》GB/T 50660 和行业标准《火力发电厂总图运输设计技术规程》DL/T 5032 的规定,依据火电厂容量采用相对应的防洪标准。

4.2.2 燃料油(气)设施区布置

1 火电厂燃油设施的布置应符合现行国家标准《石油库设计规范》GB 50074 及《建筑设计防火规范》GB 50016 有关规定的要求。

2 火电厂燃油(气)区宜选择在厂区主要建筑物全年最小频率风向的上风侧,宜单独布置在厂区边缘形成独立的区域,并远离有明火或散发火花的地点,其厂界外侧宜保持必要的安全距离。

3 燃机电厂用或燃煤电厂点火及助燃用的天然气,其接受站、门站、调压站等燃气设施应单独布置在明火设备或散发火花设施最小频率风向的下风侧;也可布置在靠近锅炉房侧的厂区边缘地段。如为室内布置时,其泄压部位应避免面对人员集中场所和主要交通道路。

4.2.3 制(供)氢站布置

1 制(供)氢站应布置在远离散发火花的地点,或位于明火、散发火花地点最小频率风向的下风侧。

2 制(供)氢站应在厂区边缘相对独立、通风良好的安全地带,远离生产行政管理区和生活服务设施及人流出入口。毗邻厂界布设的制(供)氢站,其厂界外侧应保持一定的安全距离。

3 制(供)氢站的泄压面不应面对人员集中的地方和主要交通道路。

4 制(供)氢站上空禁止架空电力线路穿越。

4.2.4 脱硝还原剂贮存及氨气制备区布置

1 液氨贮存及氨气制备区宜布置在厂区主要建筑物全年最小频率风向的上风侧。

2 液氨贮存及氨气制备区宜布置在厂区边缘相对独立、通风良好的安全地带,远离生产行政管理区和生活服务设施及人流出入口。毗邻厂界布置的液氨贮存及氨气制备区,其厂界外侧应保持一定的安全距离。

3 液氨贮罐区邻近村镇(或居住区)、工矿企业、公共建筑物、交通线、河流(含湖泊等地表水域)布置时,其设施、设备应采取防泄漏措施,并保持足够的安全距离。

4 液氨贮存及氨气制备设施的泄压面设计不应面对人员集中的地方和主要交通道路。

4.3 建(构)筑物的间距

4.3.1 火电厂建(构)筑物的布置及其间距的确定,应符合现行国家标准《建筑设计防火规范》GB 50016、《火力发电厂与变电所设计防火规范》GB 50229、《大中型火力发电厂设计规范》GB 50660和行业标准《火力发电厂总图运输设计技术规程》DL/T 5032等有关标准、规范的规定。

4.3.2 屋外配电装置、屋外油浸变压器、总事故储油池、A 排外储油箱等，与其他建（构）筑物之间的最小间距应符合现行国家标准《火力发电厂与变电所设计防火规范》GB 50229 的要求。

4.3.3 燃料油（气）罐区与其他建（构）筑物之间的最小间距应符合现行国家标准《火力发电厂与变电所设计防火规范》GB 50229 的要求。区内各设施、设备之间的防火间距，除应符合现行国家标准《石油库设计规范》GB 50074、《石油天然气工程设计防火规范》GB 50183 的有关要求外，还应符合现行国家标准《建筑设计防火规范》GB 50016 的规定。

4.3.4 制（供）氢站与其他建（构）筑物之间的最小间距应符合现行国家标准《火力发电厂与变电所设计防火规范》GB 50229 的规定。站内各设施、设备之间的防火间距，还应符合现行国家标准《氢气站设计规范》GB 50177 的规定。

4.3.5 脱硝还原剂贮存及氨气制备区与其他建（构）筑物之间的最小间距应符合现行国家标准《火力发电厂与变电所设计防火规范》GB 50229 的规定。区内各设施、设备之间的防火间距，应符合现行国家标准《建筑设计防火规范》GB 50016 的规定。

4.4 管线、道路、出入口及围墙

4.4.1 管线布置

1 管线可采取直埋、管沟、地面及架空等四种方式敷设。输送易燃、易爆介质的管线，应视所输送介质的特性采取相应的敷设方式。氢气管、煤气管、压缩空气管、天然气管、供油管、氨气管、热力管等宜架空敷设。各类管线布置，应遵循现行行业标准《火力发电厂总图运输设计技术规程》DL/T 5032。

2 输送具有毒性、易燃、易爆、可燃性质介质的管线和管沟，严禁穿越与其无关的建（构）筑物、生产装置及储罐区等。

3 输送酸液和碱液管可敷设在地沟内，也可架空敷设，架空敷设的酸、碱液管线在跨越道路或人行过道时应采取防护措施。

4 当供油管道采用沟道敷设时，在燃油罐至燃油泵房以及燃油泵房至主厂房之间的油管沟内，应有防止火灾蔓延的隔断措施。

5 电缆沟及电缆隧道在进入建筑物外或在适当的距离及地段应设防火隔墙，电缆隧道的防火隔墙上应设防火门。电缆不应与其他管道同沟敷设。电缆沟道应防止地面水、地下水及其他管沟内的水渗入。沟（隧）道内部应设有排除积水的措施。其他沟道排水不应排入电缆沟道内。

6 架空电力线路，不应跨越爆炸危险区域。不宜跨越永久性建筑物的电力线路，当非跨越不可时，应满足带电距离最小高度要求，屋顶应采取防火措施。

4.4.2 道路、出入口及围墙

1 火电厂厂内道路的设计，应遵循国家现行标准《厂矿道路设计规范》GBJ 22、《工业企业总平面设计规范》GB 50187、《火力发电厂总图运输设计技术规程》DL/T 5032，在满足安全生产、运输、安装、检修的同时，还应满足消防的要求。

2 厂内各建筑物之间，应根据生产和消防的需要设置行车道路、消防车通道和人行道。主厂房、贮煤场、制（供）氢站、液氨贮存区和助燃油罐区周围以及屋外配电装置区应设置环形消防车道。

3 厂内交通主干道在人流、物流流量较大的区段，应划设交通标志线、设置交通标志。

4 火电厂的主要进厂道路与铁路线平交时，应设置看守道口及其他安全设施。

5 出入口应按照人流、车流分隔的原则进行设计，厂区至少应设两个出入口。

    1）采用汽车运煤、运灰渣的火电厂，应设置专用的车辆出

入口。

    2）铁路大门不得兼作人流出入口。

    3）火电厂扩（改）建期间，宜设施工专用的出入口。

6 燃油（气）区域周围宜设置非燃烧材料的实体围墙，高度不低于 2.2m，当利用厂区围墙时，该段围墙高度应不低于 2.5m。

7 制（供）氢站周围宜设置非燃烧材料的实体围墙，高度不低于 2.0m。

8 脱硝还原剂贮存区周围应设置非燃烧材料的实体围墙，高度不低于 2.2m，当利用厂区围墙时，该段围墙高度应不低于 2.5m。

9 火电厂重要区域，如屋外配电装置区、变压器场地区等应按厂区内、外划分，分别设置 1.8m 或 1.5m 高的围栅。

5 建（构）筑物的安全防护设计

5.1 建（构）筑物抗震设计

5.1.1 在抗震设防烈度为 6 度及以上地区建设的火电厂，其建（构）筑物必须进行抗震设计。

5.1.2 对于建造在地震基本烈度为 6、7、8 度和 9 度地区的火电厂建（构）筑物，应严格按照现行国家标准《建筑抗震设计规范》GB 50011、《构筑物抗震设计规范》GB 50191 和《电力设施抗震设计规范》GB 50260 的规定，采取有效的抗震和减害措施。建造在抗震设防烈度大于 9 度地区的火电厂，其建（构）筑物的抗震设计应按有关专门规定执行。

5.1.3 建（构）筑物的抗震设计，应达到当遭受高于本地区抗震设防烈度预估的罕遇地震影响时，不致倒塌或发生危及生命的严重破坏的目标。

5.1.4 选择建筑场地时，应根据工程需要，掌握地震活动情况、工程地质和地震地质的相关资料，对抗震有利、不利和危险地段作出综合评价。对不利地段应提出避开要求；当无法避开时应采取有效措施；对危险地段，严禁建造甲、乙类的建筑，不应建造丙类的建筑。

5.1.5 建筑场地应按下列原则确定为有利、不利、危险地段。

1 坚硬土或开阔平坦密实均匀的中硬土地段为有利地段。

2 软弱土、液化土，条状突出的山嘴，高耸孤立的山丘，非岩质的陡坡，河岸和边坡边缘，平面分布上成因、岩性、状态明显不均匀的故河道、断层破碎带、暗埋的塘浜沟谷及半填半挖地基为不利地段。

3 地震时可能发生滑坡、崩塌、地陷、地裂、泥石流等及发震

断裂带上可能发生地表位错的地段为危险地段。

5.2 建(构)筑物的防火设计

5.2.1 火电厂建(构)筑物的火灾危险性分类及其耐火等级,应低于现行国家标准《火力发电厂与变电所设计防火规范》GB 50229中表 3.0.1 的规定。建筑构件的燃烧性能和耐火极限应符合现行国家标准《建筑设计防火规范》GB 50016 中表 3.2.1 的规定。

5.2.2 火电厂各建(构)筑物的防火设计和安全疏散应符合现行国家标准《火力发电厂与变电所设计防火规范》GB 50229、《建筑设计防火规范》GB 50016 的有关规定。

5.2.3 有爆炸危险的甲、乙类厂房的防爆设计,应符合现行国家标准《建筑设计防火规范》GB 50016 的有关规定。制氢站的设计,还应符合现行国家标准《氢站设计规范》GB 50177 的有关规定。

5.2.4 主厂房中运煤皮带层、煤仓间、汽机房油系统、控制室的电缆夹层、电缆隧道、电缆竖井、配电装置室等防火的重点,其围护结构的耐火极限、安全疏散等,应符合现行国家标准《火力发电厂与变电站设计防火规范》GB 50229 的规定。

5.2.5 集中控制室(主控制室)、单元控制室、机炉控制室、网络控制室、化学控制室、运煤控制室、电子计算机室等人员集中的房间,其围护结构、装饰材料应满足耐火极限要求。楼梯、门等应满足紧急疏散要求。

5.3 建(构)筑物的防坠落设计

5.3.1 火电厂建(构)筑物的阳台、外廊、室内回廊、内天井、上人屋面、室外楼梯、平台及楼面开孔等临空处应设置防护栏杆,具体设计按照现行行业标准《火力发电厂建筑设计规程》DL/T 5094 及其他相关标准、规范执行。

5.3.2 对有人员停留或通过的室内外平台、台阶,当其高度超过0.70m 而侧面临空时,应设防护栏杆及防滑等防护措施。

5.3.3 当设置直通屋面的外墙爬梯时,爬梯应有安全防护措施。

5.4 建筑物内的通道设计

5.4.1 经常有人通行的通道或路面上空,在 2m 以下不允许有妨碍通行的突出建筑构件或设备。

5.4.2 楼梯平台上部及下部过道处的净高不应小于 2m,梯段净高不宜小于 2.20m。

5.4.3 室内台阶踏步步数不应少于 2 级,当高差不足 2 级时,应按坡道设计。

5.4.4 室内坡道坡度不宜大于 1:8,室外坡道坡度不宜大于1:10,并应有防滑处理。

5.4.5 主厂房各个疏散口及疏散通道上应明显的疏散标志。

5.5 建筑物室内外装修的安全设计

5.5.1 在不破坏建筑物结构的安全性的基础上,室内外装修工程应采用防火、防污染、防潮、防水和控制有害气体和射线的装修材料和辅料。并应符合国家现行标准《火力发电厂建筑设计规程》DL/T 5094、《建筑内部装修设计防火规范》GB 50222 的规定。

5.5.2 外墙装修及外保温材料必须与主体结构及外饰面连接牢靠,并应防开裂、防水、防冻、防腐蚀、防风化和防脱落。

6 生产工艺系统安全防护设计

6.1 燃料系统

6.1.1 运煤系统

1 燃用褐煤或高挥发份易自燃煤种的火电厂,应符合现行国家标准《火力发电厂与变电所设计防火规范》GB 50229、现行行业标准《火力发电厂运煤设计技术规程 第 1 部分:运煤系统》DL/T 5187.1 及《火力发电厂煤和制粉系统防爆设计技术规程》DL/T 5203 的有关规定。

2 在严寒地区室外布置的设备,金属结构必须采用镇静钢或同级别钢材制造。

3 在沿海地区室外布置的设备,其外表面必须进行盐雾防腐处理。露天布置的带式输送机应采取防风措施。

4 当需要在运煤设备下方设置通道时,设备下方净空高度不宜小于 1.90m,同时应设置防护板(网)。

5 带有司机室的设备,司机室应位于电源滑线的对侧。司机室门的开闭应纳入安全联锁,行车时保持闭锁。

6 当运煤设备用滑线供电时,滑线敷设位置和高度应保证人员安全,必要时应在滑线下设防护网,防护网离地高度不应小于2.50m。

7 运煤系统中沿轨道运行的大型设备其两侧无安全防护设施时,机上应设置音响和灯光报警装置。

8 地下运煤隧道两端应设通往地面的安全出口,当长度超过100m 时,中间应加设安全出口,其间距不应超过 75m;运煤栈桥长度超过 200m 时,应加设中间安全出口。

9 运煤系统的防伤害设计,应符合下列要求:
1)转动机械设备应设置必要的闭锁装置;外露的转动部分应设置防护罩(网)。
2)在不影响使用功能的情况下,应对运煤系统各个设备部件中的锐角、利棱、凹凸不平的表面和较突出的部位采取防护措施。
3)运煤系统各建筑物内的楼梯、平台、坑池和孔洞等周围,均应设置栏杆或盖板。楼梯、平台均应采取防滑措施。
4)操作人员工作位置在坠落基准面上 2m 以上时,必须在生产设施上配置带有防坠落的护栏、护板或安全圈的平台,且不宜采用直爬梯。
5)运煤建筑各层的起吊孔应设盖板和活动栏杆。无盖板时,应设固定栏杆。起吊设备的极限位置应能到达起吊孔的正上方。

6.1.2 卸煤装置

1 卸煤作业区内的铁路道口和经常有人员跨越的铁道处,应设置天桥或其他形式的安全通道。

2 卸煤装置下的受煤斗(槽)或地下受煤斗,其上口处必须设置可拆卸的煤箅子。

3 当翻车机系统采用人工摘钩时,应设置一个闭锁重车调车机的信号,此信号可手动解除。

4 采用水运卸煤时,码头外侧不宜设栏杆,以便于船舶停靠码头时移动缆绳,但必须加设护沿,护沿高度一般为 0.3m。码头内侧及两端应设置防护栏杆。码头部分所有人工巡回通道不应出现断头通道,人工通道高出码头面、引桥面、地面 1.5m 时,必须设置防护栏杆。

5 缝式煤槽卸煤装置两端均应设置进入地上部分的楼梯间,煤槽长度超过 100m 时,应设中间安全出口,楼梯口应采取防雨措施。

6.1.3 贮煤场及其设备和设施

1 贮煤场煤堆分堆应根据煤种确定。不同煤种分堆贮存时,相邻煤堆底边之间的距离不宜小于 10m。

2 贮煤场四周应设推煤机等地面移动设备的通道和消防设备设施。在人员和设备均需横向通过煤场带式输送机处,可在该带式输送机下设净空足够的通道。在供人员越过煤场带式输送机处,应设置带有防护栏杆的跨越梯。

3 露天储煤场轨道式机械必须装有夹轨钳和锚定装置。

4 当采用轨道式煤场设备时,在大车轨道两端应设安全尺、止挡器和终端开关,安全尺的位置应保证终端开关动作后大车有不小于 2m 的滑行距离。

5 当贮煤场设备采用滑接触线供电时,宜选用带封闭外壳的安全滑接触输电装置。

6 除引入筒仓仓顶的带式输送机通廊外,仓顶面建筑物应有第二个出入口。不设电梯时,可设置直通地面的螺旋梯。

7 贮煤场应设置消防、洒水设施,消防、洒水设施的布置不应妨碍煤场设备的正常运行。

6.1.4 带式输送机及其他

1 输送距离不小于 100m 的机械,在其需要跨越处应设置带护栏的人行跨越梯。

2 带式输送机的尾部滚筒及其他所有改向滚筒轴端处,应分别加设护罩及可拆卸的护栏。

3 带式输送机所配重锤行程的地面处,应设置高度 1.5m 的护栏;拉紧行程的范围内,应设置可拆卸围栏。

4 带式输送机的运行通道侧,应设有不低于上托辊最高点的可拆卸的栏杆。

5 带式输送机除必须在机头、尾部设联动事故停机按钮外,并应沿带式输送机全长设紧急事故拉绳开关和报警装置。

6 带式输送机还应设有启动警告电铃的联锁装置和防止误启动装置。

7 输送褐煤及高挥发分易自燃煤种的带式输送机,应采用难燃胶带,并设置消防设施。

8 带式输送机确定中部支架的高度时,力求使下托辊与地面间的净空不小于 300mm;除垂直重锤拉紧装置支架外的各种滚筒支架的高度,应使各滚筒与地面间的净空不小于 250mm。

9 运煤系统的导料槽应采用防静电接地措施,且不应采用容易积聚静电的绝缘材料制作。

10 露天布置的高架带式输送机通道两侧应设置防护栏杆。机架下有人、车通行的地方应设接料板。

11 在除铁器弃铁处,应设置弃铁箱(车)和一定高度的安全围挡。

6.2 锅炉、汽轮机系统及设备

6.2.1 锅炉

1 汽包和过热器上所装设安全阀的总排放量应大于锅炉最大连续蒸发量。再热器进出口安全阀的总排放量应大于再热器的最大设计流量。

2 锅炉的保护装置。
　1)配备炉膛安全监控保护装置。
　2)汽包锅炉应配备水位保护装置,直流锅炉应配备断水保护装置。
　3)应符合现行行业标准《电力工业锅炉压力容器监察规程》DL 612 的规定,配备足够数量的安全阀。
　4)有可靠的锅炉再热蒸汽超温喷水保护系统。
　5)直流锅炉应配备蒸发段出口中间点的温度保护装置。

6.2.2 煤粉制备

1 锅炉燃烧制粉系统与设备的设计,应与锅炉本体设计及锅炉炉膛安全保护监控系统相适应,并应符合现行行业标准《电站煤粉锅炉炉膛防爆规程》DL/T 435 或美国消防协会标准《锅炉与燃烧

系统的危险等级标准》NFPA 85 中有关条款的规定。

2 制粉系统(全部烧无烟煤除外)必须有防爆和灭火设施。对煤粉仓,应设有通惰化介质和灭火介质的设施。

3 制粉系统的所有管道和设备的结构不应存在易发生煤粉沉积的死角,通流面积的设计应保证吹扫空气通过时的流速能将沉积的粉吹扫干净。

4 在制粉系统及其相关烟、风道上的人孔、手孔和观察孔应为气密式结构,并设有闭锁装置,防止在运行或爆炸时被打开。

5 制粉系统的所有设备和其他部件应由耐燃材料制成。

6 热风道与制粉系统连接部位,以及排粉机出入口风箱的连接,应达到防爆规程规定的抗爆强度。

6.2.3 煤粉仓及管道

1 煤粉仓要做到严密、内壁光滑、无积粉死角,抗爆能力应符合规程要求。

2 根据粉仓的结构特点,应设置足够的粉仓温度、可燃气体测点和温度报警装置。

3 粉仓宜装设预防和破除堵塞的装置,包括在金属煤斗侧壁装设电动或气动防堵装置,或其他振动装置。

4 原煤仓上部空间或金属煤斗下部宜设置通入灭火用惰性气体的引入管(DN>25mm)固定接口。

5 筒仓和原煤仓顶部的死角空间应设置排除和净化可燃气体和煤粉混合物气体装置。

6 煤粉仓和制粉系统附近应设置专用消防器材及设施。

6.2.4 汽轮机及其辅助系统

1 汽机油系统不宜使用法兰连接,严禁使用铸铁阀门。如确需法兰连接时,严禁使用塑料垫、橡皮垫(含耐油橡皮垫)和石棉纸垫。

2 油管道法兰、阀门的周围及下方如敷设有热力管道或其他热体,其保温外面应包铁皮。

3 事故排油阀应设两个钢质截止阀,其操作手轮应设在距油箱不小于 5m 处,并有 2 个以上的通道。

4 压力式除氧器应采用全启式弹簧安全阀,且不少于 2 只,分别装在除氧头和给水箱上。

6.3 除灰、渣系统及其辅助设施

6.3.1 除灰渣系统

1 除灰渣系统中所有转动机械及其外露部分的转动部件应设置安全护罩,并应设置必要的闭锁装置。

2 除渣系统采用干渣系统时应采取防止烫伤的措施。

3 地下布置的石子煤系统,其地下隧道应设置防潮通风设施和不少于 2 个的出入口。

4 除灰渣系统中灰库、渣库库顶、操作平台(高度大于 1m)应设置安全栏杆;平台、走台(步道)、升降口、吊装孔、闸门井和坑池边等有坠落危险处,应设栏杆、盖板、踢脚板及防滑措施。

5 除灰渣系统的转动机械应设置事故紧急停机开关及防止误起停装置。

6.3.2 空气压缩机站

1 压缩空气储罐应安装安全阀,宜采取遮阳措施。

2 空气压缩机站应符合现行国家标准《建筑设计防火规范》GB 50016 的规定,设置人员的出入口及安全梯。

6.4 电厂化学

6.4.1 化学水处理系统及设备

1 化学水处理系统的设施及药品,应符合现行国家标准《化学品分类和危险性公示　通则》GB 13690、《常用化学危险品贮存通则》GB 15603 和现行行业标准《火力发电厂化学设计技术规程》DL/T 5068 等规定,进行安全设计。

2 电除盐装置极水排放应采用单独管道直接排放至室外,或

在除盐间内采取通风措施。

3 当采用液氯时，系统的安全措施设计应满足以下要求：

1) 加氯机应有指示瞬时投加量并有防止氯、水混合物倒灌入液氯钢瓶内的措施。

2) 应设置氯气中和装置，并配置一定数量的正压式呼吸器。

3) 加氯机喷射器水源应保证不间断并保持水压稳定，加氯水泵应联锁并有可靠的电源。

4) 采暖设备不宜靠近氯瓶或加氯机。

5) 氯瓶间应配置漏氯检测及报警装置，与其他工作间隔开，并应有向外开的门。

4 当采用电解质次氯酸钠时，系统应设置排氢措施，必要时应设置中间除氢系统。

5 当采用化学法制取 ClO_2 时，系统的安全措施设计应满足以下要求：

1) 氯酸钠应置于通风、阴凉干燥的库房中存放，不可与还原性物质、酸、有机物共存共运。运输时应防晒、防雨淋、防撞击，不得与酸、还原剂、有机物同车运输。

2) 稳定性 ClO_2 溶液应储存在避光、通风、干燥的室温环境里，不得与酸及还原性的物质共储共运。

3) 二氧化氯发生器间应配置漏氯检测及报警装置。

6 高温高压的汽水取样管道布置时不宜穿越控制室等人员密集处，必须穿越时应采取防护措施。

6.4.2 制(供)氢站设施设备的安全设计

1 制(供)氢站内应将有爆炸危险的房间集中布置。有爆炸危险房间不应与无爆炸危险房间直接相通。必须相通时应以走廊相连或设置双门斗。

2 制(供)氢站的氢气罐的安全措施设置应符合下列规定：

1) 应设有安全泄压装置，如安全阀等。

2) 氢气罐顶部最高点应设氢气放空管。

3) 应设压力测量仪表。

4) 应设氮气吹扫置换接口。

5) 有爆炸危险房间内应设氢气检漏报警装置，并应与相应的事故排风机联锁。

6) 有爆炸危险环境的电气设施及仪器、仪表选型，不应低于氢气爆炸混合物级别、组别。当需要充氮保护时，氢气压力应大于大气压力。

3 制氢系统中，设备及其管道内的冷凝水，应由专用疏水装置或排水水封排至室外。水封上的气体放空管，应分别接至室外安全处，并使管道接地。

6.4.3 电厂化学辅助设施的安全设计

1 实(试)验室的墙、地面应进行防腐处理，并应设置冲洗等安全防护及应急处理设施。

2 酸碱贮存间(库)、计量间及卸酸、碱泵房等存储和使用化学品的建筑物及房间，应设置围堰、冲、排水等安全防护及应急处理设施。

6.5 电 气 部 分

6.5.1 电气设备的布置

1 电气设备的布置，应符合下列要求：

1) 火电厂内所有带电设备的安全净距不应小于各有关规程规定的最小值。

2) 高压配电装置中接地开关的配置应符合现行行业标准《高压配电装置设计技术规程》DL/T 5352 的规定。

3) 250V 以上的电压不宜直接进入控制屏(台)和保护屏。

4) 低压封闭式母线至地面的距离应符合现行国家标准《低压配电设计规范》GB 50054 的规定。

5) 高、低压配电盘应采用在运行、维护及检修中均能保证人员安全的产品。

2 绝缘与防护，应符合下列要求：

1) 电气设备的绝缘水平，应符合现行行业标准《交流电气装置的过电压保护和绝缘配合》DL/T 620 的绝缘要求。

2) 屋外(屋内)电气设备的固定遮栏，屋外配电装置围栏，屋内配电装置的防护围栏及防护隔板的设置应符合现行行业标准《高压配电装置设计技术规程》DL/T 5352 的规定。

6.5.2 防雷与保护

1 电厂避雷设施。

1) 独立避雷针不应设在人经常通行的地方，避雷针及其接地装置与道路或出入口等的距离不宜小于3m，否则应采取均压措施，或对地面进行特殊处理。

2) 在确定接地装置的形式和布置时，应尽可能降低接触电位差和跨步电位差，并符合有关规程的规定值。

2 保护。

1) 所有电力设备外壳应接地或接零。

2) 不同用途和不同电压的电气设备，应使用一个总的接地装置，接地电阻应符合其中最小值的要求，另有规定的除外。

3) 低压电力网中的接零、接地保护应符合现行国家标准《低压配电设计规范》GB 50054 的规定。

4) 接地线应符合现行行业标准《交流电气装置的接地》DL/T 621 的规定。易爆场所内的电气设备接地，应符合有关规程的规定。

5) 事故通风的通风机，应分别在室内、外便于操作的地点设置开关。空气调节系统的电加热器应与送风机联锁，并应设无风断电、超温断电保护装置；电加热器的金属风管应接地。

3 防静电。防静电接地的位置和接地线、接地极布置方式以及防雷电感应和防静电接地的接地电阻应符合现行行业标准《交流电气装置的过电压保护和绝缘配合》DL/T 620 以及《交流电气装置的接地》DL/T 621 的规定。

4 防误操作。

1) 220kV 及以下屋内配电装置设备低位布置时，间隔应设置防止误入带电间隔的闭锁装置。

2) 断路器或刀闸闭锁回路不能用重动继电器，应直接用断路器或隔离开关的辅助触点；操作断路器或隔离开关时，应以现场状态为准。防误装置电源应与继电保护及控制回路电源独立。

6.5.3 电气设备、设施的防火、防爆

1 控制室下的电缆夹层、电缆隧道、电缆竖井、配电装置室等房间的围护结构耐火极限、安全疏散通道的设计应符合有关标准的规定。

2 屋外油浸变压器的防火应符合现行标准《火力发电厂与变电所设计防火规范》GB 50229 以及《高压配电装置设计技术规程》DL/T 5352 的规定。

3 屋内配电装置的建筑要求。包括配电间出口、墙、门、通风、通道的设置及防火、防爆措施，应符合现行标准《火力发电厂与变电所设计防火规范》GB 50229、《爆炸和火灾危险环境电力装置设计规范》GB 50058 及《高压配电装置设计技术规程》DL/T 5352 的规定。

4 电缆设施防火要求。包括电缆防火封堵的位置、防火堵料的性能和耐火极限、需采取电缆防火措施的部位、对电缆隧道人孔及通风要求以及火灾危险场所内电缆设施的要求，应符合现行国家标准《火力发电厂与变电所设计防火规范》GB 50229 的规定。

5 在爆炸危险场所中电力装置的防护，应符合下列要求：

1) 爆炸危险场所内电气设备和线路的布置，应使其能免受机械损伤。

2) 在爆炸危险场所内，所采用的电气设备应符合现行国家

标准《爆炸和火灾危险环境电力装置设计规范》GB 50058 的规定。

　　3）在有易燃气体或蒸汽爆炸混合物的场所内，所用的防爆电气设备的级别不应低于场所内爆炸物的级别。当场所内存在两种或两种以上的爆炸混合物时，应按危险程度高的级别选用。

　　6　易燃、易爆场所通风用的通风机和电动机应为防爆式，并应直接连接。

6.5.4　照明系统

　　照明网络的接地、24V 及以下自耦变压器的使用、照明网络的安全电压以及开关和插座应符合现行行业标准《火力发电厂和变电站照明设计技术规定》DL/T 5390 的规定。

6.6　水工设施及建(构)筑物

6.6.1　水工设施

　　1　室内水池、排水沟、集水坑应设置防护栏杆或盖板。

　　2　敞开式取水、排水沟道、排洪沟、冷却塔水池、回水沟口及贮水池应设栏杆。

　　3　地下水泵房、高位水箱(池)应设爬梯；爬梯超过 2m 时，2m 以上的爬梯应设围栏。

　　4　火电厂应设置火灾监测、自动报警及通讯广播系统，其设计应符合现行国家标准《火力发电厂与变电所设计防火规范》GB 50229 的规定。

6.6.2　水工建(构)筑物

　　1　冷却塔及其他高耸水工建构筑物的爬梯应设封闭护栏或护圈，高度超过 100m 的冷却塔，其爬梯中间应设置间歇平台，平台及塔顶应设防护栏杆。机力通风冷却塔人孔处，应设有检修平台及活动栏杆。

　　2　空冷岛楼梯、步道和工作平台周围应设置不低于 1.20m 的防护栏杆。

　　3　火电厂作业码头的边沿，应设有不低于 200mm 的防护台。

　　4　贮灰场坝体应设上坝踏步；坝顶宽度不小于 4m，保证检修运行车辆通行安全。

6.7　脱硫及脱硝系统

6.7.1　脱硫系统

　　1　吸收塔顶部应设置照明设施。

　　2　脱硫系统中石灰石粉仓、箱罐顶部及脱硫塔的旋转爬梯等应设置防护栏杆；平台、走台(步道)、升降口、吊装孔和水池边等有坠落危险处，应设防护栏杆、盖板和踢脚板。

　　3　脱硫系统应设有事故紧急停机开关及防止误起停装置的措施。

　　4　脱硫系统所有转动机械应设置安全护罩(网)。

　　5　工艺设备、管道应考虑保温、防振动措施。

　　6　当石灰石进料设置地下受料斗时，斗口处应设置钢格栅。

6.7.2　脱硝系统

　　1　液氨储存及氨气制备区应设置两个及以上安全出口。

　　2　液氨储罐区应设置带警告标识的围栏。区内安全设施应包括氨气泄漏检测器、紧急水喷淋系统、火灾报警信号、安全淋浴器(包括洗眼器)及逃生风向标等。

　　3　液氨贮存及氨气制备区应根据其生产流程、各组成部分的特点和火灾危险性，结合地形、风向等条件，按功能进行分区，使储罐区与装卸区、辅助生产区分开布置。

　　4　液氨卸料、贮存、氨气制备及供应系统应保持其严密性，并设置沉降观测点。

　　5　液氨系统的液氨卸料压缩机、液氨储罐、液氨蒸发器、氨气缓冲罐及氨气输送管道等都应备有氮气吹扫系统。

　　6　液氨贮存及氨气制备区围墙外 15m 范围内不应绿化。该范围外的附近区域不应种植含油脂较多的树木、绿篱或茂密的灌木丛；宜选择含水分较多的树种和种植生长高度不超过 15cm、含水分多的草皮进行绿化。

6.8　其他设施

6.8.1　起吊设施

　　1　起吊设施选型应符合现行国家标准《起重机械安全规程　第1部分：总则》GB 6067.1 规定。

　　2　起吊设施应永久性地标明其自重和起吊最大重量。

　　3　起吊高度较大的起吊设施，宜采用不旋转钢丝绳。必要时还应有防止钢丝绳旋转的装置和措施。

　　4　起吊设施不应采用铸造吊钩。起吊设施应采用带防脱绳的闭锁装置吊钩；当吊钩起升过程中有被钩住的危险时，应选用安全吊钩或采取其他有效措施。

　　5　起吊设施供电电缆的收放速度应与起吊设施的升降速度保持一致，在升降过程中电缆不应过分松弛和碰触起重钢丝绳。

　　6　起吊设施应设置起升高度限位器、运行行程限位器、防碰撞装置、缓冲器或端部止挡，必要时应设置幅度限位器、幅度指示器、回转锁定装置等安全装置。还应设置起重量限制器、起重力矩限制器和极限力矩限制装置等防超载的安全装置。

　　7　室外的起吊装置应装设防倾翻和抗风防滑的安全装置。

6.8.2　电梯

　　1　电梯的选型应符合现行国家标准《电梯制造与安装安全规范》GB 7588 的规定。

　　2　主厂房电梯宜采用客货两用型式。主厂房电梯应在从层站装卸区域可看见的位置上设置标志，表明该载货电梯的额定载重量。不允许超过额定载重量运行。

　　3　电梯轿厢应装有能在下行时动作的安全钳，在达到限速器动作速度时，甚至在悬挂装置断裂的情况下，安全钳应能夹紧导轨，使装有额定载重量的轿厢制停并保持静止状态。

　　4　电梯井道应为电梯专用，井道内不得装设与电梯无关的设备、电缆等。井道内允许装设采暖设备，但不能用蒸气和高压水加热。采暖设备的控制与调节装置应装在井道外面。

　　5　在正常运行时，应不能打开层门，除非轿厢在该层门的开锁区域内停止或停站。

　　6　电梯应设极限开关。极限开关应设置在尽可能接近端站时起作用而无误动作危险的位置上。极限开关应在轿厢或对重(如有)接触缓冲器之前起作用，并在缓冲器被压缩期间保持其动作状。

7 应急救援设备、设施及安全标志

7.1 应急救援设施及设备

7.1.1 火电厂应按照现行国家标准《火力发电厂与变电所设计防火规范》GB 50229 的要求设置应急通讯、广播及报警系统,应急救援站等应急救援设施。

7.1.2 火电厂的电气设施区、燃料油贮存区、液氨贮存及氨气制备区等重点区域和其他生产现场,应配备急救箱等急救物品。应急救援站(或医院)应按照现行行业标准《电力行业紧急救护技术规范》DL/T 692 的规定配置紧急救护设备。

7.2 安 全 标 志

7.2.1 火电厂安全标志应按照现行国家标准《安全色》GB 2893、《安全标志及其使用导则》GB 2894、《消防安全标志》GB 13495、《工业管道的基础识别色、识别符号和安全标识》GB 7231 等有关标准的要求进行设计。

7.2.2 火电厂应对所设置的安全标志、设备标志和安全警示线的设计进行优化比较、全面规划,使安全标志标准化、规范化。

7.2.3 火电厂应根据设备设施功能、安全要求、防护及警示需要、消防规定、作业环境、制作要求等因素,结合厂内条件、厂区布置及交通运输、工艺系统及设备等配置各类安全标志。

8 安全教育设施及安全投资

8.1 安全教育及培训设施

8.1.1 火电厂应设置安全教育及培训室,其使用面积应符合现行行业标准《火力发电厂辅助、附属及生活福利建筑物建筑面积标准》DL/T 5052 的要求。

8.1.2 安全教育及培训室应配备必要的宣教设备,配置的具体设备参见附录 A。

8.2 职业安全设施投资

8.2.1 新建、扩建、改建、技术改造的火电厂工程项目的安全设施投资应当纳入建设项目概算。

8.2.2 火电建设项目工程设计的前期阶段(初步可行性研究、可行性研究阶段)投资估算中,应将工程的安全预评价费用计列在内。

8.2.3 火电厂工程设计的初步设计阶段的投资概算,应将安全教育室用房及设备、安全标志、新职工安全教育与培训、安全验收评价、应急预案(厂内部分)编制、安全防护设施竣工验收费等投入计算在内。

附录 A 安全教育及培训室宣教设备

火力发电厂安全教育及培训室可与职业卫生教育及培训室统一配备仪器设备,并共同使用。推荐配备宣教仪器设备见表 A。

表 A 安全教育及培训室配备宣教设备表

仪器设备名称	备 注
摄像机	事故现场录像及宣教设备
电视机	宣教设备
光盘播放机(DVD)	宣教设备
照相机及其辅助设备	事故现场拍照
幻灯机(或投影仪)	宣教设备

本标准用词说明

1 为便于在执行本标准条文时区别对待,对要求严格程度不同的用词说明如下:

1)表示很严格,非这样做不可的:
正面词采用"必须",反面词采用"严禁";

2)表示严格,在正常情况下均应这样做的:
正面词采用"应",反面词采用"不应"或"不得";

3)表示允许稍有选择,在条件许可时首先应这样做的:
正面词采用"宜",反面词采用"不宜";

4)表示有选择,在一定条件下可以这样做的,采用"可"。

2 条文中指明应按其他有关标准执行的写法为:"应符合……的规定"或"应按……执行"。

引用标准名录

《安全色》GB 2893

《安全标志及其使用导则》GB 2894

《工业企业厂内铁路、道路运输安全规程》GB 4387

《起重机械安全规程 第1部分:总则》GB 6067.1

《工业管道的基础识别色、识别符号和安全标识》GB 7231

《电梯制造与安装安全规范》GB 7588

《消防安全标志》GB 13495

《化学品分类和危险性公式 通则》GB 13690

《常用危险化学品贮存通则》GB 15603

《建筑抗震设计规范》GB 50011

《建筑设计防火规范》GB 50016

《厂矿道路设计规范》GBJ 22

《低压配电设计规范》GB 50054

《爆炸和火灾危险环境电力装置设计规范》GB 50058

《石油库设计规范》GB 50074

《氢气站设计规范》GB 50177

《石油天然气工程设计防火规范》GB 50183

《工业企业总平面设计规范》GB 50187

《构筑物抗震设计规范》GB 50191

《河港工程设计规范》GB/T 50192

《建筑内部装修设计防火规范》GB 50222

《火力发电厂与变电所设计防火规范》GB 50229

《电力设施抗震设计规范》GB 50260

《大中型火力发电厂设计规范》GB 50660

《电站煤粉锅炉炉膛防爆规程》DL/T 435

《电力工业锅炉压力容器安全监察规程》DL 612

《交流电气装置的过电压保护和绝缘配合》DL/T 620

《交流电气装置的接地》DL/T 621

《电力行业紧急救护技术规范》DL/T 692

《火力发电厂总图运输设计技术规程》DL/T 5032

《火力发电厂辅助、附属及生活福利建筑物建筑面积标准》DL/T 5052

《火力发电厂化学设计技术规程》DL/T 5068

《火力发电厂建筑设计规程》DL/T 5094

《火力发电厂运煤设计技术规程 第1部分:运煤系统》DL/T 5187.1

《火力发电厂煤和制粉系统防爆设计技术规程》DL/T 5203

《高压配电装置设计技术规程》DL/T 5352

《火力发电厂和变电站照明设计技术规定》DL/T 5390

《海港总平面设计规范》JTJ 211

中华人民共和国电力行业标准

火力发电厂职业安全设计规程

DL 5053—2012
代替 DL 5053—96

条 文 说 明

修 订 说 明

《火力发电厂劳动安全与工业卫生设计规程》DL 5053—96（简称《安规》）自1996年颁布实施以来，在电力建设中贯彻实施国家"安全第一、预防为主、综合治理"安全生产方针和"劳动法"关于改善劳动条件、保护劳动者在劳动过程中安全健康的基本思想，落实国家关于建设项目安全技术措施和设施应与主体工程同时设计、同时施工、同时投产使用的"三同时"制度，起到了积极的作用，收到了良好的效果。

根据国家对安全生产和职业卫生的所属管理，本次修编将原《安规》拆分为两个规程，即《火力发电厂职业安全设计规程》和《火力发电厂职业卫生设计规程》，对《安规》的框架和结构进行了较大调整，对其内容进行补充和完善。新的《火力发电厂职业安全设计规程》充分贯彻了《中华人民共和国安全生产法》和《中华人民共和国劳动法》的精神，根据火电厂的设计流程和生产工艺过程，本着以人为本的原则进行编制。修编后的《火力发电厂职业安全设计规程》条文对火电厂职业安全设计提出了更为切合实际的要求，有助于提高火电厂安全生产的经济效益和社会效益，以满足"安全可靠、经济适用、符合国情"的可持续发展要求。

原《火力发电厂劳动安全与工业卫生设计规程》DL 5053—96的主编单位为东北电力设计院，主要起草人：汪永祥、周龙宝、钱亢木、张唤荣、胡洁、王春发、赵莲清、肖笃镜、王恩惠、褚衍森。

为便于广大相关单位或人员在使用本标准时能正确理解和执行，编制组按章、节、条顺序编制了本标准的条文说明，对本标准在执行过程中需注意的有关事项进行了说明。但本条文说明不具备与标准正文同等的法律效力，仅供使用者作为理解和把握本标准有关规定的参考。

目　　次

7

1 总　　则

1.0.2 本标准火力发电建设项目所燃用的固体化石燃料是指以煤炭及其衍生品(制品)、煤矸石、页岩及其衍生品(制品)的火电厂。这里所指的火电厂没有机组容量和类型的分别。

2 基 本 规 定

2.0.1 编制《火力发电厂职业安全设计规程》的目的,是为了在火电建设项目设计中更好地贯彻执行《中华人民共和国劳动法》中关于"劳动安全卫生设施必须符合国家规定的标准。新建、改建、扩建工程的劳动安全卫生设施必须与主体工程同时设计、同时施工、同时投入生产和使用"的"三同时"规定和《中华人民共和国安全生产法》所规定"安全第一、预防为主"安全生产方针和"生产经营单位新建、改建、扩建工程项目(以下统称建设项目)的安全设施,必须与主体工程同时设计、同时施工、同时投入生产和使用。安全设施投资应当纳入建设项目概算。"

其中"三同时"中的"同时设计"是火电厂安全生产的基础和技术保障,本标准的制定是保障政府部门对安全生产管理政策实施和落实的技术体现,同时,也统一和明确职业安全设施及措施设计的设计原则和技术要求,使火电厂的运行达到安全、经济、合理。

2.0.2 火电厂职业安全各项设施及措施设计,是在各工艺专业的设计中完成的,因此,必须在各专业设计中得以落实。随着科技的进步,新的技术、工艺和材料不断出现,但在火电厂应审慎应用,应采用有运行经验的、成熟的新技术、新工艺和新材料。

4 厂址选择、规划及厂区总平面布置

4.1 厂址选择及规划

4.1.1、4.1.3 地震、地质灾害、气象灾害以及由其引发的次生、衍生灾害对厂址的安全和劳动者的人身安全影响比较大,因此,本标准在考虑到上述灾害对火电建设项目的影响的同时,也考虑到灾害发生时,灾害对劳动者在劳动过程中安全的影响。原则以现行国家标准《大中型火力发电厂设计规范》GB 50660 为依据。

4.1.2 本条文为强制性条文,是在总结实践经验和教训的基础上,以现行国家标准《大中型火力发电厂设计规范》GB 50660 为原则,为保证劳动者的人身安全,防止地震、地质灾害、气象灾害发生时危害较大而制定的。

4.1.4 厂址选择时,应考虑厂址地区周边企业对本企业的影响,尽量避开对劳动者安全有影响的危险化学品生产、经营、储存、使用的企业。

4.2 厂区总平面布置

4.2.1 厂区总平面布置的原则

1 火电厂的总平面布置是职业安全设施设计的第一步,其设计原则是以国家现行标准《工业企业总平面设计规范》GB 50187、《火力发电厂与变电所设计防火规范》GB 50229、《大中型火力发电厂设计规范》GB 50660、《火力发电厂总图运输设计技术规程》DL/T 5032 和《工业企业厂内铁路、道路运输安全规程》GB 4387 等的规定为基础,对有可能发生的火灾、爆炸及交通伤害等事故进行防护措施进行设计。

2 将生产和贮存易爆、易燃、可燃物质的建(构)筑物布置在厂区边缘地段,以及布置在远离有发生严重火灾、爆炸危险及危险化学品泄漏的生产、贮存及经营的其他企业的厂区边缘地段,是为了防止在发生事故时,保证劳动者的人身安全和设备和设施的安全,以减少损失和损害的程度。

3 为了防止洪水对劳动者人身安全和火电厂运行安全的影响,国家现行标准《大中型火力发电厂设计规范》GB 50660、《火力发电厂总图运输设计技术规程》DL/T5032 对厂区的场地设计标高有明确的规定,对火电厂容量采用相对应的防洪标准。

4.2.2 燃料油(气)设施区布置

1 目前,燃煤电厂、燃油和燃机电厂的燃用油品量都较大,而厂内的贮油罐区规模也呈扩大的趋势,因此电厂用轻柴油升为乙类油品。故本条文明确规定,燃油设施的布置应按照现行国家标准《石油库设计规范》GB 50074 中有关章节的规定执行,同时还要按照现行国家标准《建筑设计防火规范》GB 50016 中有关章节的规定执行。

2 火电厂燃油(气)区布置在厂区边缘地段,并应远离有明火或散发火花的地点,既可以降低事故发生的可能性,又可以防止一旦发生事故和因风向蔓延火灾,可保证人身和生产安全,使损害减少到最低程度。

3 关于电厂用天然气调压站等的布置原则,应符合现行国家标准《城镇燃气设计规范》GB 50028 有关章节的规定,条文中已作了明确规定。

1)为避免天然气积聚并随风飘逸遇明火而引起回燃、爆炸,故作此规定。对有飞火的地点,还应注意避免天然气调压站处于飞火地点盛行风向的下风侧。

2)调压站要靠近用户,同时又要避免因事故发生火灾或爆炸时危害的扩大。因此,可布置在锅炉附近,并且避开建筑物稠密地段,一般发电厂也是不难做到的。

3）天然气浓度爆炸下限在5％左右。故调压站应尽量避免采用室内布置，露天布置便于天然气的散发。当必须采用室内布置时，应遵守本规定，以尽量减少事故造成的损失。

4.2.3 制（供）氢站布置

1、2 为了降低事故发生的可能性，防止火花或明火对制（供）氢站的安全生产造成影响，以及防止一旦发生事故，可保证人身和生产安全，降低事故对人群的影响，减少人财物的损失，故作此规定。

4 一般情况下，火电厂的制（供）氢站的泄压面设计朝向天空或人员相对较少的方向，所以制（供）氢站上空禁止架空电力线路穿越。

4.2.4 液氨贮存及氨气制备区布置

氨气（NH₃）是一种无色气体，有刺激性恶臭味，比空气轻，极易溶于水，易液化。其蒸气与空气混合物爆炸极限16％～25％（最易引燃浓度17％）。它是许多元素和化合物的良好溶剂。液态氨将侵蚀某些塑料制品、橡胶和涂层。遇热、明火，难以点燃而危险性较低。但氨和空气混合物达到上述浓度范围遇明火会燃烧和爆炸，如有油类或其他可燃性物质存在，则危险性更高。为了防止发生液氨泄露后联锁事故的发生，应将液氨贮存及氨气制备区布置在厂区全年最小频率风向的上风侧，厂区边缘相对独立、通风良好的安全地带单独布置。一旦发生事故，可保证人身和生产安全，降低事故对人群的影响。

4.3 建（构）筑物的间距

4.3.1 火电厂建（构）筑物布置及其间距在国家现行标准《建筑设计防火规范》GB 50016《火力发电厂与变电所设计防火规范》GB 50229、《大中型火力发电厂设计规范》GB 50660和《火力发电厂总图运输设计技术规程》DL/T 5032等标准、规范中已有非常明确地的规定，因此，在火电厂安全设施设计时应按照上述标准、规范进行设计。

4.3.2～4.3.5 对于火电厂的电气设施、燃料油（气）罐区、制（供）氢站和液氨贮存及氨气制备区等可能发生重大事故的重点部位和区域，本条文明确了其安全设施设计所遵循的国家和行业标准。

4.4 管线、道路、出入口及围墙

4.4.1 管线布置

1～3 采用管线运输的介质是多种多样的，各有不同的特性。从介质的性质区分，可分为一般性与危险性两大类。一般介质的输送分有压与自流两种，前者如压缩空气、高、低压消防水等，压力一般在0.4MPa～1.5MPa。一旦发生事故，以介质性质看危害不大，但由于是压力管，故有一定危害。危险性介质主要指易燃、易爆、有毒、有腐蚀性及助燃性的物质，如氢、酸、碱液、氯、氨等。这类介质大多压力输送，因而可能造成的危害更大，故条文中提出确定管线敷设方式时，应根据管线内介质的性质确定。见于现行行业标准《火力发电厂总图运输设计技术规程》DL/T 5032中对各类管线布置要求较为详尽，故提出此条文。

2 本款为强制性条款，是在总结实践经验和教训的基础上，为保证劳动者的人身安全，防止事故发生时危害扩大而制定的。本款对无嗅无味的有害气体尤为重要，故本款规定严禁穿越。

4～6 发生火灾时，沟道是火灾蔓延的重要途径，且不易发觉。供油管沟道发生火灾可导致燃料油（气）设施区的火灾；电缆沟道发生火灾可导致全厂停电。因此，强调需有火灾隔绝措施。如填砂、用非燃材料封堵及设防火门等。架空电力线路要求依据现行行业标准《火力发电厂总图运输设计技术规程》DL/T 5032。

4.4.2 道路、出入口及围墙

2、3 这两款根据各行其道的原则，物流行车与人流各按其道流动，避免厂内交通事故的发生。

4 本款根据《中华人民共和国道路交通安全法》第三章第二十七条"铁路与道路平面交叉的道口应设置警示灯、警示标志或者安全防护设施"的规定编制。

5、6 这两款根据以往发电厂的设计及运行经验，参照国家现行标准《大中型火力发电厂设计规范》GB 50660、《工业企业总平面设计规范》GB 50187和《火力发电厂总图运输设计技术规程》DL/T 5032中有关条文制定。

5 建（构）筑物的安全防护设计

5.1 建（构）筑物抗震设计

5.1.1 本条规定了火电厂建（构）筑物进行抗震设防的下限，即抗震设防烈度大于6度。

5.1.2 本条规定了火电厂建（构）筑物进行抗震设计时需要遵循的主要三个规范。这三个规范均为国家标准，覆盖了火电厂建（构）筑物进行抗震设计的方方面面。

5.1.3 我国抗震规范采用了"两阶段，三水准"的设计理念。三水准即"小震不坏，中震可修，大震不倒"，为保证运行人员的安全，建（构）筑物的抗震设计应达到大震（罕遇地震）不倒的要求。

5.1.4 场地是地震时造成建筑破坏的重要原因之一，而且后果更严重，造成更多的人员伤亡，故各抗震规范对场地相当重视。再好建筑抗震设计也无法弥补场地选择错误带来的严重后果，因此，本条对建筑场地的选择提出了严格的要求。

5.1.5 本条配合5.1.4条规定了有利、不利、危险地段的定义。

5.2 建（构）筑物的防火设计

5.2.2 现行国家标准《建筑设计防火规范》GB 50016对各类工业及民用建筑的防火设计和安全疏散规定了详细的设计要求，现行国家标准《火力发电厂与变电站设计防火规范》GB 50229又是电力行业专业的设计规范，因此火力发电厂各建（构）筑物的防火设计和安全疏散应按上述规范执行。

5.2.3 火力发电厂中的制氢站及制氧站的防爆设计也是影响电厂安全运行的重要因素。

5.3 建(构)筑物的防坠落设计

5.3.2 台阶高度超过0.70m(约4~5级,4×0.15=0.60m)且侧面临空时,人易跌伤,故需采取防护措施。

5.3.3 直通屋面的外墙爬梯的安全防护措施应符合现行国家标准《固定式钢直梯安全技术条件》GB 4053.1的规定。

5.4 建筑物内的通道设计

5.4.1 本条规定人行的通道或路面的净空不小于2m,是考虑到人体站立和通行安全的必要高度和一定的视距的要求。

5.4.2 本条规定系参照现行国家标准《民用建筑设计通则》GB 50352的规定编写,主要为了保证人员通行楼梯时不碰头及不产生压抑感。

5.4.3 本条主要从安全上考虑,当室内台阶踏步数少于2级时,人的视线容易产生错觉,不容易发现台阶的存在,所以容易造成行人跌倒的危险。

5.5 建筑物室内外装修的安全设计

5.5.1 参照现行国家标准《民用建筑工程室内环境污染控制规范》GB 50325的要求,室内外装修工程应根据工程所在区域的特点、机组容量的不同和使用要求的不同,采用防火、防污染、防潮、防水和控制有害气体和射线的装修材料和辅料,并应符合现行国家标准《建筑内部装修设计防火规范》GB 50222等有关标准的规定。

6 生产工艺系统安全防护设计

6.1 燃料系统

6.1.1 运煤系统

1 该款主要强调针对宜自燃的煤种,在设计中应特别注意防自燃、防爆等问题,相关措施及条文在电厂设计规程、规范中已有明确要求。其他煤种按相关规程、规范执行设计即可。

2 根据金属材料的物理特性,沸腾钢在低温下受动载易出现断裂现象,镇静钢的低温性能好,故在寒冷地区室外布置的设备受力结构件必须采用镇静钢材。

3 根据现场实际运行经验,沿海地区盐雾对钢材腐蚀性很大,钢材的腐蚀会直接影响设备的使用寿命,为此特别强调应对设备采取防腐措施。根据有些电厂反映,刮大风时将处于停运状态下的斗轮机输送胶带吹翻的事故,因此,提出地处常刮大风的地区应对露天布置的带式输送机采用防风措施。

8 根据行业标准《火力发电厂建筑设计规程》DL/T 5094—1999中第4.2.3条的要求:"电缆隧道和地下运煤隧道两端应设通往地面的安全出口,当长度超过100m时,中间应加设安全出口,其间距不应超过75m。"

9 本条规定了运煤系统防伤害设计应符合的要求。

1)我国电工产品外壳的防护等级已有现行国家标准《旋转电机整体结构的防护等级(IP代码)-分级》GB/T 4942.1作出规定,鉴于发电厂运煤系统多尘,且有的场所很潮湿,因此电动机外壳的防护等级应达到IP54级。

3)参照国家标准《生产设备安全卫生设计总则》GB 5083—1999第5.4条规定制定本条文。设计者在编写设备规范书时,

应要求设备制造商满足此条文要求,同时在设计过程中也应予以考虑。

6.1.2 卸煤装置

2 制定本条款是为了保证运行检修人员的人身安全,箅口尺寸及网眼大小应符合有关规程的规定。

3 目前国内翻车机系统多采用人工摘钩,为避免进行摘钩作业时,重车调车机启动造成危险,要求在摘钩作业区就近设置一个闭锁重车调车机的信号,此信号可手动解除。

5 根据行业标准《火力发电厂建筑设计规程》DL/T 5094—1999中第4.2.3条的要求:"电缆隧道和地下运煤隧道两端应设通往地面的安全出口,当长度超过100m时,中间应加设安全出口,其间距不应超过75m。"

6.1.3 贮煤场及其设备和设施

1 根据《电力网和火力发电厂省煤节电工作条例》总结的经验,化学性质不同的煤种应分别堆放,在贮煤场容量计算上,应按分堆堆放的条件确定贮煤场的面积。

3 露天煤场轨道式设备,曾发生过被大风刮跑、造成设备损坏的事故。为此,本条款强调在露天煤场轨道式设备上应设有夹轨钳和锚定装置。同时还要依照设备特性,当风速超过一定值时应暂时停止运行。

5 根据安全滑线输电装置的结构特点,该装置为封闭结构,因此可防护人身或其他设备与输电线路的直接接触,所以可保证人身、设备安全及供电、信号的可靠性。建议在滑触线回路中最好采用此种滑触线。

7 煤长时间堆放在氧化过程中产生热量,如不采取散热措施最终会自燃。尤其挥发分较高的煤种,如褐煤堆放半个月左右会自燃。若发生大面积自燃,应采用适当措施灭火。洒水主要是为了防止粉尘飞扬,而不是作为防止自燃的措施。为了防止自燃,煤堆应保持干燥并阻止空气流通(通过压实等方法)。对于已着火的煤非不得已时不宜加水。否则冲洗掉煤屑后煤块孔隙率变大,新的表面裸露,反而有助于氧化和自燃。

6.1.4 带式输送机及其他

1 对较长距离的输送机械,如运煤系统带式输送机、螺旋或链板输煤机等,为在紧急情况下人员通行安全和运行巡视及检修维护人员的通行方便,在其中间适当部位,应设置人行跨越梯。

2 带式输送机的尾部滚筒及改向滚筒轴端处,往往是造成人员伤亡的隐患处。为提高设计者安全意识,故设置本条文。为检修方便,强调做成可拆卸的护栏。

3 凡是有配重的带式输送机,对其配重行程的地面处应设置围栏,其高度以1.5m为宜。某发电厂曾发生运行人员在正处于运行状态的胶带尾部拉紧行程内,清理粘煤而被胶带机拖死的惨痛教训,为避免再发生这类伤亡事故,条文中强调在拉紧行程的范围内,设置便于检修的可拆卸围栏。

4 带式输送机的运行通道侧是供运行人员巡视输送机工作状况的。为防止发生人身伤亡事故,沿输送机全长应设置栏杆。栏杆不应低于上托辊的最高点。为方便检修和维护,栏杆宜做成分段可拆卸式的。

7 难燃型输送带的规定,与行业标准《火力发电厂设计技术规程》DL 5000—2000中的要求一致。一般认为,可燃基挥发分在37%以上或者在28%~37%的长焰煤,经实践证明确也有自燃危险时,应视为自燃煤种,在设计中均应选用难燃胶带。难燃胶带并非不能燃烧,只是将火源切断后可自行熄灭或延长其燃烧速度。因此,在设计、运行及检修中的其他防火防爆措施不可缺少。

8 参照现行行业标准《火力发电厂运煤设计技术规程 第1部分:运煤系统》DL/T 5187.1第10.3.24条规定制定本条文。运煤系统中粉尘堆积较为严重,如转动部件离地面较近,存在由于摩擦引起火灾的隐患,为避免此类事故制定本条文,设计者在设计中应予以考虑。

9 参照现行国家标准《采暖通风与空气调节设计规范》GB 50019 第 4.6.5 条规定制定本条文。为防止因静电积聚引起放电,产生火花引起爆炸,导煤槽应采用导电性能良好的材料(电阻率小于 $10^6\Omega\cdot cm$)接地。

6.2 锅炉、汽轮机系统及设备

6.2.2 煤粉制备

1 按照现行行业标准《电站煤粉锅炉炉膛防爆规程》DL/T 435 和美国消防协会标准《锅炉与燃烧系统的危险等级标准》NFPA 85 中有关条款的规定,锅炉燃烧制粉系统与设备的设计需满足要求。

2～6 制粉系统防爆设计按照现行行业标准《火力发电厂煤和制粉系统防爆设计技术规程》DL/T 5203—2005 要求执行。

6.2.3 煤粉仓及管道。煤粉仓及管道安全设计要求按照现行行业标准《火力发电厂设计技术规程》DL 5000—2000、《电站磨煤机及制粉系统选型导则》DL/T 466—2004 和《火力发电厂煤和制粉系统防爆设计技术规程》DL/T 5203—2005 要求执行。

6.2.4 汽轮机及其辅助系统。该条所列各款是《防止电力生产重大事故的二十五项重点要求实施细则》的要求。

6.4 电厂化学

6.4.1 化学水处理系统及设备

1 增加了和化学危险品相关的现行国家标准《化学品分类危险性公式 通则》GB 13690、《职业性接触毒物危害程度分级》GBZ 230、《常用危险品贮存通则》GB 15603、《氢气站设计规范》GB 50183。

2 近几年电除盐大量用于发电厂的锅炉补给水处理系统,电除盐是采用电解水来再生树脂的,因此会产生副产品氢气。曾有过电厂发生过爆炸事故,因此在设计时应考虑采取氢气排放措施。

3 目前氯气作为杀菌消毒剂还应用在循环水处理系统中,氯(氯气)属有毒气体,外观为黄绿色,有刺激性气味,易溶于碱液,遇水时有腐蚀性。它不会燃烧,但却是一种强氧化剂,可助燃。一般可燃物大都能在氯气中燃烧,一般易燃气体或蒸气也都能与氯气形成爆炸性混合气体。氯气能与许多化学品如乙炔、松节油、乙醚、氨、燃料气、烃类、氢气、金属粉末等猛烈反应发生爆炸或生成爆炸性物质。它几乎对金属和非金属都有腐蚀作用。

氯气属Ⅱ级(高度危害)毒物,一旦吸入,轻者呼吸系统脏器发炎,重者会窒息,甚至猝死。

急性中毒:轻度者有流泪、咳嗽、咳少量痰、胸闷,出现气管和支气管炎的表现;中度中毒者发生支气管肺炎或间质性肺水肿,病人除有上述症状的加重外,出现呼吸困难、轻度紫绀等;重者发生肺水肿、昏迷和休克,可出现气胸、纵隔气肿等并发症。吸入极高浓度的氯气,可引起迷走神经反射性心跳骤停或喉头痉挛而发生"电击样"死亡。皮肤接触液氯或高浓度氯,在暴露部位可有灼伤或急性皮炎。

慢性影响:长期低浓度接触,可引起慢性支气管炎、支气管哮喘等;可引起职业性痤疮及牙酸蚀症。

4 电解食盐及海水制取次氯酸钠目前广泛应用于电站循环水处理系统中,电解过程的副产品为氢气,因此在设计时应考虑采取氢气排放措施。

5 20 世纪 40 年代美国首次用二氧化氯处理饮用水以来,二氧化氯已逐渐取代氯成为水处理中优良的消毒杀菌剂、脱色、脱嗅剂、氧化、漂白剂。由于 ClO_2 的氧化能力是氯的 2.5 倍,有效氯是氯的 2.63 倍。在水中的溶解度是氯 5 倍。ClO_2 不与有机物生成氯代产物,尤其是致癌作用的 THM(三氯甲烷),ClO_2 在较宽的 pH 值范围内(pH=2～10)均能达到良好的作用效果。ClO_2 的作用效果可持续达 12h 以上,且无毒无副作用,因此,被世界卫生组织(WHO)推荐为第四代 AI 级消毒剂。

近几年来,我国电站锅炉补给水、循环水及饮用水处理等越来越多地采用 ClO_2 进行消毒、灭藻、脱色、脱嗅、除酚、破氰等处理,因此对 ClO_2 产品的需求也越来越大,这也推动了 ClO_2 产业的发展。

目前 ClO_2 的产品形式主要有 ClO_2 水溶液、二氧化氯粉剂和 ClO_2 发生器三种。由于 ClO_2 及其原料的强氧化性和 ClO_2 在气态条件下的不稳定性,给生产、贮存、运输和使用过程中带来很多安全隐患。比如 ClO_2 制备原料(氯酸钠、亚氯酸钠)在运输过程中起火,固体 ClO_2 消毒剂在贮存过程中开袋燃烧,ClO_2 发生器在运行过程中爆炸等现象均给国家财产和人身安全造成了很大损失。因此,有必要对 ClO_2 产品的生产、运输、贮存、使用过程中的安全问题进行研究,并采取相应的防范措施。

二氧化氯的熔点 $-59.5℃$、沸点 $9.9℃～11℃$(101kPa),相对密度为 $1.642g/cm^3$($0℃$,液态),水中的溶解度为 $3.01g/L$,具有与氯相似的刺激性气味,光照下极易分解。二氧化氯氧化性很强,遇有机物或还原性物质会发生剧烈反应,甚至爆炸,在大气压力下,浓度超过 10%,遇阳光、热源或与 CO 接触,ClO_2 极易发生爆炸,若有铁锈油脂,以及较多的有机粒子存在时,即使在安全体系和浓度(8%～12%)下,也会自发地分解。二氧化氯生产所需原料有氯酸钠、亚氯酸钠、过碳酸钠、盐酸、二氯乙氰尿酸钠等。根据这些原料的物理化学性质,贮存和使用中的安全性如下:

1)氯酸钠:本品为强氧化剂,自身较稳定,$300℃$ 以上易分解放出氧气,与磷、硫及有机物混合或受撞击,易发生燃烧和爆炸。

2)亚氯酸钠:本品自身不燃,但与可燃物、还原性物质接触时可能起火或爆炸,对眼睛、皮肤和呼吸道黏膜有刺激性,吸入后会发生肺水肿,甚至死亡。中毒时有刺激感、咽喉痛、咳嗽、呼吸困难、腹痛、腹泻、呕吐、视力模糊和皮烧伤等症状。

6 高温高压的取样管道一旦破裂会对生命财产造成巨大威胁。

6.4.2 制(供)氢站设施设备的安全设计。按照国家标准《氢气站设计规范》GB 50177—2005 的要求制定本条文。

6.5 电气部分

6.5.1 电气设备的布置

1 电气设备的布置

1)火电厂内带电设备的安全净距应符合国家现行标准《高压配电装置设计技术规程》DL/T 5352、《火力发电厂厂用电设计技术规定》DL/T 3153、《低压配电设计规范》GB 50054 等设计规程及规定。注意低压厂用配电装置室内的裸导体在屏前及后的通道内所要求的高度有不同要求,其值分别低于 2.5m 和 2.3m 时应加遮护,起重行车上方的裸导体至起重行车平台铺板的净距小于或等于 2.3m 时,应加遮护,起重机的滑触线应为安全滑触线。

2)为保证母线、变压器、断路器的检修安全,断路器两侧的隔离开关的断路器侧、线路隔离开关的线路侧以及变压器进线隔离开关的变压器侧应配置接地开关,每段母线上应装设接地开关或接地器以保证设备和线路检修时的人身安全。

3)参照现行国家标准《继电保护和安全自动装置技术规程》GB/T 14285 的规定,二次回路的工作电压不宜超过 250V,将不能进入控制盘及保护屏的电压等级定为 250V。

4)封闭式母线至地面的距离不宜小于 2.2m;母线终端无引出线和引入线时,端头应封闭。当封闭式母线安装在配电室、电机室、电缆竖井等电气专用隔间时,其至地面的最小距离可不受此限制。

5)电厂内目前所使用的低压配电盘,大多数是抽屉式开关柜,各个功能室相互之间共隔板隔开,采用柜外操作并且具有完善的防护、联锁功能,基本保证了运行、维护及检修中的人员安全。但固定式低压配电盘仍然存在,有的不完全符合现行标准防护及安全要求,例如有的低压配电盘中一个回路故障时,无法进行检修,或检修时与两边带电体的距离不满足安全要求。为此,本标准特别明确提出采用能在运行、巡视、检修时均能保证人身安全的产品。

2 绝缘与防护。

2)为了防止人举手时触电,当屋外(屋内)电气设备外绝缘最低部位距地面小于2.5m(2.3m)时,应设置固定遮栏。目前,发电厂的屋外配电装置均有与外界隔开的围栏,为防止非运行人员进入配电装置,引起人身及设备事故,要求在屋外配电装置周围应围以高度不低于1.5m的围栏。另外,近年来多有发生小孩攀登或翻越围栏误入配电装置触电事故发生,因此规定了应在其醒目的地方设置警示牌。屋内配电装置油断路器间隔靠操作走廊侧,一般均为网状遮栏,运行人员担心在巡视及就地操作时,可能受到断路器爆炸或喷油带烧等的威胁。考虑到主要应为防止在就地操作时的断路器事故及隔离开关误操作等事故对人员的危险,增加运行人员的安全感,要求在进行操作的范围内设置人身防护实体隔板,隔板一般应采用厚度不小于2mm的钢板,其宽度应满足运行人员的操作范围,以500mm~600mm为宜,高度则不低于1.9m。

6.5.2 防雷与保护

1 电厂避雷设施。

1)独立避雷针在遭到雷击并将雷电流引入地网时,避雷针及其周围的地网地电位将大幅度提高,对人体造成危害。

2)接触电势和跨步电势值的限值是根据保证人身安全的最低电压推导出的。在确定发电厂及配电装置的形式和布置时,应考虑尽可能降低接触电势及跨步电势以确保人身安全。当人工接地网的局部地带的接触电位差或跨步电位差超过规定值,可采取局部增设水平均压带或垂直接地极铺设砾石地面或沥青地面的措施。

2 保护。

3)在中性点直接接地的低压电力网,为确保人身安全,应优先使用接零保护方式。考虑现实情况,在采用接零有困难时,也可采用低压接地保护方式。在采用低压接地保护方式时,为保证设备和人身安全,应按规程规定,采取相应的安全措施。在潮湿或条件特别恶劣的场所,常常光线也不充足,如采用接地保护方式,常因不能迅速切除故障(一些电动机的负荷电流往往大于接地短路时的电流)而在设备上长时间带有较高电位,危及人身安全。因此,这些场所应采用接零保护。为防止变压器高低压绕组之间绝缘损坏,高电压窜入低压网络后引起人身事故,以安全电压(例如12V,24V)供电的网络,应将其中性线或一个相线接地。如接地确有困难,也可与该变压器一次侧的零线连接。在中性点直接接地的低压电力网中,为防止变压器中性点电位漂移,其零线应在电源侧接地。为防止零线可能出现的断线,故规定电缆在引入车间及大型建筑物处,零线应重复接地(距接地点不超过50m者除外)。在低压电力网中严禁利用大地作相线或零线。低压电力网中零线上不应装设开关和熔断器,单相开关应装设在相线上。

4)有些电气装置的部位要求采用专门敷设的接地线接地,接地线的截面除了按照机械强度和腐蚀设计外应进行热稳定校验。在一个接地线中串接几个需要接地的部分是很不可靠的,所以严禁采用这种方式。当利用金属构件或穿线钢管等设施作为接地线时,不仅应保证上述构件全长都有良好的电气通路,同时应保证其有足够的热稳定截面。不得使用蛇形管和保温管的金属网或外皮以及低压照明网络的导线铅皮作接地线。

5)本条文是参照现行国家标准《采暖通风与空气调节设计规范》GB 50019提出的要求。

3 防静电。火电厂燃料油(气)、易(可)燃油、氢气、液氨等危险化学品的卸储设备设施等,应设置防静电接地,其接地电阻不应大于30Ω。接地线、接地极的布置应符合现行行业标准《交流电气

装置的接地》DL/T 621的要求。

火电厂有爆炸危险且爆炸后可能波及火电厂内主设备或严重影响发供电的建筑物,应设置防感应过电压措施,其接地电阻不应大于30Ω。接地线、接地极的布置应符合现行行业标准《交流电气装置的过电压保护和绝缘配合》DL/T 620的要求。

4 防误操作。

1)目前,国内外生产的高压开关柜均实现了"五防"功能,对屋外敞开式布置的高压配电装置也都配置了"微机五防"操作系统。因此,本条文仅强调220kV及以下屋内敞开式布置的配电装置中设备低式布置时应设置防止误入带电间隔的闭锁装置。

2)本规定参照《国家电网公司十八项电网重大反事故措施》(试行)(国家电网生技〔2005〕400号)继电保护专业重点实施要求制定。

6.5.3 设备、设施的防火、防爆

1 集中控制室、单元控制室、机炉控制室、主控制室、网络控制室、化学及运煤控制室、电子计算机室等是发电厂人员比较集中的地方,又是发电厂的"心脏",其安全是极为重要的,为保证人身安全,所以特别强调以上部位一定要严格遵守防火规范的要求。从过去的火灾案例看,严密封堵电缆穿墙和楼板孔洞,是防止火灾蔓延的重要手段,对保障人身安全有重大意义。

2 容量为300MW及以上的燃煤电厂的屋外油浸变压器应设置水喷雾灭火系统或其他介质的灭火系统;机组容量为300MW以下的燃煤电厂,当油浸变压器容量为90000kV·A及以上时,应设置火灾探测报警系统、水喷雾灭火系统或其他灭火系统。

220kV及以上配电装置内单台容量为125000kV·A及以上的油浸变压器应设置水喷雾灭火系统或其他灭火系统。

变压器与其他建(构)筑物之间以及变压器之间应按照有关规定设置防火间距,当间距无法满足防火要求时,应采取适当的措施。变压器或电抗器与本回路带油电气设备之间的防火间距应符合有关规定。

3 屋内配电装置的建筑要求涉及人员和设备安全,必须给予重视,尤其对未采用金属封闭开关设备的充油电气设备的屋内配电装置,要根据电压等级、油量确定防火、防爆措施防止出现危及人身安全的事故。

4 电缆设施防火的目的在于隔离或限制燃烧的范围,防止火势蔓延,避免事故范围扩大造成严重后果,要在适当的位置采用合适的满足防火极限要求的材料进行防火封堵。

由于外界火源引起电缆着火延燃的占总数70%以上,因此,在发电厂主厂房内易受到外部着火影响的区段,应重点防护,对电缆实施防火或阻火延燃的措施。

电缆本身故障引起火灾主要有绝缘老化、受潮以及接头爆炸等原因,其中电缆中间接头由于制作不良、接触不良等原因故障率较高,要采取针对性措施,以尽量少的投资来防范火灾几率高的关键部位,以避免大多数情况的电缆火灾事故。

靠近带油设备的电缆沟盖板应密封。电缆隧道要注意设置人孔、防火门以及通风要求。

5 在爆炸危险场所中电力装置的防护,应符合下列要求:

1)电气设备及线路在受到机械损伤后,其绝缘层在运行时,易被击穿产生对地故障,并引起爆炸及人身伤亡事故,故要求在设备安装时应尽量少受机械损伤。

2)在选择爆炸危险场所内的电气设备时,要根据爆炸物的性质、危险程度根据现行国家标准《爆炸和火灾危险环境电力装置设计规范》GB 50058确定电气设备的布置区域、是否采用及采用何种类型的防爆设备、供电回路以及电缆的保护要求、电缆设施的选择及布置等,旨在最大限度地降低电气设备引起爆炸以及爆炸后对电气设备、设施的影响。在正常情况下连续或经常存在爆炸性混合物的地点,不宜设置电器和仪表,当必须装设时,应选用符合有关规定和国家标准的安全火花型电器及仪表。

3）在选择气体或蒸汽爆炸性混合物的爆炸危险场所内的防爆电气设备时，首先应按爆炸危险场所级别选择防爆电气设备的类型，然后根据场所中气体或蒸汽爆炸性混合物的级别和组别，选择防爆电气设备，其级别和组别均应不低于场所中气体和蒸汽爆炸性混合物的级别和组别。级别及组别的划分见现行国家标准《爆炸和火灾危险环境电力装置设计规范》GB 50058。

6　厂家生产的一般电动机只适用于不含易燃、易爆或有腐蚀性物质的场所。另外，用联轴器联结的电动机，联轴器间易摩擦产生火花，皮带传动产生静电也易起火花。因此，对易燃、易爆场所用的通风机和电动机应为防爆式，并应直接连接。

6.7　脱硫及脱硝系统

6.7.2　脱硝系统。根据调研情况及相关工程反馈信息，编制脱硝系统职业安全设计要求。

6.8　其　他　设　施

6.8.1　起吊设施

1　本款系起吊设施选型要求。

2～7　本条文按照现行国家标准《起重机设计规范》GB/T 3811中的要求规定。

6.8.2　电梯

1　本款系电梯的选型要求。

2～6　本条文按照国家标准《电梯制造与安装安全规范》GB 7588—2003中的要求规定。

7　应急救援设备、设施及安全标志

7.1　应急救援设施及设备

7.1.1　根据《中华人民共和国安全生产法》、《危险化学品安全管理条例》、《特种设备安全监察条例》等法律和条例的要求，火电厂应根据生产工艺特点设置应急通信、广播及报警系统、应急救援站等应急救援设施。

7.1.2　根据行业标准《电力行业紧急救护技术规范》DL/T 692—1999第3.1条的要求，火电厂的生产现场应配备简易急救箱或存放相应的急救物品。第3.3条规定，各企业医院根据所承担的医疗任务配备急救设备。因此，本标准将该条列入其中。

7.2　安　全　标　志

7.2.1～7.2.3　根据《中华人民共和国安全生产法》第二十八条，生产经营单位应当在有较大危险因素的生产经营场所和有关设施、设备上，设置明显的安全警示标志。本节初步规定了火电厂安全标志的设置的基本要求。

8　安全教育设施及安全投资

8.1　安全教育及培训设施

8.1.1　根据《中华人民共和国安全生产法》的精神，火电厂应设置对新职工进行上岗前的安全教育及培训，对原有的职工进行继续安全教育的培训用室。培训室的使用面积应根据现行行业标准《火力发电厂辅助、附属及生活福利建筑物建筑面积标准》DL/T 5052结合企业生产人员的定员来确定。

8.2　职业安全设施投资

8.2.1　根据《中华人民共和国安全生产法》第二十四条"生产经营单位新建、改建、扩建工程项目的安全设施，必须与主体工程同时设计、同时施工、同时投入生产和使用。安全设施投资应当纳入建设项目概算。"的要求，火电厂工程项目的安全设施投资应当纳入项目的概算中。

8.2.2、8.2.3　这两款明确了火电建设项目工程设计的初步可行性研究、可行性研究阶段的投资估算和初步设计阶段投资概算，所应涉及的内容。

中华人民共和国化工行业标准

化工企业安全卫生设计规范

Code for safety and hygiene design of
chemical enterprise

HG 20571—2014

主编单位：中 国 天 辰 工 程 有 限 公 司
批准部门：中华人民共和国工业和信息化部
实施日期：2 0 1 4 年 1 0 月 1 日

中华人民共和国工业和信息化部公告

2014 年　第 32 号

工业和信息化部批准《不干胶标签印刷机》等 1208 项行业标准(标准编号、名称、主要内容及起始实施日期见附件 1),其中机械行业标准 471 项,汽车行业标准 32 项,船舶行业标准 70 项,航空行业标准 111 项,化工行业标准 137 项,冶金行业标准 69 项,建材行业标准 30 项,石化行业标准 14 项,有色金属行业标准 6 项,轻工行业标准 89 项,.纺织行业标准 49 项,兵工民品行业标准 79 项,核行业标准 15 项,电子行业标准 2 项,通信行业标准 34 项。批准《锰硅合金(FeMn68Si16)》等 39 项冶金行业标准样品(标准样品目录及成分含量见附件 2)。

以上机械行业标准由机械工业出版社出版,汽车行业标准及化工、有色金属工程建设行业标准由中国计划出版社出版,船舶行业标准由中国船舶工业综合技术经济研究院组织出版,航空行业标准由中国航空综合技术研究所组织出版,化工行业标准由化工出版社出版,冶金行业标准由冶金工业出版社出版,建材行业标准由建材工业出版社出版,石化行业标准由中国石化出版社出版,轻工行业标准由中国轻工业出版社出版,纺织行业标准由中国标准出版社出版,兵工民品行业标准由中国兵器工业标准化研究所组织出版,核行业标准由核工业标准化研究所组织出版,电子行业标准由工业和信息化部电子工业标准化研究院组织出版,通信行业标准由人民邮电出版社出版、通信工程建设行业标准由北京邮电大学出版社出版。

附件:17 项化工行业标准编号、标准名称和起始实施日期。

中华人民共和国工业和信息化部
二〇一四年五月六日

附件:

17 项化工行业标准编号、标准名称和起始实施日期

序号	标准编号	标准名称	被代替标准名称	起始实施日期
1	HG/T 20505—2014	过程测量与控制仪表的功能标志及图形符号	HG/T 20505—2000	2014—10—01
2	HG/T 20507—2014	自动化仪表选型设计规范	HG/T 20507—2000	2014—10—01
3	HG/T 20508—2014	控制室设计规范	HG/T 20508—2000	2014—10—01
4	HG/T 20509—2014	仪表供电设计规范	HG/T 20509—2000	2014—10—01
5	HG/T 20510—2014	仪表供气设计规范	HG/T 20510—2000	2014—10—01
6	HG/T 20511—2014	信号报警及联锁系统设计规范	HG/T 20511—2000	2014—10—01
7	HG/T 20512—2014	仪表配管配线设计规范	HG/T 20512—2000	2014—10—01
8	HG/T 20513—2014	仪表系统接地设计规范	HG/T 20513—2000	2014—10—01
9	HG/T 20514—2014	仪表及管线伴热和绝热保温设计规范	HG/T 20514—2000	2014—10—01
10	HG/T 20515—2014	仪表隔离和吹洗设计规范	HG/T 20515—2000	2014—10—01
11	HG/T 20516—2014	自动分析器室设计规范	HG/T 20516—2000	2014—10—01
12	HG20571—2014	化工企业安全卫生设计规范	HG20571—1995	2014—10—01
13	HG/T 20658—2014	熔盐炉技术规范		2014—10—01
14	HG/T 20692—2014	化工企业热工设计施工图内容和深度统一规定	HG/T 20692—2000	2014—10—01
15	HG/T 20699—2014	自控设计常用名词术语	HG/T 20699—2000	2014—10—01
16	HG/T 20700—2014	可编程序控制器系统工程设计规范	HG/T 20700—2000	2014—10—01
17	HG/T 20707—2014	化工行业岩土工程勘察成果质量检查与评定标准		2014—10—01

前　　言

本规范根据工业和信息化部(工信厅科[2009]104号文)和中国石油和化学工业协会(中石化协质发[2009]136号文)的要求,由中国石油和化工勘察设计协会委托中国天辰工程有限公司组织修订。

本规范自实施之日起代替《化工企业安全卫生设计规定》HG 20571—1995。

本规范的修订依据近年来国家对化工建设项目安全卫生审批程序的变化和对新建企业安全卫生设计的要求,在总结多年来化工建设项目安全卫生设计和化工企业安全卫生管理方面的实践经验,并广泛征求意见的基础上完成。

本规范共有7章。其主要内容是:总则、术语、一般规定、安全、职业卫生、安全色和安全标志、安全卫生机构。

本规范与HG 20571—1995相比,主要变化如下:

——增加了前言和第2章"术语";

——删除了附录"初步设计《安全卫生篇(章)》内容";

——在修改、补充原标准的基础上重新编排本规范的目次与内容。

本规范中以黑体字标志的条文为强制性条文,必须严格执行。

本规范由中国石油和化学工业联合会提出并归口。

本规范的技术内容由中国天辰工程有限公司负责解释。本规范在执行过程中,如有意见和建议请寄送中国天辰工程有限公司(地址:天津市北辰区京津路1号,邮政编码:300400,电话:022-23408741,传真:022-86810147),以便今后修改时参考。

本规范主编单位、主要起草人和主要审查人:

主　编　单　位:中国天辰工程有限公司

主要起草人员:杨玉兰　陆　峰　魏建民　张春丽　刘新伟
　　　　　　　李　荣　李　勇　马国栋　石　晶　徐　英

主要审查人员:段天魁　魏　涛　肖慧高　陈为群　王世芳
　　　　　　　刘晓林　戴志平　王晓民　李凤强　孙利民
　　　　　　　吴晓军　姜　英　隆丹彤

目　次

Contents

1 总　则

1.0.1 化工建设项目工程设计应贯彻"安全第一、预防为主、综合治理"的安全方针和"预防为主、防治结合"的职业卫生方针,安全设施和职业病防护设施应遵循与主体工程同时设计、同时施工、同时投入生产和使用的"三同时"方针,以保证生产安全和适度的劳动条件,提高劳动生产水平,促进企业生产发展。

1.0.2 本规范适用于新建、扩建、改建的化工建设项目的安全卫生设计。

1.0.3 安全和职业卫生要求应贯彻在各专业设计中,做到安全可靠、技术先进、经济合理,最大限度地降低、减少、削弱危险,实现安全生产。

1.0.4 根据我国建设程序的审批要求,在化工建设项目设计阶段需要编制"安全设施设计专篇"和"职业病防护设施设计专篇",以保证项目前期安全评价及职业病危害预评价报告以及审批意见所确定的各项措施得到落实。"安全设施设计专篇"、"职业病防护设施设计专篇"编写内容执行国家安全生产监督管理总局的相关要求。

1.0.5 化工建设项目详细设计应根据批准或备案的"安全设施设计专篇"、"职业病防护设施设计专篇"所确定内容和相关审批意见要求进行。

1.0.6 化工企业安全卫生设计除应执行本规范以外,尚应符合国家现行有关标准的规定。

2 术　语

2.0.1 工效学　Ergonomics

以人为中心,研究人、机器设备和工作环境之间的相互关系,实现人在生产劳动及其他活动中的健康、安全、舒适和高效的一门学科。

2.0.2 交叉作业　More than one work take place in one space

在同一时间内利用同一空间实施两种以上的不同作业。

2.0.3 尘毒危害　Dust and poison harm

指粉尘或有毒有害气体与空气的混合,并随空气流动而传播来危害人类与环境。

2.0.4 化学灼伤　Chemical burn

指分子、细胞或皮肤组织由于受化学品的刺激或腐蚀,部分或全部遭到破坏。

2.0.5 建筑限界　Architecture restrict

指为保证各种交通的正常运行与安全,而规定在一定宽度和高度范围内不得有任何障碍物的空间限界。

2.0.6 声学因素　Acoustics factors

指声源的声压级和频谱、听音环境引起的反射声以及人头和耳壳引起的散射作用等。

3 一般规定

3.1 厂址选择

3.1.1 化工企业的厂址选择应满足现行国家标准《化工企业总图运输设计规范》GB 50489 的要求。

3.1.2 选择厂址应根据地震、软地基、湿陷性黄土、膨胀土等地质因素以及飓风、雷暴、沙暴等气象危害因素,采取可靠技术方案,避开断层、滑坡、泥石流、地下溶洞等发育地区。

3.1.3 厂址应不受洪水、潮水和内涝的威胁。凡可能受江、河、湖、海或山洪威胁的化工企业场地高程设计,应符合现行国家标准《防洪标准》GB 50201 的有关规定,并采取有效的防洪、排涝措施。

3.1.4 厂址应避开新旧矿产采掘区、水坝(或大堤)溃决后可能淹没地区、地方病严重流行区、国家及省市级文物保护区,并与《危险化学品安全管理条例》规定的敏感目标保持安全距离。

3.1.5 化工企业之间、化工企业与其它工矿企业、交通线站、港埠之间的卫生防护距离应满足国家现行标准《工业企业设计卫生标准》GB Z1 附录 B 和《石油化工企业卫生防护距离》SH 3093 的要求,防火间距应满足现行国家标准《石油化工企业设计防火规范》GB 50160 和《建筑设计防火规范》GB 50016 等规范的要求。

3.1.6 化工企业的厂址应符合当地规划,明确占用土地的类别及拆迁工程的情况。

3.1.7 厂区应与当地现有和规划的交通线路、车站、港口顺捷合理地联结。厂前区尽量临靠公路干线,铁路、索道和码头应在厂后、侧部位,避免不同方式的交通线路平面交叉。

3.1.8 工厂的居住区、水源地等环境质量要求较高的设施与各种有害或危险场所应设置防护距离,并应位于不洁水体、废渣堆场的上游和全年最小频率风向的下风侧。

3.1.9 化工企业厂址应依据当地风向因素,选择位于城镇、工厂居住区全年最小频率风向的上风侧。

3.2 厂区总平面布置

3.2.1 化工企业厂区总平面应满足现行国家标准《化工企业总图运输设计规范》GB 50489 的要求,应根据厂内各生产系统及安全、卫生要求按功能明确合理分区布置,分区内部和相互之间应保持一定的通道和间距。

3.2.2 厂区内甲、乙类生产装置或设施,散发烟尘、水雾和噪声的生产部分应布置在人员集中场所及明火或散发火花地点的全年最小频率风向的上风侧,厂前区、机电仪修和总变配电所等部分应位于全年最小频率风向的下风侧。

3.2.3 污水处理场、大型物料堆场、仓库区宜分别集中布置在厂区边缘地带。

3.2.4 化工企业主要出入口不应少于两个,并宜位于不同方位。大型化工厂的人流和货运应明确分开,大宗危险货物运输应有单独路线,不得与人流混行或平交。

3.2.5 厂内铁路线群应集中布置在后部或侧面,避免伸向厂前、中部位,尽量减少与道路和管线交叉。铁路沿线的建、构筑物应遵守铁路建筑限界和有关净距的规定。

3.2.6 厂区道路应根据交通、消防和分区要求合理布置,力求顺通。危险场所应设环行消防通道,路面宽度应按交通密度及安全因素确定,保证消防、急救车辆畅行无阻。并应符合下列规定和要求:

　　1 厂区道路应符合用于消防车通行的道路间距、宽度;其转弯半径应符合现行国家标准《建筑设计防火规范》GB 50016 和《石油化工企业设计防火规范》GB 50160 的相关规定。

　　2 道路两侧和上下接近的建、构筑物应满足有关净距和道路建筑限界要求。

3.2.7 机、电、仪修等操作人员较多的场所宜布置在厂前附近,避免大量人流经常穿行全厂或化工生产装置区。

3.2.8 室外变、配电站与建构筑物、堆场、储罐之间的防火间距应满足现行国家标准《建筑设计防火规范》GB 50016 和《石油化工企业设计防火规范》GB 50160 的规定,不宜布置在循环水冷却塔冬季最大频率风向的下风侧。

3.2.9 储存甲、乙类物品的库房,甲、乙类液体罐区,液化烃储罐区宜归类分区布置在厂区边缘地带,其储存量、防火间距、道路和安全疏散等各项设计内容应符合现行国家标准《建筑设计防火规范》GB 50016 和《石油化工企业设计防火规范》GB 50160 的规定。

3.2.10 新建化工企业应根据生产性质、地面上下设施和环境特点进行绿化设计,其绿化用地系统应符合现行国家标准《化工企业总图运输设计规范》GB 50489 的规定和区域性详细规划,并与当地行政主管部门协同商定。

3.3 化工装置安全卫生设计原则

3.3.1 生产工艺安全卫生设计宜采用工效学的基本原则,以便最大限度地降低操作者的劳动强度,缓解精神紧张状态。

3.3.2 应采用没有危害或危害较小的新工艺、新技术、新设备。淘汰职业病危害严重又难以治理的落后工艺和设备,降低、减少、削弱生产过程对环境和操作人员的危害。

3.3.3 具有危险和有害因素的生产过程,应合理地采用机械化、自动化技术,实现遥控、隔离操作。

3.3.4 具有危险和有害因素的生产过程,应设置监测仪器、仪表,并设计必要的报警、联锁及紧急停车系统。

3.3.5 事故后果严重的化工生产设备,应按冗余原则设计能自动转换的备用设备和备用系统。

3.3.6 废气、废液和废渣的排放和处理应符合现行国家标准和有关规定。

3.3.7 具有危险和有害因素的设备、设施、生产原材料、产品和中间产品应防止工作人员直接接触。

3.3.8 化工专用设备设计应进行安全性评价,根据工艺要求、物料性质,按照现行国家标准《生产设备安全卫生设计总则》GB 5083 进行设计。选用的通用机械与电气设备应符合国家或行业技术标准。

4 安 全

4.1 防火、防爆

4.1.1 具有火灾、爆炸危险的化工生产过程中的防火、防爆设计应符合现行国家标准《建筑设计防火规范》GB 50016 和《石油化工企业设计防火规范》GB 50160 等规范的规定,火灾和爆炸危险场所的电气装置的设计应符合现行国家标准《爆炸和火灾危险环境电力装置设计规范》GB 50058 的规定。

4.1.2 具有易燃、易爆特点的工艺生产装置、设备、管道,在满足生产要求的条件下,宜集中联合布置,并采用露天、敞开或半敞开式的建(构)筑物。

4.1.3 化工生产装置内的设备、管道、建(构)筑物之间防火距离应符合现行国家标准《建筑设计防火规范》GB 50016 和《石油化工企业设计防火规范》GB 50160 的规定。

4.1.4 明火设备应集中布置在装置的边缘,并应在全年最小频率风向的下风侧,且应远离火灾危险类别为甲乙类的生产设备及储罐。

4.1.5 可燃气体、有毒气体检测报警系统的设计应按现行国家标准《石油化工可燃气体和有毒气体检测报警设计规范》GB 50493 的规定执行。对有可燃气体、有毒气体和粉尘泄漏的封闭作业场所应设计良好的通风系统。

4.1.6 有火灾爆炸危险场所的建(构)筑物的结构形式以及选用的材料,应符合现行国家标准《建筑设计防火规范》GB 50016 中的防火防爆规定。

4.1.7 具有火灾爆炸危险的工艺设备、储罐和管道,应根据介质特性,选用氮气、二氧化碳、水等介质置换及保护系统。

4.1.8 化工生产装置区内应按照现行国家标准《爆炸和火灾危险环境电力装置设计规范》GB 50058 的要求划分爆炸和火灾危险区域,并设计和选用相应的仪表、电气设备。

4.1.9 生产设备、管道的设计应根据生产过程的特点和物料的性质选择合适的材料。设备和管道的设计、制造、安装和试压等应符合国家现行标准的要求。

4.1.10 具有超压危险的生产设备和管道应设计安全阀、爆破片等泄压系统。

4.1.11 输送可燃性物料并有可能产生火焰蔓延的放空管和管道间应设置阻火器、水封等阻火设施。

4.1.12 危险性的作业场所,应设计安全通道和出口,门窗应向外开启,通道和出入口应保持畅通。人员集中的房间应布置在火灾危险性较小的建筑物一端。下列情况应设置防火墙:

　　1 建筑物内部进行防火分区分隔时设置的分隔墙;

　　2 建筑物内防火要求不同或灭火方法不同的部位之间;

　　3 火灾危险类别为甲、乙类生产车间与附属的变配电、更衣、生产管理房之间,且同时满足防爆隔离的要求。

4.1.13 消防系统设计应符合下列要求:

　　1 化工装置消防设计应根据工艺过程特点及火灾危险类别、物料性质、建筑结构,确定相应的消防设计方案。

　　2 化工企业低压消防给水设施、消防给水不应与循环冷却水系统合并,且不应用于其他用途;与生产或生活给水管道系统合并的低压消防水管网应符合现行国家标准《建筑设计防火规范》GB 50016 和《石油化工企业设计防火规范》GB 50160 有关规定。高压消防给水应设计独立的消防给水管道系统。消防给水管道应采用环状管网。

　　3 化工生产装置的水消防设计应根据设备布置、厂房面积以及火灾危险类别设计相应的消防供水竖管、冷却喷淋、消防水幕、水炮、带架水枪等消防设施。

4 化工生产装置、罐区、化学品库应根据生产过程特点、物料性质和火灾危险性质设计相应的泡沫消防、惰性气体灭火、干粉灭火等设施。

5 化工生产装置区、储罐区、仓库除应设置固定式、半固定式灭火设施外，还应配置小型灭火器材。

6 重点化工生产装置、控制室、变配电站、易燃物质仓库、油库应设置火灾自动报警。火灾自动报警系统设计应满足现行国家标准《火灾自动报警系统设计规范》GB 50116 的要求。

4.1.14 对具有抗爆要求的机柜间、控制室应进行抗爆设计。

4.2 防 静 电

4.2.1 化工装置防静电设计应符合国家现行标准《防止静电事故通用导则》GB 12158 和《化工企业静电接地设计规程》HG/T 20675 的规定。电子信息系统的静电接地应符合现行国家标准《电子信息系统机房设计规范》GB 50174 的规定。

4.2.2 化工装置防静电设计应根据生产工艺要求、作业环境特点和物料的性质采取相应的防静电措施。

4.2.3 化工装置防静电设计应根据生产特点和物料性质，合理地选择设备和管道的材料，确定设备结构，以控制静电的产生，使其不能达到危险程度。

4.2.4 化工装置在爆炸、火灾危险场所内可能产生静电危险的金属设备、管道等应设置静电接地，不允许设备及设备内部件有与地相绝缘的金属体。非导体设备、管道等应采用间接接地或静电屏蔽方法，屏蔽体应可靠接地。

4.2.5 具有火灾爆炸危险的场所，静电对产品质量有影响的生产过程以及静电危害人身安全的作业区内，所有的金属用具及门窗零部件、移动式金属车辆、梯子等均应设计接地。

4.2.6 选用原料配方和使用材料时，应选用静电序列表中位置接近的两种物质。

4.2.7 非导体如橡胶、塑料、纤维、薄膜、纸张、粉体等生产过程设计，应根据工艺特点、作业环境和非导体性质，设计静电消除装置。

4.2.8 在生产工艺许可的条件下，当采用空气增湿、降低亲水性静电非导体的绝缘性能来消除静电的措施时，应保持作业环境中的空气相对湿度大于 50%。但这种方法不得用于气体爆炸危险场所为 0 区的环境。

4.2.9 采用抗静电添加剂增加非导体材料的吸湿性或离子化来消除静电的措施时，应根据使用对象、目的、物料工艺状态以及成本、毒性、腐蚀性等具体条件进行选择。

4.2.10 可能产生静电危害的工作场所，应配置个人防静电防护用品。重点防火、防爆作业区的入口处，应设计人体导除静电装置。

4.2.11 化工建设项目应根据生产特点配置必要的静电检测仪器、仪表。

4.3 防 雷

4.3.1 化工装置、设备、设施、储罐以及建（构）筑物的防雷设计应符合现行国家标准《建筑物防雷设计规范》GB 50057 和《石油化工装置防雷设计规范》GB 50650 等的有关规定。

4.3.2 化工装置的防雷设计应根据生产性质、环境特点以及被保护设施的类型，设计相应防雷设施。

4.3.3 有火灾爆炸危险的化工装置、露天设备、储罐、电气设备和建（构）筑物应设计防直击雷装置，并应采取防止雷电感应的措施。

4.3.4 具有易燃易爆气体生产装置和储罐以及排放易燃易爆气体的排气筒的避雷设计，避雷针应高于气体排放时所形成的爆炸危险范围。

4.3.5 平行布置的间距小于 100mm 的金属管道或交叉距离小于 100mm 的金属管道，应设计防雷电感应装置，防雷电感应装置可与防静电装置联合设置。

4.3.6 化工装置的架空管道以及变配电装置和低压供电线路终端，应设计雷电电波侵入的防护措施。

4.3.7 化工装置内的信息设备的防雷设计应符合现行国家标准《建筑物电子信息系统防雷技术规范》GB 50343 的规定。

4.4 触 电 保 护

4.4.1 正常不带电而事故时可能带电的配电装置及电气设备外露可导电部分，均应按现行国家标准《交流电气装置的接地设计规范》GB/T 50065 的要求设置接地装置。

4.4.2 移动式电气设备应采用漏电保护装置。

4.4.3 凡应采用安全电压的场所，安全电压标准应按现行国家标准《特低电压（ELV）限值》GB/T 3805 的规定执行。

4.5 危险化学品储运

4.5.1 危险化学品储存应符合下列要求：

1 化学危险品储运应按国家现行标准《建筑设计防火规范》GB 50016、《石油化工企业设计防火规范》GB 50160、《工业企业设计卫生标准》GBZ 1 和《石油化工储运系统罐区设计规范》SH/T 3007 规定执行，当储存放射性物质时，应按现行国家标准《电离辐射防护与辐射源安全基本标准》GB 18871 规定执行。

2 危险化学品储存设计应根据化学品的性质、危害程度和储存量，设置专业仓库、罐区储存场（所），并应根据生产需要和储存物品火灾危险特征，确定储存方式、仓库结构和选址。

3 危险化学品仓库、罐区、储存场应根据危险品性质设计相应的防火、防爆、防腐、泄压、通风、调节温度、防潮、防雨等设施，并应配备通信报警装置和工作人员防护物品。

4 危险化学品储存设施的消防设计应按本规范第 4.1.13 条的规定执行。

5 危险化学品库区设计应根据化学性质、火灾危险性分类储存进行设计。性质相抵触或消防要求不同的危险化学品，应按分开储存进行设计。

6 放射性物质储存，应设计专用仓库。

4.5.2 危险化学品装卸运输应符合下列要求：

1 装运易爆、剧毒、易燃液体、可燃气体等危险化学品，应采用专用运输工具。

2 危险化学品装卸应配备专用工具，专用装卸器具的电气设备应符合防火、防爆要求。

3 有毒、有害液体的装卸应采用密闭操作技术，并加强作业场所通风，配置局部通风和净化系统以及残液回收系统。

4.5.3 危险化学品包装应符合下列要求：

1 根据化学物品特性和运输方式正确选择容器和包装材料以及包装衬垫，使之适应储运过程中的腐蚀、碰撞、挤压以及运输环境的变化。

2 化学品标签应按现行国家标准《化学品安全标签编写规定》GB 15258 的要求，标记物品名称、规格、生产企业名称、生产日期或批号、危险货物品名编号和标志图形、安全措施与应急处理方法。危险货物品名编号和标志图形应分别符合现行国家标准《危险货物品名表》GB 12268 和《危险货物包装标志》GB 190 的规定。

3 易燃和可燃液体、压缩可燃和助燃气体、有毒及有害液体的灌装，应根据物料性质、危害程度进行设计。灌装设施设计应符合防火、防爆、防毒要求。

4.6 防机械伤害、坠落等意外伤害

4.6.1 化工装置内有发生坠落危险的操作岗位时，应设计用于操作、巡检和维修作业的扶梯、平台、围栏等附属设施。扶梯、平台和栏杆应符合现行国家标准《固定式钢梯及平台安全要求》GB 4053 的规定。

4.6.2 高速旋转或往复运动的机械零部件位置应设计可靠的防

护设施、挡板或安全围栏。

4.6.3 传动运输设备、皮带运输线应设计带有栏杆的安全走道和跨越走道。

4.6.4 埋设于建(构)筑物上的安装检修设备或运送物料用吊钩、吊梁等,设计时应预留安全系数,并在醒目处标出许吊的极限荷载量。

4.6.5 高大的设备、烟囱或其他建(构)筑物的顶部应设置航空障碍灯。

5 职业卫生

5.1 防尘防毒

5.1.1 化工装置的防尘防毒设计应符合现行国家标准《工业企业设计卫生标准》GBZ 1的规定。

5.1.2 对尘毒危害严重的生产装置内的设备和管道,在满足生产工艺要求的条件下,宜集中布置在半封闭或全封闭建(构)筑物内,并设计合理的通风系统。建(构)筑物的通风换气应保证作业环境空气中的尘毒等有害物质的浓度符合现行国家标准《工作场所有害因素职业接触限值》GBZ 2的规定。

5.1.3 对可能逸出含尘毒气体的生产过程,应采用自动化操作,并设计排风和净化回收装置,作业环境和排放的有害物质浓度应符合现行国家标准《工作场所有害因素职业接触限值》GBZ 2的规定。

5.1.4 对于毒性危害严重的生产过程和设备,应设计事故处理装置及应急防护设施。

5.1.5 尘毒危害严重的厂房和仓库等建(构)筑物的墙壁、顶棚、地面均应光滑和便于清扫,必要时可设计防水、防腐等特殊保护层及专门清洗设施。

5.1.6 在液体毒性危害严重的作业场所,应设计洗眼器、淋洗器等安全防护措施,淋洗器、洗眼器的服务半径应不大于15m。

5.2 防暑防寒

5.2.1 化工装置的防暑防寒设计应符合现行国家标准《工业企业设计卫生标准》GBZ 1的规定。

5.2.2 化工装置内的各种散发热量的炉窑、设备和管道应采取有效的隔热措施。设备及管道的保温设计应符合现行国家标准《设备及管道绝热技术通则》GB/T 4272的规定。

5.2.3 产生大量热的封闭厂房应采用自然通风降温,必要时可以设计排风、送风、降温设施,排、送风降温系统可与尘毒排风系统联合设计。高温作业点宜采用局部通风降温措施。

5.2.4 重要的高温作业操作室、中央控制室应设计空调装置。

5.2.5 在严寒地区,长时间或频繁开启的车间大门,宜设置门斗、外室或热空气幕等。

5.2.6 车间的围护结构应防止雨水渗入,内表面应防止凝结水产生。用水量较多、产湿量较大的车间,应采取排水防湿设施,防止顶棚滴水和地面积水。

5.3 噪声及振动控制

5.3.1 化工企业噪声控制应符合现行国家标准《工业企业噪声控制设计规范》GBJ 87和《工作场所有害因素职业接触限值》GBZ 2的规定。

5.3.2 化工企业噪声(或振动)控制设计应根据生产工艺特点和设备性质,采取综合防治措施,采用新工艺、新技术、新设备以及生产过程机械化、自动化和密闭化,实现远距或隔离操作。

5.3.3 在满足生产的条件下,总图布置应结合声学因素合理规划,宜将高噪声区和低噪声区分开布置,噪声污染区远离生活区,并充分利用地形、地物、建(构)筑物等自然屏障阻滞噪声(或振动)的传播。

5.3.4 化工设计中选定的各类机械设备应有噪声控制(必要时加振动)指标,设计中应选用低噪声的机械设备,对单机超标的噪声源,在设计中应根据噪声源特性采取有效的防治措施。

5.3.5 对于较强振动或冲击引起固体声传播及振动辐射噪声的机械设备,或振动对人员、机械设备运行以及周围环境产生影响与干扰时,应采取防振和隔振设计。

5.3.6 在高噪声作业区工作的操作人员应配备必要的个人噪声防护用具,必要时应设置隔音操作室。

5.4 防 辐 射

5.4.1 具有电离辐射影响的化工生产过程应设计防护措施,电离辐射防护设计应符合现行国家标准《电离辐射防护与辐射源安全基本标准》GB 18871和《含密封源仪表的放射卫生防护要求》GBZ 125的规定。

5.4.2 具有高频、微波、激光、紫外线、红外线等非电离辐射影响的防护设计,电磁辐射最高容许照射量应符合现行国家标准《电磁辐射防护规定》GB 8702的规定;激光的防护应符合现行国家标准《激光设备和设施的电气安全》GB/T 10320的规定。

5.4.3 化工装置设计应根据辐射源性质和危害程度合理布置辐射源。辐射作业区与生活区之间应保持安全防护间距。

5.4.4 化工装置设计应根据辐射源性质采取相应的屏蔽辐射源措施,必要时设计屏蔽室、屏蔽墙或隔离区。

5.4.5 封闭性的放射源,应根据剂量强度、照射时间以及照射源距离,采取有效的防护措施。

5.4.6 生产过程的辐射,应采取生产过程密闭化,设计可靠的监测仪表、自动报警和自动联锁系统,实现自动化和远距离操作。

5.4.7 放射性物料及废料应设计专用的容器和运输工具,在指定路线上运送。放射源库、放射性物料和废物料处理场应有安全防护措施。

5.4.8 具有辐射作业场所的生产过程应根据危害性质配置必要的监测仪表。操作和使用放射线、放射性同位素仪器和设备的人员应配备个人专用防护器具。

5.5 采光照明

5.5.1 化工装置的建(构)筑物及生产装置的采光设计应符合现

行国家标准《建筑采光设计标准》GB 50033 的规定。

5.5.2 化工装置的照明设计应符合国家现行标准《建筑照明设计标准》GB 50034 和《化工企业照明设计技术规定》HG/T 20586 的规定。

5.5.3 具有火灾爆炸、毒尘危害和人身危害的作业区以及企业的供配电站、供水泵房、消防站、气体防护站、救护站、电话站等公用设施,应设计事故状态时能延续工作的事故照明。

5.5.4 化工装置内潮湿和高湿等危害环境以及特殊作业区配置的易触及和无防触电措施的固定式或移动式局部照明,应采用安全电压。

5.6 防化学灼伤

5.6.1 设计具有化学灼伤危害物质的生产过程时,应合理选择流程、设备和管道结构及材料,防止物料外泄或喷溅。

5.6.2 具有化学灼伤危害的作业应采用机械化、管道化和自动化,并安装必要的信号报警、安全联锁和保险装置,不得使用玻璃等易碎材料制成的管道、管件、阀门、流量计、压力计等。

5.6.3 具有化学灼伤危险的生产装置,其设备布置应保证作业场所有足够空间,并保证作业场所畅通,避免交叉作业。如果交叉作业不可避免,在危险作业点应采取避免化学灼伤危险的防护措施。

5.6.4 具有酸碱性腐蚀的作业区中的建(构)筑物的地面、墙壁、设备基础,应进行防腐处理。建筑防腐按现行国家标准《建筑防腐蚀工程施工及验收规范》GB 50212 的规定执行。

5.6.5 具有化学灼伤危险的作业场所,应设计洗眼器、淋洗器等安全防护措施,淋洗器、洗眼器的服务半径应不大于 15m。淋洗器、洗眼器的冲洗水上水水质应符合现行国家标准《生活饮用水卫生标准》GB 5749 的规定,并应为不间断供水;淋洗器、洗眼器的排水应纳入工厂污水管网,并在装置区安全位置设置救护箱。工作人员配备必要的个人防护用品。

5.7 辅助用室

5.7.1 化工企业应按生产特点及实际需要,设置更衣室、厕所、浴室等生活卫生用室。车间卫生等级按现行国家标准《工业企业设计卫生标准》GBZ 1 的规定确定。

5.7.2 更衣室设置应符合下列要求:

　　1 更衣室宜设在职工上、下班通道附近。

　　2 车间卫生特征 1 级的更衣室,工作服、便服应分室存放,其他级别的可同室分开存放。

　　3 更衣室的建筑面积应按职工人数及车间卫生特征级别确定。车间卫生特征为1、2、3、4级,更衣室的建筑面积宜分别按每位职工 1.5m²、1.2m²、1.0m²、0.9m² 设计。

5.7.3 厕所设置应符合下列要求:

　　1 厕所与作业地点的距离不宜过远。

　　2 小型、人数不多的生产装置可不单独设置厕所,与相邻车间合并使用。

　　3 厕所宜采用水冲式蹲式大便器。

　　4 大便器数量按使用人数确定,宜按最大班职工人数计。

　　男厕所:劳动定员男职工人数少于 100 人的工作场所可按 25人设 1 个蹲位;多于或等于 100 人的工作场所,每增 50 人增设 1个蹲位。小便器的数量与蹲位的数量相同。

　　女厕所:劳动定员女职工人数少于 100 人的工作场所可按 15人设 1~2 个蹲位;多于或等于 100 人的工作场所,每增 30 人,增设 1 个蹲位。

5.7.4 浴室设置应符合下列要求:

　　1 卫生特征 1、2 级的化工装置应在安全区域设置浴室。

　　2 淋浴器数量应根据使用人数及卫生特征级别而定。使用人数可按最大班职工人数计,每个淋浴器的使用人数按卫生特征

级别 1、2、3、4 级分别为 3 人、6 人、9 人、12 人。洗面器按 4~6 套淋浴器设置一具。

　　3 浴室建筑面积宜按每套淋浴点 5.0m² 计算确定。

6　安全色和安全标志

6.1 安全色

6.1.1 化工装置安全色应符合现行国家标准《安全色》GB 2893 的规定。

6.1.2 消火栓、灭火器、灭火桶、火灾报警器等消防用具以及严禁人员进入的危险作业区的护栏应采用红色。

6.1.3 车间内安全通道、太平门等应采用绿色,工具箱、更衣柜等应为绿色。

6.1.4 化工装置的管道刷色和符号应符合现行国家标准《工业管道的基本识别色、识别符号和安全标识》GB 7231 的规定。

6.2 安全标志和职业病危害警示标识

6.2.1 化工装置安全标志应按现行国家标准《安全标志及其使用导则》GB 2894 执行,职业病危害警示标识应按现行国家标准《工作场所职业病危害警示标识》GBZ 158 执行。安全标志和职业病危害警示标识宜联合设置。

6.2.2 化工装置区、油库、罐区、化学危险品仓库等危险区应设置永久性"严禁烟火"标志。

6.2.3 在有毒、有害的化工生产区域,应设置风向标。

6.2.4 与消防有关的安全标志及其标志牌的制作、设置位置应按现行国家标准《消防安全标志》GB 13495 的规定执行。

6.2.5 常用危险化学品的分类及包装标志应按现行国家标准《化学品分类和危险性公示通则》GB 13690 的规定执行。

6.2.6 危险货物包装标识应按现行国家标准《危险货物包装标志》GB 190 的规定执行。

6.2.7 工厂用气瓶标识应按现行国家标准《气瓶颜色标志》GB 7144 的规定执行。

6.2.8 高毒作业场所应按现行国家标准《高毒物品作业岗位职业病危害告知规范》GBZ/T 203 的规定设置职业病危害告知卡。

7 安全卫生机构

7.1 安全卫生管理机构及定员

7.1.1 化工企业安全卫生管理机构的任务是对生产过程中安全卫生实行标准化管理,检查和消除生产过程中的各种危险和有害因素,贯彻国家和有关部门下达的指令和规定,制订必要的规章制度和应急预案,对各类人员进行安全卫生知识的培训、教育,防止发生事故和预防职业病,避免各种损失。

7.1.2 安全生产管理机构应具备相对独立职能。专职安全生产管理人员应不少于企业员工总数的 2%(不足 50 人的企业至少配备 1 人)。

7.1.3 职业病危害严重的用人单位,应设置或指定职业卫生管理机构或组织,应配备专职职业卫生管理人员。

其他存在职业病危害的用人单位,劳动者超过 100 人的,应设置或指定职业卫生管理机构或者组织,应配备专职职业卫生管理人员;劳动者在 100 人以下的,应配备专职或者兼职的职业卫生管理人员,负责本单位的职业病防治工作。

7.1.4 安全管理机构与职业卫生管理机构可联合设置。

7.2 安全卫生监测机构

7.2.1 化工企业应设置安全卫生监测机构。

7.2.2 安全卫生监测机构的职责是定期监测安全和职业卫生状况。

7.2.3 大中型化工建设项目和危害性较大的小型建设项目应设置安全卫生监测机构(站、组)。安全卫生监测机构的建筑面积和定员可按照本规范表 7.2.3 配置。

表 7.2.3 安全卫生监测机构的建筑面积和定员

职工人数(人)	建筑面积(m²)	定员(人)	备注
<300	20	<2	
300~1000	30	3~5	
1001~2000	60	6~10	

监测人员配置应以技术人员为主,其比例不低于 80%。

7.2.4 监测机构装备可按照本规范表 7.2.4 配置。

表 7.2.4 监测机构装备

序号	仪器设备名称	大型企业	中型企业	小型企业
1	检测车	1 辆	1 辆	—
2	气相色谱	1~2 台	1 台	—
3	X 射线探伤仪	1 台	—	—
4	分光光度计	2 台	1 台	—
5	分析天平	2~3 台	1~2 台	—
6	便携式尘毒检测仪	4~6 台	2~4 台	2~3 台
7	便携式气体检测仪	4~6 台	2~4 台	2~3 台
8	超声测量仪	1~2 台	1~2 台	—
9	声级计	3~5 台	2~3 台	1~2 台
10	电冰箱	根据需要	根据需要	根据需要
11	显微镜	根据需要	根据需要	—
12	计算机	根据需要	根据需要	根据需要
13	静电检测器	根据需要	根据需要	—

7.2.5 安全卫生监测站可以根据企业情况单独设置,也可与中央化验室、环保监测站联合设置。

7.3 气体防护站

7.3.1 大量生产、储存和使用有毒有害气体并危害人身安全的化工企业应设置气体防护站。

7.3.2 气体防护站的任务应包括下列内容:

　　1 负责本企业中毒、窒息和其他工伤事故的现场抢救。现场抢救时应在企业医疗卫生部门指导下进行。

　　2 负责对有中毒、窒息危险性工作的现场监护。

　　3 会同教育、劳动部门和生产车间对职工进行防毒知识教育,建立事故应急预案,组织事故抢救演习。

　　4 负责车间、岗位防毒器具存放柜的设置和防毒器具的发放、管理、监督检查。

　　5 负责本企业防毒器具的维修、校验、更换、气瓶充装等工作。

　　6 参加本地区化学事故的应急救援任务。

7.3.3 化工企业的气体防护站的建筑面积和定员可按照本规范表 7.3.3 配置。

表 7.3.3 化工企业的气体防护站的建筑面积和定员

	建筑面积(m²)	定员(人)	备注
大型企业	200~500	20~30	
中型企业	50~200	10~20	
小型企业	<50	<10	

7.3.4 气体防护站装备可按照本规范表 7.3.4 配置。

表 7.3.4 气体防护站装备

序号	仪器设备名称	大型企业	中型企业	小型企业
1	天平	1~2 台	1~2 台	
2	滤毒罐再生设备[a]	根据需要	根据需要	
3	维修工具	2 套	1 套	
4	自动电话	2~3 台	1 台	
5	调度电话	1 台	1 台	
6	录音电话	1 套	1 套	根据需要设置
7	对讲机	1~2 对	1 对	
8	事故警铃	1~2 只	1 只	
9	气体作业(救护)车	1~2 辆	1 辆	
10	空气充装泵	1~2 台	1 台	
11	担架	2~4 套	2~3 套	
12	空气呼吸器	按定员每人 1 套	按定员每人 1 套	
13	过滤式防毒面具	按定员每人 1 套	按定员每人 1 套	

注:[a] 如果滤毒罐滤片由供货商回收再生处理,气体防护站可不设计滤毒罐再生设备。

7.3.5 气体防护站的位置应符合现行行业标准《气体防护站设计规范》SY/T 6772 的规定。

7.4 消 防 站

7.4.1 化工企业的消防站设计应根据项目规模、火灾危险点及建厂地区消防协作条件等综合考虑,可设计专职消防站,也可与地方消防站联合设置。当区域联合消防时,消防车队不宜超过报警后五分钟到达火灾现场。

7.4.2 消防站应布置在防护区内火灾危险性大、火灾发生时损失严重的生产装置和设施附近,并且消防站应与该生产装置保持足够的安全距离,确保事故发生时不会对消防站产生破坏。消防站应靠近厂区内交通干线,便于通往重点保护街区。消防站应远离噪声和毒尘危害严重的场所。

7.5 职业病防治机构的设置

职业病防治机构的设置可以结合厂区周边情况合理利用社会资源,有条件的企业可以在定点医院进行职业病防治,企业内职业病防治机构只配备管理人员。

本规范用词说明

1 为便于在执行本规范条文时区别对待,对要求严格程度不同的用词说明如下:

　　1)表示很严格,非这样做不可的:
　　　　正面词采用"必须",反面词采用"严禁";
　　2)表示严格,在正常情况下均应这样做的:
　　　　正面词采用"应",反面词采用"不应"或"不得";
　　3)表示允许稍有选择,在条件许可时首先应这样做的:
　　　　正面词采用"宜",反面词采用"不宜";
　　4)表示有选择,在一定条件下可以这样做的,采用"可"。

2 条文中指明应按其他有关标准执行的写法为:"应符合……的规定"或"应按……执行"。

引用标准名录

《建筑设计防火规范》GB 50016
《建筑采光设计标准》GB 50033
《建筑照明设计标准》GB 50034
《建筑物防雷设计规范》GB 50057
《爆炸和火灾危险环境电力装置设计规范》GB 50058
《交流电气装置的接地设计规范》GB/T 50065
《火灾自动报警系统设计规范》GB 50116
《石油化工企业设计防火规范》GB 50160
《电子信息系统机房设计规范》GB 50174
《防洪标准》GB 50201
《建筑防腐蚀工程施工及验收规范》GB 50212
《建筑物电子信息系统防雷技术规范》GB 50343
《化工企业总图运输设计规范》GB 50489
《石油化工可燃气体和有毒气体检测报警设计规范》GB 50493
《石油化工装置防雷设计规范》GB 50650
《危险货物包装标志》GB 190
《安全色》GB 2893
《安全标志及其使用导则》GB 2894
《特低电压(ELV)限值》GB/T 3805
《固定式钢梯及平台安全要求》GB 4053
《设备及管道绝热技术通则》GB/T 4272
《生产设备安全卫生设计总则》GB 5083
《生活饮用水卫生标准》GB 5749
《气瓶颜色标志》GB 7144
《工业管道的基本识别色、识别符号和安全标识》GB 7231
《电磁辐射防护规定》GB 8702
《激光设备和设施的电气安全》GB/T 10320
《防止静电事故通用导则》GB 12158
《危险货物品名表》GB 12268
《消防安全标志》GB 13495
《化学品分类和危险性公示 通则》GB 13690
《化学品安全标签编写规定》GB 15258
《电离辐射防护与辐射源安全基本标准》GB 18871
《工业企业噪声控制设计规范》GBJ 87
《工业企业设计卫生标准》GBZ 1
《工作场所有害因素职业接触限值》GBZ 2
《含密封源仪表的放射卫生防护要求》GBZ 125
《工作场所职业病危害警示标识》GBZ 158
《高毒物品作业岗位职业病危害告知规范》GBZ/T 203
《化工企业照明设计技术规定》HG/T 20586
《化工企业静电接地设计规程》HG/T 20675
《石油化工储运系统罐区设计规范》SH/T 3007
《石油化工企业卫生防护距离》SH 3093
《气体防护站设计规范》SY/T 6772

中华人民共和国化工行业标准

化工企业安全卫生设计规范

HG 20571—2014

条 文 说 明

目　　次

修 订 说 明

《化工企业安全卫生设计规范》HG 20571—2014,经中华人民共和国工业和信息化部 2014 年 5 月 6 日以第 32 号公告批准发布。

本规范是在《化工企业安全卫生设计规定》HG 20571—1995 的基础上修订而成,上一版的主编单位是中国天辰工程有限公司(原化工部第一设计院),主要起草人是付均鸠等。

本次修订的主要技术内容是:1.增加了第 2 章术语;2.对洗眼器和安全淋洗器的供水和排水提出了要求;3.对辅助用室按照现行国家标准《工业企业设计卫生标准》GBZ 1 进行了调整;4.安全卫生管理机构配备原则按照国家安全生产监督管理总局的最新规定进行了调整;5.删除医疗卫生机构设置的描述,只保留职业病防治机构的描述;6.化工建设项目安全设施设计专篇和职业病防护设施设计专篇已经分开报批,因此,原规范要求编写的安全卫生专篇已由两个独立的"安全设施设计专篇"和"职业病防护设施设计专篇"替代。删除了原规定附录 1 有关"建设项目职业卫生专篇内容深度规定"的内容;7.增加了与《危险化学品安全管理条例》规定的 8 类敏感目标保持有关标准或规范所规定的安全距离的要求。

本规范修订过程中,编制组总结了我国工程建设安全卫生设计领域的实践经验,同时参考了先进技术法规、技术规范,广泛征求了中石油东北炼化吉林设计院、中海油天津化工设计研究院、中国石化上海工程有限公司、上海福陆工程公司、赛鼎工程有限公司、惠生工程(中国)有限公司、东华工程科技股份有限公司等 11 家单位的意见,取得了安全卫生设计、报批程序、验收等大量技术资料。

为便于广大设计、施工、科研、学校等单位有关人员在使用本规范时能正确理解和执行条文规定,《化工企业安全卫生设计规范》HG 20571—2014 编制组按章、节、条顺序编制了本规范的条文说明,对条文规定的目的、依据以及执行中需注意的有关事项进行了说明,并对本规范强制性条文第 5.1.6 条和第 5.6.5 条的强制性理由做了解释。但是,条文说明不具备与规范正文同等的法律效力,仅供使用者作为理解和把握规范规定的参考。

1 总 则

1.0.1 本条款旨在体现化工建设项目工程设计中"以人为本、安全第一、预防为主、综合治理"和"预防为主、防治结合"的理念。随着现代化科学技术飞速发展和工业生产规模日益大型化,安全卫生也引起了人们的普遍关注。在化学工业贯彻安全生产方针,加强职业危害的防治工作,对保障职工的安全和健康,促进化学工业的发展具有重要的意义。

化学工业的基本建设和技术改造项目,其职业性危害因素的治理和安全卫生技术措施和设施,应与主体工程同时设计、同时施工、同时投入生产和使用。"三同时"反映了劳动保护与经济建设相辅相成的客观规律,贯彻"三同时",设计是关键,只有设计按照规定执行,才能从根本上改善劳动条件。安全卫生设计规范就是使设计人员按照规定设计,使工程设计达到技术先进、经济合理、安全可靠。

1.0.3 化工工程设计包括多个专业,只有各个专业都认真执行安全卫生标准,才能使化工生产装置更具有安全性。当安全技术措施与经济利益发生矛盾时,应优先考虑安全技术要求。

1.0.4 根据我国建设程序的审批要求,化工建设项目应编制"安全设施设计专篇"和"职业病防护设施设计专篇"。国家安全生产监督管理总局发布了《危险化学品建设项目安全设施设计专篇编制导则》(安监总危化〔2013〕39号)文。"安全设施设计专篇"应按此要求进行编制。国家安全生产监督管理总局第51号令规定了"职业病防护设施设计专篇"的内容,"职业病防护设施设计专篇"的编写应按此要求及相应的配套文件进行编制。

1.0.5 本条款包含两方面内容:一是在详细设计时应不断完善前一阶段的安全卫生方面有关的措施和内容,落实安全评价和"安全设施设计专篇"、"职业病防护设施设计专篇"及其审批意见和初步设计审查时提出的安全卫生方面的意见;二是经审查同意的安全设施设计方案、职业病防护设施设计方案如有变动要报请安全监管部门同意。

3 一般规定

3.1 厂址选择

3.1.1 化工企业厂址是化工生产与建厂地区自然及人文等多种条件结合的统一体,应根据建设地区的自然环境和社会环境,拟建地区的地形、区域规划、工程地质、水文、气象、地震、交通运输、原、燃料来源、产品去向等基础资料,在掌握各项现状与规划资料的基础上进行多方案论证、比较,选定技术可靠、经济合理、交通方便、符合环境和安全卫生要求的厂址方案,并充分考虑危险品建设的特点及其相关要求,两利权其重,两害取其轻,经过主管部门和社会认同,方能选出经济、社会和环境三大效益较好的建厂地点。

3.1.2 本条款提出建厂地区自然条件对工程建设和生产经营可能造成的影响,以此为厂址比较或选定后采取相应措施的依据。忽视任一方面就有可能加大建设投资或在工厂建成后埋下隐患。

3.1.3 为了保证企业不受洪水和内涝威胁,或实在不能避开时,应按标准确定场地高程或采取有效的防洪、排涝措施,满足国家防洪标准的要求。对于化工企业可按现行国家标准《化工企业总图运输设计规范》GB 50489和《工业企业总平面设计规范》GB 50187执行。

3.1.4、3.1.5 考虑化工企业的自身安全,应该避开前三种地区。工厂对附近的文物保护、交通、气象和大型文化、体育设施的不利影响,可根据《危险化学品安全管理条例》(国务院令第591号)和现行国家标准《工业企业设计卫生标准》GBZ 1和《化工企业总图运输设计规范》GB 50489规范有关条文确定。

为了减小化工企业之间或对其他工程设施的火灾和卫生影响,防火间距可按现行国家标准《石油化工企业设计防火规范》GB 50160和《建筑设计防火规范》GB 50016执行,安全卫生防护距离按照国家现行标准《工业企业设计卫生标准》GBZ 1和《石油化工企业卫生防护距离》SH 3093执行。对于《工业企业设计卫生标准》GBZ 1和《石油化工企业卫生防护距离》SH 3093未列部分,按现行国家标准《制定地方大气污染物排放标准的技术方法》GB/T 3840计算确定。

3.1.6、3.1.7 厂址应符合当地工业规划和城市规划发展的布局,不占或少占耕地,减少拆迁量,厂区具体坐向和定位应与城镇规划协调配合进行,交通线路引接顺捷,可以减少相互交叉干扰,增大流通量,避免交通事故的发生。

3.1.8 工厂生活居住区是职工安身生息的所在,水源是工厂生产和居民赖以生存的基本物质保证。对外界产生的安全危害、环境污染严加防护,可按国家现行标准《工业企业设计卫生标准》GBZ 1、《城市居住区规划设计规范》GB 50180、《城镇燃气设计规范》GB 50028和《化工废渣填埋场设计规定》HG 20504的有关规定执行。

3.1.9 根据《中华人民共和国环境保护法》及现行国家标准《工业企业设计卫生标准》GBZ 1的条文制定。

3.2 厂区总平面布置

3.2.1 本条为化工企业厂区总平面布置的基本原则之一,按生产系统、物流关系进行合理集中和功能分区,除可以节约用地、降低工程造价、减少能耗之外,还有利于采取高效消防措施,减少不同火灾级别间相互影响,便于环境管理等。总平面布置应满足现行国家标准《化工企业总图运输设计规范》GB 50489的要求。

3.2.2 为处理好厂区内部各生产分区之间的风向关系,须将火灾危险性高或散发、排出有害烟雾、粉尘及污水的部分放在全年最小风频率的上风侧。厂前区和工作人员密集的场所则布置在全年最小风频率的下风侧,并且要求大量人流和高压线进出便捷,交通与供电安全。

3.2.3 为了减少污水处理过程中渗溢水、气味和货场装卸、堆存中粉尘飞扬的影响,使大型货场车流送近便,降低人机作业与工厂其他部位的彼此干扰,特制定本条。

3.2.4 考虑在日常生产中各种人流、货运安全通畅及在紧急事故或发生自然灾害时,疏散迅速、营救方便,在现行国家标准《化工企业总图运输设计规范》GB 50489 和《工业企业总平面设计规范》GB 50187 中都有明文规定。

3.2.5 厂区铁路车辆装卸和行调对人行及无轨运输、管网穿跨的阻隔干扰较大,故宜集中靠厂区边缘铺设。近年来我国化工厂区总图按此方式布置,一改过去铁路伸向厂区各部位的布置风格。沿线接近的建、构筑物执行现行国家标准《工业企业标准轨距铁路设计规范》GBJ 12 和《标准轨距铁路建筑限界》GB 146.2 的有关规定。

3.2.6 厂区道路布置有交通、消防、平面分区和随铺管线的功能,消防功能尤为重要。道路网络边线最大距离及防火等级高的街区设环行线按现行国家标准《建筑设计防火规范》GB 50016 和《石油化工企业设计防火规范》GB 50160 的规定执行。

与临近道路的建、构筑物相互间距应按现行国家标准《厂矿道路设计规范》GBJ 22 和《工业企业厂内铁路、道路运输安全规程》GB 4387 规定执行。

本条中危险场所是指工艺生产装置区、液化烃储罐区、可燃液体储罐区、易燃易爆介质的中间罐区、装卸区等。

3.2.7 机、电、仪修部门与化工生产没有直接联系,而且操作人员较多,受化工生产影响少,大量人员便捷到达和离开工作场所即加强了工厂的安全因素。

3.2.8 循环水冷却塔在运行中经常散溢水雾,过去有变配电设施因水雾浸蚀而发生短路酿成事故的情况。

铁路、道路和其他建、构筑物则因水雾结露、结冰而影响行车、损害路面、屋面、墙体等等,所以在现行国家标准《化工企业总图运输设计规范》GB 50489 和《工业企业总平面设计规范》GB 50187 中有规定。

3.2.9 为减轻甲、乙类库区、罐区和液化烃储罐对厂区其他部位的安全影响,一般布置在全年最小风频率的上风侧,并布置在厂区边缘地带,其储量和与其他部分的间距执行现行国家标准《建筑设计防火规范》GB 50016 和《石油化工企业设计防火规范》GB 50160 规定。

3.2.10 根据当地有关部门的规定、区域性详规和美化厂容及绿化降噪的要求,在国家现行标准《化工企业总图运输设计规范》GB 50489、《工业企业总平面设计规范》GB 50187 和《石油化工厂区绿化设计规范》SH 3008 中有规定。

3.3 化工装置安全卫生设计原则

3.3.1 根据现行国家标准《生产设备安全卫生设计总则》GB 5083 第4.3条规定制订。

3.3.2 化工设计中首先采取直接安全技术措施使生产过程和设备具有一定的安全性能,保证不会出现不可接受的任何危险;当直接安全技术措施不能或不完全能实现时,应设计出一种或多种可靠的安全防护装置。

采用没有危害或危害较小的新工艺、新技术、新设备,充分体现了选择最佳设计的基本原则和首先采用直接安全技术措施的基本精神。

化工行业的原料或成品大部分对人体安全和卫生有不同程度的危害,同一种产品往往使用不同的原料和采用不同的生产方法进行生产,化工生产中可供选择的工艺路线和设备类型较多,且在不断进步之中,选择最佳设计方案显得尤为重要。

3.3.3、3.3.4 化工生产具有易燃、易爆、易中毒、高温(或深冷)、高压(或高真空)、有腐蚀等特点,因而化工生产具有更大的危险性。

化工生产正常情况下加料、放料、置换和排放等过程,不可避免地有有害物逸出,因此,间接安全技术设施和直接性安全技术设施必不可少。要结合生产的具体情况合理地采用机械化、自动化、计算机技术,实现遥控和隔离操作,减轻工人的劳动强度以及尘毒危害。对生产过程的潜在危险实现预警,并在紧急情况下实现联锁停车。

3.3.5 现代化工生产装置的发展方向是大型化、连续化,开停车频繁将导致巨大的经济损失和对装置本身造成严重损害,发生事故的可能性也随之增大,一旦发生事故其后果更严重,因此在化工装置设计中,为了提高装置的可靠性和效率,对关键部位往往设计备用设备或系统,一旦发生事故能自动地转换到备用设备或系统,并能保证正确地执行功能。

3.3.6 三废排放应满足国家、行业和地方制定的排放标准,在执行过程中如标准之间发生冲突,以指标严格的标准优先。

3.3.7 化工生产中具有危险的有害因素(如剧毒物,工业电源,高温,高压设备及管道,高速运转设备,放射源等)较多,危害程度较高,应做好防护,避免直接接触。

3.3.8 根据现行国家标准《生产设备安全卫生设计总则》GB 5083 第4.6条,生产设备在整个使用期限内应符合安全卫生的要求;对通用机械设备,其本体及配套设备质量应符合安全卫生要求,对于可能影响安全操作、控制的零部件、装置等应规定符合产品标准要求的可靠性指标,以免造成隐患。

4 安 全

4.1 防火、防爆

4.1.1 化工行业火灾爆炸危险较其他行业突出,因此做好防火、防爆设计尤为重要,该条中提到的设计规范是基本的要求。

4.1.2 露天、敞开布置有利于自然通风,可以减少或防止易燃、易爆和有毒气体的积聚,因此在满足生产要求的条件下,易燃易爆生产装置宜采用露天、敞开布置。

化工设计应根据以下所列各项进行区块化划分:工艺装置区、罐区、公用设施区、接运和发送装卸区、辅助生产设施、管理区。

4.1.4 明火设备在不正常情况下,可能发生爆炸和火灾,所以应集中布置在装置边缘。可燃液体、易燃易爆气体如大量泄漏,有可能扩散至明火设备而引起火灾或爆炸,国内曾发生过此类事故,因此明火设备应布置在可燃液体、易燃、易爆气体设备的全年最小频率风向的下风侧。

4.1.5 生产装置作业区有害物质浓度应符合现行国家标准《工作场所有害因素职业接触限值 第1部分:化学有害因素》GBZ 2.1 的规定。在有可能存在有毒有害介质泄露的场所安装报警器,可燃气体、有毒气体的检测和报警应满足现行国家标准《石油化工可燃气体和有毒气体检测报警设计规范》GB 50493 的规定。

4.1.7 对具有火灾爆炸危险的工艺装置、储罐、管线等设计惰性气体保护系统,用于开停车或事故状态下系统处理;惰性气体也可用于可燃固体物料处理和液体物料输送。大量可燃气体或蒸气泄漏发生时在装置周围和内部大量喷水形成水幕或采用蒸汽幕进行隔离或灭火。

4.1.9 设备设计常用安全、卫生标准及规范见表1,管道设计常用安全、卫生标准及规范见表2。

表1 设备设计常用安全、卫生标准及规范

标准编号	名　称
	《特种设备安全监察条例》
TSG R1001	《压力容器压力管道设计许可规则》
TSG R0003	《简单压力容器安全技术监察规程》
TSG R0004	《固定式压力容器安全技术监察规程》
GB 150	《钢制压力容器》
GB 5083	《生产设备安全卫生设计总则》
GB 50341	《立式圆筒形钢制焊接油罐设计规范》
HG/T 20580	《钢制化工容器设计基础规定》
HG/T 20581	《钢制化工容器材料选用规定》
HG/T 20582	《钢制化工容器强度计算规定》
HG/T 20583	《钢制化工容器结构设计规定》
HG/T 20584	《钢制化工容器制造技术要求》
HG/T 20585	《钢制低温压力容器技术规定》
SH/T 3026	《钢制常压立式圆筒形储罐抗震鉴定标准》
SH 3046	《石油化工立式圆筒形钢制焊接储罐设计规范》

表2 管道设计常用安全、卫生标准规范

标准编号	名　称
GB 5083	《生产设备安全卫生设计总则》
GB/T 8175	《设备及管道绝热设计导则》
HG/T 20679	《化工设备、管道外防腐设计规定》
SH 3012	《石油化工金属管道布置设计规范》
SH 3501	《石油化工有毒、可燃介质钢制管道工程施工及验收规范》
SH/T 3007	《石油化工储运系统罐区设计规范》
SH/T 3022	《石油化工设备和管道涂料防腐蚀设计规范》
SH/T 3041	《石油化工管道柔性设计规范》
SH/T 3073	《石油化工管道支吊架设计规范》
SHJ 40	《石油化工企业蒸汽伴管及夹套管设计规范》
SHJ 41	《石油化工企业管道柔性设计规范》
SY/T 0415	《埋地钢质管道硬质聚氨酯泡沫塑料防腐保温层技术标准》

4.1.10 化工生产中由于物理和化学的原因造成的压力波动是常见的,前者造成的增压一般比较缓慢和有限,采用安全阀泄压比较合适。后者造成的增压往往较急剧,增幅较大,采用爆破片泄压比较快。

为防止泄压时有害物造成的二次事故发生,应根据具体情况设置收集、安全处理、阻火放空、焚烧等安全系统。

水封、阻火器是设备或管道泄压或放空的阻火设施。

4.1.13 消防系统设计应满足下列要求:

2 与生产生活合用的消防给水管道,应能通过100%的消防用水和最大的生产、生活用水的总量,即要求在发生火灾时,全厂仍能维持生产运行,避免由于全厂紧急停产而再次发生火灾事故,造成更大损失。

5 初期火灾大多数不能直接用水扑救,着火时操作人员用小型灭火器扑救,同时向消防队报警。

6 全厂正常生产的关键部位发生火灾必将影响全厂生产,因此应设自动火灾报警系统,以及时将火灾消灭在初始阶段。

4.2　防静电

4.2.1 化工企业的防静电设计,应由工艺、配管、设备、电气等专业相互配合,在生产过程中尽量不产生或少产生静电,并采取综合防静电技术,防止事故发生。一旦产生静电,及时导出。静电接地设计应满足现行行业标准《化工企业静电接地设计规程》HG 20675的规定。计算机房和电子仪表室的静电接地应满足现行国家标准《电子信息系统机房设计规范》GB 50174的要求。

4.2.2 为了降低物体的泄漏电阻值,应选择合适的抗静电剂或导电涂料,在生产过程中应采取适当措施确保静止时间和缓和时间;液体的静止时间应符合现行行业标准《化工企业静电接地设计规程》HG/T 20675表2.9.2的规定,流动物体的缓和时间不应小于30s。此外在工艺条件允许的情况下,应设置调温调湿设备,以保

证相对湿度不低于50%～65%,或定期向地面洒水。

4.2.3 本条款主要对化工设备、管道的防静电提出了下列要求:

1 在满足其他条件的情况下,应优先选用相互接触产生静电较少的材质。

2 对于由摩擦能持续产生静电的部位、大量产生带电体的容器和移动式设备等,应尽量使用金属材料制作,如需涂漆,漆的电阻率应小于带电体的电阻率;对于不能使用金属材料的部位,应尽量选用材质均匀、导电性能好的橡胶、树脂或塑料制作;应做好设备各部位金属部件的连接,不允许存在与地绝缘的金属体。

3 对于采用非导电体材料的设备和管道,应做屏蔽接地,屏蔽接地要求如下:

　1)屏蔽材料应选用有足够机械强度且较细或较薄的金属线、网、板(如截面为2.5mm²的裸铜软绞线、22号孔眼为15mm的镀锌钢网等),也可利用设备、管道上的金属体做屏蔽材料(如橡胶夹布吸引管的金属螺旋线、保温层的金属外壳等);

　2)屏蔽体应安装牢固、定点固定,不应有位移和颤动;

　3)在屏蔽体的始末端及每隔20m～30m的合适位置应做接地。

4 应根据设备的安装位置,设置静电接地连接端头。

4.2.7 目前国内生产的静电消除装置有LJX—A型离子流静电消除器和JJS—A、B、C型静电消除器以及钋—201静电消除器等。

4.4　触电保护

4.4.3 安全电压为12V～42V。

其使用范围为:

(1)对于容易触及而又无防止触电措施的固定或移动工灯具,其安装高度距地面为2.2m及以下,且具有下列条件之一时,其使用电压不应超过24V:

　1)特别潮湿的场所;

　2)高湿场所;

　3)具有导电灰尘的场所;

　4)具有导电地面的场所。

(2)在工作场所狭窄地点,且作业者接触大块金属面,如锅炉、金属容器内等,使用的手提灯电压不应超过12V。

(3)在42V及以下安全电压的局部照明的电源和手提灯电源,输入电路和与输出电路应实行电路上的隔离。

4.5　危险化学品储运

4.5.1 化学危险品储存应符合下列要求:

2 本条款对化工危险品储存提出了一般性要求,即强调分类储存、储存方式、储存地点和选址等,化学危险品储存可按可燃气体、液体和固体、爆炸性物质、遇水或空气自燃物质、氧化剂、剧毒物质和放射性物质等分类设计,储存地点和建筑物应符合现行国家标准《建筑设计防火规范》GB 50016和《石油化工企业设计防火规范》GB 50160的规定,并应考虑对周围环境的影响。

3、4 对各类化学危险品仓库的温度、湿度、通风以及防潮、防雨等设计是一个不容忽视的安全因素。如爆炸性物质和氧化剂对温、湿度有特殊要求,遇水燃烧物质对湿度更敏感,对这类仓库的防水、防潮更重要。

易燃液体有易燃、易挥发和受热膨胀特性,其蒸汽与空气会形成爆炸性混合物,应储存于通风、阴凉场所。必要时应设计喷淋冷却。

各类化学危险品仓库对消防都有特殊要求,消防设计尤为重要。

5 本条强调化学危险品库设计最基本的原则,即化学危险品的配装原则,一般性质相抵触或消防要求不同的化学危险物质不

能在同一储存区内储存。关于各类化学危险品储存的规范有《易燃易爆性商品储藏养护技术条件》GB 17914—1999;《腐蚀性商品储藏养护技术条件》GB 17915—1999;《毒害性商品储藏养护技术条件》GB 17916;《常用危险化学品贮存通则》GB 15603—1995等;另外,危险化学品安全管理条例第19~24条也有相关要求;还有一些地方标准,如:北京《危险化学品仓库建设及储存安全规范》DB 11755—2010等。

6 放射性物质储存仓库应远离生活区,并根据放射剂量、成品、半成品、原料的种类分别进行储存,库内温度不宜过高。

4.5.2 化学危险品装卸运输应符合下列要求:

1 由于化学危险品性质各不相同,对防火、防爆、防毒、防水、保温、保冷等各项安全措施要求相差很大,只有根据不同特点采用专用装卸运输工具才能保证安全生产。如浓硫酸能将铁氧化,在铁表面形成一层紧密的氧化物保护膜,使铁不再受硫酸腐蚀,故浓硫酸可用钢制容器运输。而稀硫酸则应采用陶瓷或有耐酸衬里材料的储罐,并且冬季还应考虑保温防冻措施。易燃液体储运夏季大多要考虑防晒。对某些特殊物品还要考虑特殊的安全要求,如对剧毒液体(如丙烯腈)运输的专用槽车要求即使发生火车翻车事故也不会使物料外泄。

2 本条款只适用于新建工程,对老企业扩建、改建不受此条限制。

4.5.3 危险化学品包装应符合下列要求:

1 化学危险物质严密包装可以防止因受大气环境因素影响使物质变质或发生化学反应而造成事故;减少储运过程中的撞击和摩擦,从而保证运输安全;也可防止物料漏损、挥发以及相互接触产生污损和污染储运设施。

从储运事故统计分析可以看出,由于包装不良而造成事故占有较大比重,因此对危险化学品的包装应严格要求。

2 为了提示储运作业人员注意安全,并在一旦发生危险时迅速正确地采取措施,故危险化学品的包装应具备国家规定的包装标志,一种化学品具有不同危险性质时,应同时附上相应几种标志,以便采取多种防护措施。

包装标志应当正确、明显、牢固。

3 危险化学品灌装设施的安全卫生设计应按工艺装置对待。

4.6 防机械伤害、坠落等意外伤害

为防止此类伤害,常用于安全的设计标准规范见表3。

表3 安全标准规范

标准编号	名　称
GB 5083	《生产设备安全卫生设计总则》
GB 4053.1	《固定式钢梯及平台安全要求　第1部分:钢直梯》
GB 4053.2	《固定式钢梯及平台安全要求　第2部分:钢斜梯》
GB 4053.3	《固定式钢梯及平台安全要求　第3部分:工业防护栏杆及钢平台》
GB 6067	《起重机械安全规程》
JB/T 3249	《工程机械　护板和护罩》
JB/T 6580.1	《开式压力机　技术条件》
GB 27607	《机械压力机　安全技术要求》

5 职业卫生

5.1 防尘防毒

5.1.2 尘毒危害的分级应按现行国家标准《粉尘作业场所危害程度分级》GB/T 5817 和《职业性接触毒物危害程度分级》GBZ 230 划分。

为减少尘毒的扩散,便于采取综合治理措施,要求对有毒粉尘危害严重的生产装置内的设备和管道,在满足工艺要求的条件下,布置在半封闭或全封闭的建(构)筑物内。对产生有毒粉尘的生产装置要求尽量设计成密闭的生产工艺和设备,避免敞开式操作,以免人员直接接触。散发毒毒的房间排风量应比送风量大10%以上,使房间保持负压。

5.1.3 生产操作采用集中控制和自动化调节是减少尘毒危害的有效措施。有害物质的主要放散点(如装卸料口、搅拌口、落料口等处)应装设局部排风装置,使散发的有害物就近排出,对排出浓度较大者尚应进行净化回收处理,以保证作业环境和排放的有害物质浓度符合现行国家标准《工业企业设计卫生标准》GBZ 和国家及地方制订的大气排放物等有关规定。

5.1.4 为减少事故危害,缩小事故危害面,对于毒性危害严重的生产和设备,要求设计可靠的事故处理装置,如紧急泄料、泄压、排空、回流、中和、水洗等。在事故发生后,为使操作人员处理事故时不受或少受危害,应设计应急防护措施,如:防毒面具、防护衣、呼吸供应系统、事故排风系统、洗浴设备等。

5.1.5 为防止尘毒等有害物渗入到围护结构内部,造成围护结构的破坏和腐蚀,或储存在围护结构内长期缓慢地向室内释放有害物,故要求尘毒危害的厂房和仓库等建(构)筑物的墙壁、顶棚和地面应采用光滑的、不吸收毒物的材料,必要时应设防腐、防水等特殊保护层以便清扫。清扫设施是吸尘和水洗等,不得用压缩空气吹扫,造成尘毒二次飞扬。水洗后的废水应纳入工业废水处理系统。

5.1.6 本条规定了在液体毒性危害严重的作业场所,应设计洗眼器、淋洗器等安全防护措施,并规定了洗眼器、淋洗器的服务半径。液体挥发后会产生大量的有害蒸汽,相对气体和粉尘而言,对人体的毒害程度更大,洗眼器、淋洗器是液体溅到人体后的最佳,也是最有效的急救方法,因此,此条规定被确定为强制性条文,必须严格执行。

5.2 防暑防寒

5.2.2 隔热保温是减少热污染的有效方法,故对发热设备和管道应按照现行国家标准《设备及管道绝热技术通则》GB/T 4272 计算确定保温层的厚度。

5.2.3 充分利用自然通风是防暑降温最经济实用的方法,故提出在满足生产条件下,化工装置的热源应采取集中露天布置。当生产要求布置在半封闭的厂房内时,应布置在天窗下面。无天窗时布置在夏季主导风向的下风侧,以减少热污染,使其从热源处就近排出。

产生大量热的厂房,当自然通风降温不能满足工作地点的夏季空气温度要求时,可设计局部通风降温设施,以保证操作岗位工人休息室达到卫生标准的要求。

5.2.4 在生产过程中起重要作用的操作室、中央控制室因周围环境温度较高,不设置空调不能满足现行国家标准《工业企业设计卫生标准》GBZ 1 对工作地点的夏季空气温度要求者,无论工艺设备是否要求空调,均应设置空调装置。

5.2.5 严寒地区的车间大门选择设置门斗、外室或热空气幕应从使用方便、有利生产、有利车间保暖等全面考虑,并经技术经济比较确定。

5.2.6 为使操作工人不受潮湿危害,故要求车间的围护结构能防

止雨水渗入，内表面不产生凝结水。对用水量较多、产湿量较大的车间可设置天窗、热排管、干热风系统等排湿设施，以防止顶棚滴水。对地面水应能及时排出，并无积水现象。

5.3 噪声及振动控制

5.3.2~5.3.3 化工企业高噪声设备，如：大型压缩机、鼓风机、球磨机、高压气体放散，噪声大多在100dB以上，甚至达130dB。当噪音超标时，对人体可表现为明显的听觉损伤，并对神经、心脏、消化系统产生不良影响，引起烦躁不安、损害听力、干扰语言，导致意外事故。

减轻以至防止噪声的危害首先应选用低噪声的工艺、设备、技术，在总平面布置上应将生活区、行政办公区与生产区分开布置，高噪声厂房与低噪声厂房分开布置。在高噪声区与低噪声区之间宜布置辅助车间、仓库、堆场等，还应充分利用地形、地物隔挡噪声。主要噪声源宜低位布置，噪声敏感区宜布置在自然屏障的声影区中。在交通干线两侧布置生活、行政设施等建筑物时应与干线保持适当距离。

5.3.4 选用低噪声设备是从噪声源入手的降噪声根本措施，对个别单机超标噪声可采取合理布局，利用屏障、吸声、隔声等措施，使噪声符合现行国家标准《工业企业噪声控制设计规范》GBJ 87的规定。

5.3.5 较强的振动源，如大型压缩机、离心机等如不采用有效的减震措施，将对正常生产、建筑物和设备、仪表的使用寿命造成危害，因此除土建要在基础设计上采取减震措施外，基础与振动设备间还要加设减振垫等措施，以减轻振动造成的不良影响。

5.3.6 个人噪声防护器具有硅橡胶耳塞、防噪声耳塞、防声棉耳塞、防噪声帽盔等，如果在高噪声区作业时间较长，则应设置隔间操作室。

5.4 防 辐 射

5.4.3~5.4.8 化学工业除了化工矿山的采、选、加工直接接触天然放射性元素外，在化工生产过程中越来越多的应用电磁辐射和放射性同位素，如利用放射同位素的能量作质量检测及自动控制等方面的应用。因此辐射对人体的危害及防护是现代工业的一个重要问题。产生或使用具有辐射危害的化工生产设施的安全卫生设计，应该采用直接安全技术措施，使生产过程成更为安全。当直接安全技术措施不能满足要求时，可采用间接安全技术措施，如生产过程机械化、自动化、密闭化、隔离、屏蔽等措施，并设计可靠的监测仪表和自动报警及联锁系统等安全技术措施。

5.5 采光照明

5.5.1 化工生产厂房设计应充分利用自然采光，除生产工艺要求或条件限制外，一般宜采用向外开的窗户采光。

5.5.2 本条款除应符合照明标准外，尚应符合现行国家标准《爆炸和火灾危险环境电力装置设计规范》GB 50058的有关规定。

5.5.3 对于正常照明发生事故会造成爆炸、火灾和人身伤亡等事故场所，事故工况下人员疏散的通道，以及为了检修和继续工作需要照明的场所，都应设计事故照明。

5.5.4 安全电压设计参本规范第4.4.3条的说明。

5.6 防化学灼伤

5.6.1 化学灼伤往往是伴随着生产事故或设备、管道等的腐蚀、断裂发生的，它与生产管理、操作、工艺和设备等因素有密切关系，因此采取综合性安全技术措施能有效地预防化学灼伤事故。从设计角度，工艺流程、设备、管道布置和材料选择，生产过程实行自动化控制，并安装必要的信号报警、安全联锁装置，对防止化学灼伤是十分必要的。

5.6.2 明确规定不得使用玻璃等易碎材料制成的管道、管件、阀门、流量计、压力计等。对玻璃液面计未作硬性规定。

5.6.3 强调作业场所与通道要有足够的活动空间，便于事故救援

工作。化学危险品作业要按照操作规程进行，一般不允许交叉作业，危险作业点是指正常操作、事故、维修状态下可能发生化学品飞溅、滴漏而造成化学灼伤的工作场所。

5.6.5 本条规定了具有化学灼伤危险的作业场所应设计洗眼器、淋洗器等安全防护措施，并规定了洗眼器、淋洗器的服务半径，洗眼器、淋洗器的供水水质要求，以及洗眼器、淋洗器的排水纳入工厂污水管网、在装置安全位置设置救护箱、工作人员配备必要的个人防护用品等要求。

上述规定是对化学灼伤有效的第一救助措施，为减少伤亡、致残以及后续的治疗提供有力的保障。因此，此条规定被确定为强制性条文，必须严格执行。

5.7 辅助用室

5.7.1 辅助用室是专为化工生产装置（车间）而配置的生活用室，不包括全厂性的食堂、洗衣房、医疗卫生等生活建筑。根据化工生产的特点，操作人员较少，因此，辅助用室一般宜由更衣室（有时可兼作休息室）、厕所、浴室等组成。

5.7.2 更衣室设置应符合下列要求：

2 车间卫生特征分级可参见现行国家标准《工业企业设计卫生标准》GBZ 1中第6章表14。

3 由于生活水平的提高，职工衣着也日益改善，存衣柜的规格需求相应加大，为此更衣室的面积也应适当提高。计算更衣面积时的职工人数应按车间全员计。

5.7.3 厕所设置应符合下列要求：

2 化工企业中有些生产装置较小，人员极少，有时在装置附近未敷设生活下水管道，因此根据实际情况可与邻近车间的厕所（或公厕）合并使用。

6 安全色和安全标志

6.1 安 全 色

化工装置的安全色和工业管道的基本识别色、识别符号和安全标识在不违背国家标准的前提下，化工企业也可结合本企业的管理特点确定。

6.2 安全标志和职业病危害警示标识

6.2.1~6.2.7 各类安全标志和警示标识可以联合设置，也可以集中分类设置。

6.2.8 在高毒作业场所增加了职业病危害告知卡。

7 安全卫生机构

7.1 安全卫生管理机构及定员

7.1.2 职业卫生管理人员的配备根据国家安全监管总局、工业和信息化部《关于危险化学品企业贯彻落实〈国务院关于进一步加强企业安全生产工作的通知〉的实施意见》(安监总管三〔2010〕186号)配备。

7.1.3 职业卫生管理人员的配备按照国家安全生产监督管理总局令第47号配备。

7.2 安全卫生监测机构

7.2.3 安全卫生监测机构规模应根据化工建设项目的危害程度大小等具体情况进行调整。

7.2.4 本条款所规定的仪器设备,特别是气相色谱等大型仪器设备可以和环保监测站、中央化验室共用,以减少工程建设投资和提高仪器设备利用率。计算机已经成为日常办公的工具,可根据需要配置。

7.2.5 安全卫生监测站可与环保监测站联合设置,以减少仪器设备投资和定员,提高仪器设备的利用率。

7.3 气体防护站

7.3.3 气体防护站面积包括办公室、值班室、救护室、车库、空气或氧气充气室、器材维修及存放室。

7.3.4 气体防护站装备进行分类配置。

7.3.5 气体防护站属于全厂重要设施,其在工厂中的位置应满足风向、安全、紧急救援的要求。

7.5 职业病防治机构的设置

根据化工建设项目规模化、园区化的建设趋势,大型企业也不设职工医院,趋向于利用社会资源,在定点医院进行职业病医疗防治,工厂内只配备管理人员和紧急救援人员。